Java 2

程序设计

杜 江 管佩森 张战军 编著

内 容 简 介

这是《软件工程师宝典》系列图书之一，本书是学习 Java 语言的实用参考工具书，比较全面地讲解了 Java 的基础知识。

本书实例使用了 Java 2 的 1.5 版本，这是当前比较流行、易用的版本。本书共分 13 章，内容从 JDK 的获取、安装到 Java 开发 EJB、Struts 的高级应用。前 3 章讲述了 Java 的基础知识，包括 Java 开发环境的安装和配置，如何创建 Java 的类、接口、包和 Java 中经常使用的数据对象。从第 4 章开始，分别介绍了 Java 在各方面的应用，包括 AWT、SWING、I/O、Socket、EJB、Applet 和 Struts。每部分都有详细的开发实例，章末附录若干习题，便于初学者学习、实践。实用性、可操作性强，能够有效地提升读者的开发技能和经验。

本书适合于 Java 初学者，以及想要在 Java 编程经验上得到快速提高的编程人员，同时也是社会培训班选择的理想教材。

本书部分实例源代码可免费从 www.bhp.com.cn 下载。

图书在版编目（CIP）数据

Java 2 程序设计 / 杜江　管佩森　张战军 编著. —北京：科学出版社，2008

（软件工程师宝典系列）

ISBN 978-7-03-022530-6

Ⅰ. J…　Ⅱ. ①杜… ②管… ③张…　Ⅲ. Java 语言—程序设计　Ⅳ. TP312

中国版本图书馆 CIP 数据核字（2008）第 105306 号

责任编辑：但明天　　　/责任校对：全　卫

责任印刷：东　升　　　/封面设计：九九度设计

科 学 出 版 社 出版

北京东黄城根北街 16 号

邮政编码：100717

http://www.sciencep.com

北京东升印刷厂印刷

科学出版社发行　各地新华书店经销

*

2008 年 9 月第　一　版　　开本：787×1092 1/16

2008 年 9 月第一次印刷　　印张：21 3/4

印数：1—3000　　　　　　字数：493 506

定价：35.00 元

总 序

计算机硬件技术的发展日新月异，CPU 几乎是按照摩尔定律进行快速更新的，随着时间的推移，其运算速度呈级数级地增长。同样，计算机软件技术也在突飞猛进地发展，无论是操作系统还是应用软件。

操作系统的开发是从第一代软件工程师在计算机硬件基础上进行的最低层的二进制编码开始的，到后来逐步发展到用户不需要熟悉低层计算机指令即可进行操作的 DOS 系统，再发展到所见即所得的 Windows 桌面操作环境，以及功能强大的 Linux、UNIX 系统。经过多年的发展，操作系统的功能及作用已经发生了根本性的变化。

同样，运行在操作系统之上的各种应用软件也在发生着根本性的变化，从以前需要对硬件有深刻了解才能编好程序的汇编语言开始，到后来广泛使用的高级程序语言 Basic、C、Pascal、FORTAN 等，再到现在被广泛使用的 Visual Basic、Visual C++、Delphi、Java 语言及各种 Web 语言等，软件的操作越来越方便，功能却越来越强大，从而使软件工程师的编程变得越来越简单，不过要了解的知识点也空前庞大。

随着信息社会的到来及对无纸办公需求的增加，现代社会对软件工程师的需求大量增加，仅我国软件工程师的缺口就在数十万以上。软件人才的培养决定了信息社会实现的程度及社会发展的速度，所以适时、合理地大力培养一些优秀的软件开发人才，对于我国信息化产业的发展必将起到举足轻重的作用。

正是基于这样的计算机软件发展背景及信息产业化发展需求的考虑，我们经过精心策划、周密设计，组织最优秀的一些作者，编著出版了一套常用计算机软件及操作系统的系列图书，希望使之成为软件人才培养及推动信息化产业发展的“宝典”。这套图书起点低，使读者入门快。同时每本书的内容都很实用，案例丰富简练，与基础知识一一对应。图书按照软件人才培养的规律，尽量使内容讲解由易到难、深入浅出。

该套丛书一改过去基础类图书中重说教、轻操作、过于注重理论及概念讲解的弊端，以一种全新的边操作、边熟悉、边学习的方式吸引读者深入学习下去。每本书在精心挑选并巧妙设计大量案例的基础上，将基础知识的讲解融合到案例的练习中，二者相辅相成，结合紧密。

通过案例的操作与分析，可以加深对基础性概念的理解，并以大量的上机操作来巩固所需要掌握的基本知识点。在内容安排上步步为营、循序渐进，在将基础知识学扎实、学透彻的前提下，使读者的软件编程技术也能够迅速得到提高，使他们的技术水平能够尽快地更上一层楼。

本系列图书面向的读者群体非常广，而对读者的要求又非常低，他们只要对计算机的基本操作熟悉，就能够学好本系列图书中的每一本，从而可以快速掌握对应的每一种软件。读者可以是大、中专院校的在校学生，各种计算机培训班的学员，社会各个机构中需要培训的在岗人员，以及所有对软件技术有兴趣的计算机爱好者，本系列图书都将成为他们计算机软件学习道路上最好的良师益友，最得心应手的“宝典”，最能够提高他们的学习效率及促进技术进步的法宝。

我们非常希望本系列图书及时出版，能够为所有使用该系列图书的读者奉献上一套精美丰盛的“计算机软件学习”满汉全席。

丛书编委会

前　　言

Java 是 SUN 公司推出的新一代面向对象的程序设计语言，一经推出就受到全球程序员的喜爱。由于其夸平台的特性，越来越多的开发商采用 Java 语言来实现其开发项目，这也使得 Java 越来越成熟和日趋完善。

任何程序设计语言，都是由语言规范和一系列开发库组成的。例如标准 C，除了语言规范外，还有很多函数库；MS Visual C++更是提供了庞大的 APIs 和 MFC。

Java 语言也不例外，也是由 Java 语言规范和 Java 开发类库（JFC）组成的。

学习任何程序设计语言，都是要从这两方面着手，尤其是要能够熟练地使用后者。学习 Java 语言，与其说是学习一种技术，还不如说是学习一种编程思想。Java 从诞生起就是完全的面向对象编程，所以如何理解面向对象编程思想是学好 Java 的重要条件。读者可以参考本书的第 2 章，反复理解什么是面向对象。这对以后几章的学习是有很大帮助的。

本书的目的是引导和帮助读者尽快掌握 Java 这门流行的编程语言。本书通过大量的实例让读者理解每一个知识点，读者在看懂实例的同时又理解了 Java 的知识。

本书共有 13 章，从基础的 JDK 安装到 EJB 和 Struts 的应用，主要内容如下：

第 1 章 **安装和配置 Java 开发环境**　讲解 JDK 的安装和在不同操作系统上如何配置开发环境。以及 Java 常用使用的几个工具。

第 2 章 **类、接口和包**　从面向对象思想讲解了什么是 Java 的类、接口和包，怎样创建自己的类、接口和包。

第 3 章 **数据对象**　主要讲解基本数据类型以外的数组、Vector、哈希表和枚据器，以及其各自的应用范围。

第 4 章 **抽象窗口工具包**　详细讲解 AWT 的基本知识，如何创建一个图形界面。

第 5 章 **Java 异常处理范例**　主要讲解在 Java 编译和运行时如何获取异常，即如何对这些异常进行有效的处理。

第 6 章 **Java 图形开发范例**　主要讲解 SWING 的基础知识，包括 SWING 组件、容器和事件处理。

第 7 章 **Java 多线程范例** 主要讲解线程的概念，如何创建一个线程。线程的活动周期以及线程的控制。

第 8 章 **EJB 开发范例**　主要讲解 EJB 开发知识，以及无会话 EJB 和有会话 EJB、实体 Bean 和容器管理 Bean 的开发。

第 9 章 **Java 网络开发范例**　主要讲解 Socket 基础知识，包括 Socket 的类型和创建，以及如何创建服务端和客户端程序。

第 10 章 **Java 的 I/O 操作范例**　主要介绍输入输出流，什么是输入输出流，如何创建一个输入输出流，以及如何创建一个文件管理对象。

第 11 章 **Java 数据库操作范例**　主要讲述什么是 JDBC，JDBC 的创建以及如何使用

JDBC 连接数据库，如何使用 JDBC 执行 SQL 语句，即对获取的结果集进行处理。

第 12 章 **使用 Applet** 介绍如何使用 Applet 运行一个 Java 程序，如何使用 HTML 给 Applet 传递参数。

第 13 章 **设计模型及 Struts 开发** 主要讲解什么是框架，Struts 是一个实现 MVC 框架的 Web 应用。

本书主要由杜江、管佩森、张战军编写。另外，刘咏、杨雪、冉林仓、刘伟、赵磊、李东玉、周鸣扬、唐兵、张江涛、李鹏飞、徐杰、刘秋红、周松建、王如松、张颖、赵海霞、李子婷、李士良、沈应逵、王军茹、张勇等也参加了本书部分内容的编写，在此一并表示感谢。

由于作者水平有限，加之对新技术使用经验尚且不足，因此书中难免存在一些不妥之处，希望读者指出，并提出宝贵意见，以便再版时不断使其完善。

编　者

目　录

第 1 章　安装和配置 Java 开发环境

本章学习目标

- ◆ 掌握 JDK 的安装和相关路径的配置
- ◆ 掌握 javac、java 工具的使用
- ◆ 学会使用 jdb 调试工具和 javadoc 文档工具

要用 Java 开发小应用程序和应用程序，必须首先在计算机上安装 Java 开发环境。现在市面上已经有许多出色的 Java 开发软件，例如 Borland 公司的 JBuilder，Sun 公司的 JDK，Microsoft 公司的 Visual J++等，以及开源的 Eclipse。JDK 包含开始创建 Java 程序所需要的一切东西，本章将阐述如何得到最新的 JDK 版本，并把它安装和配置到 Windows 2000、Windows XP 以及 Solaris 等操作系统上。另外，本章还将简要介绍 JDK 的各种工具的使用方法。

注意：为方便调试程序，以后如无特殊说明，将统一使用 Sun 公司的 JDK（Java Development Kit，Java 开发工具包）进行程序的开发、调试、编译及运行。

1.1 获取 JDK

随着时间推移和 Java 语言的日臻完善，Sun 公司已经依次推出了 JDK 1.0，JDK 1.1，

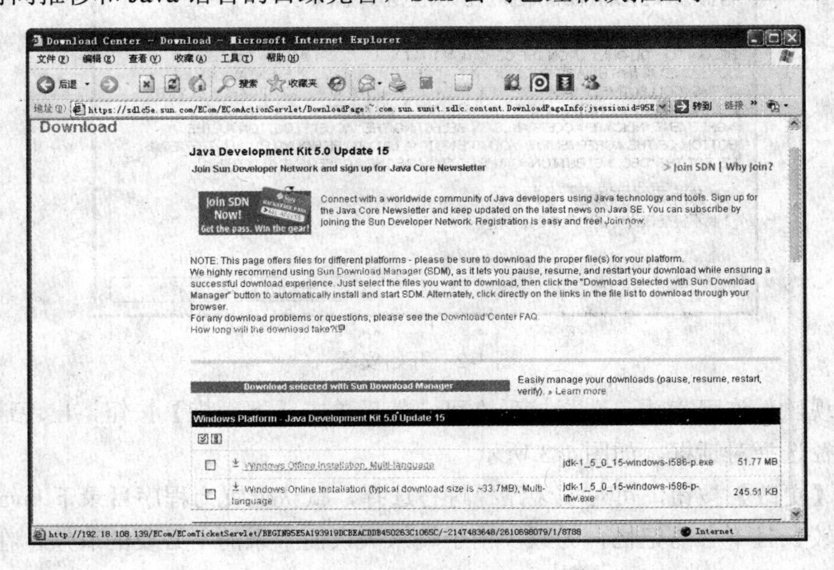

图 1-1　下载 JDK 1.5

JDK 1.2，JDK 1.3，JDK 1.4，JDK 1.5 和 JDK 1.6。截至本书修订为止以 JDK1.6 为最新版本，它与以前的 JDK 相比，修正了几处不完善的地方，并新增加了许多功能。出于稳定的考虑，和保持原书的兼容性，本书将以 JDK 1.5 为开发环境讲述实例开发，这些程序依然可以在 JDK 1.4 和 JDK 1.6 上运行。

JDK 1.5 可以从 Sun 的 JavaSoft Web 站点上直接下载——http://java.sun.com。可以在该站点上下载到适合当今几种主流操作系统的 JDK 1.5，图 1-1 为 Windows 版 J2SDK（Java 2 Standard Development Kit）的下载页面。

点击页面中间 Windows Offline Installation, Multi-language，然后就是耐心等待，这要花一些时间，取决于 Internet 连接的速度。若下载成功，会在指定的保存位置出现一个名为 jdk-1_5_0_15-windows-i586-p.exe 的可执行文件，执行这个文件即可进行 JDK 1.5 的安装。

1.2 安装 JDK

对于 JDK 1.5 的安装，这里以 Windows 2000/XP 为例说明。

操作步骤如下：

（1）双击下载的安装文件进行安装，自解压后出现图 1-2 所示的安装界面。

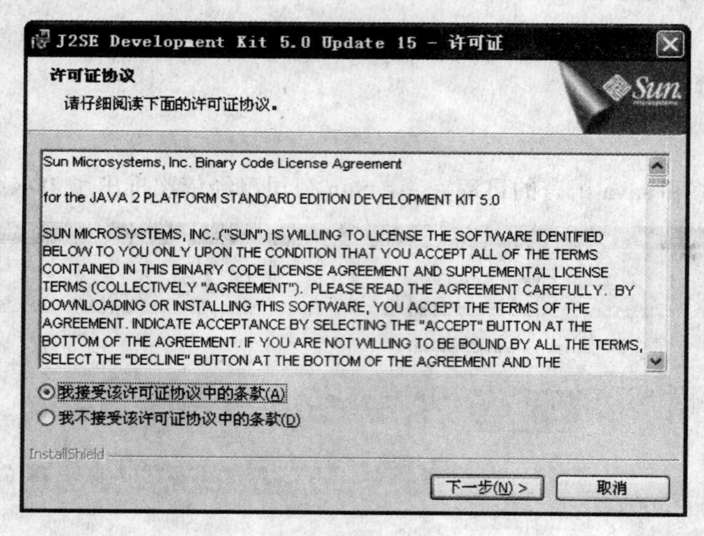

图 1-2　开始安装

（2）出现软件许可声明，选择接受许可，然后单击【下一步】按钮，出现选择安装组建和安装路径选择对话框，如图 1-3 所示。

若单击【更改】按钮，可对安装路径进行选择，默认位置为程序目录下 java 目录。由于默认名称较长且不容易记忆，为减少由于输入失误而带来的不必要的麻烦，在此将安装路径设置为 C:\jdk1.5，如图 1-4 所示。

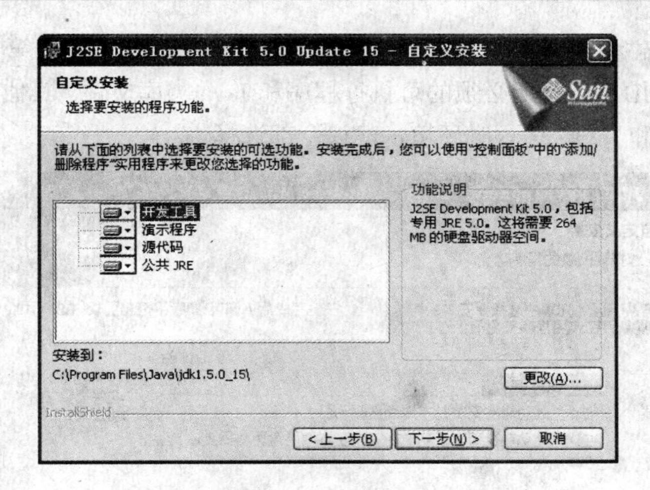

图 1-3　安装路径

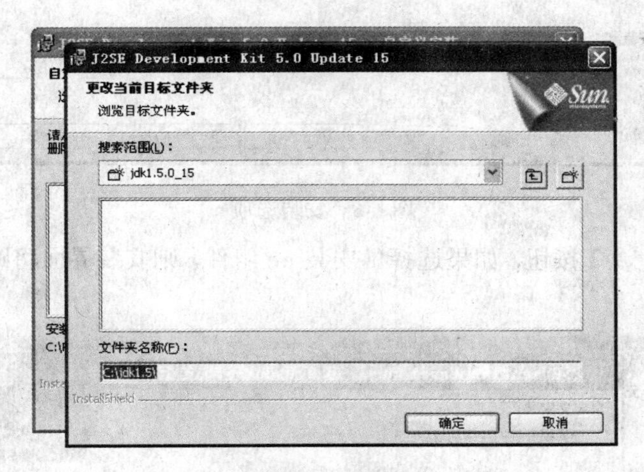

图 1-4　安装路径

（3）单击【确定】按钮选择安装路径，出现图 1-5 所示对话框。

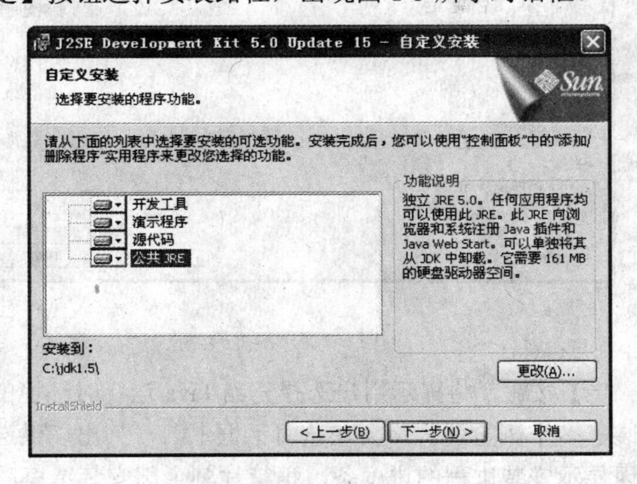

图 1-5　安装选项

在图 1-5 中的磁盘渠道上单击将出现一个选项，如图 1-6 所示。第一项“开发工具”为必选，它包含了 JDK 运行所必须的可执行程序和 Java 类库文件。其他为可选，包括相关源文件，演示文件和 Java2 运行时环境，建议全部选择。

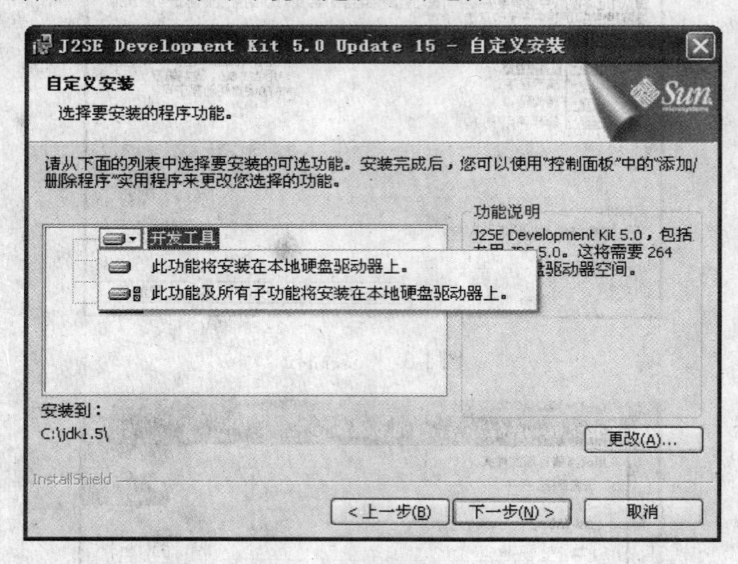

图 1-6　安装选项

（4）单击【下一步】按钮，如果选择了安装 jre 组件，则安装界面将跳出选择安装路径，如图 1-7 所示。

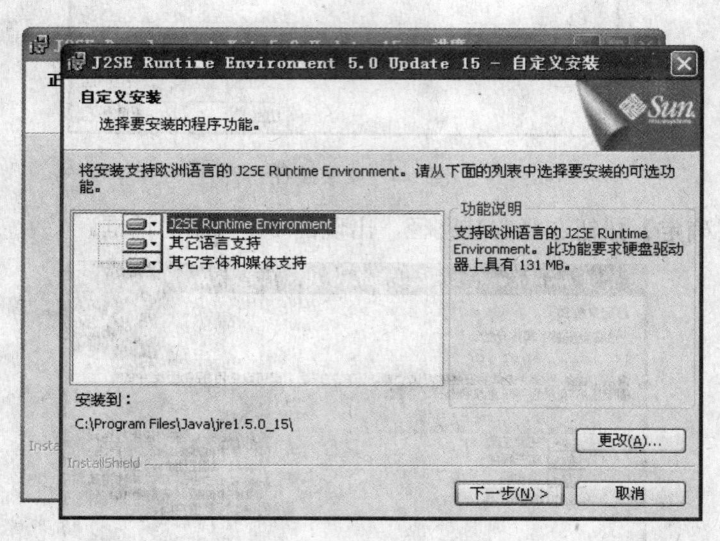

图 1-7　jre 安装选项

（5）单击【下一步】按钮，将提示用户选择充当 Java 运行时环境的默认浏览器，若用户操作系统已经安装了多个浏览器，将会在该对话框上一一列出以供选择。再单击【下一步】按钮，将会出现显示安装进程的进度条，稍待片刻全部安装结束后出现图 1-7 所示的对话框。

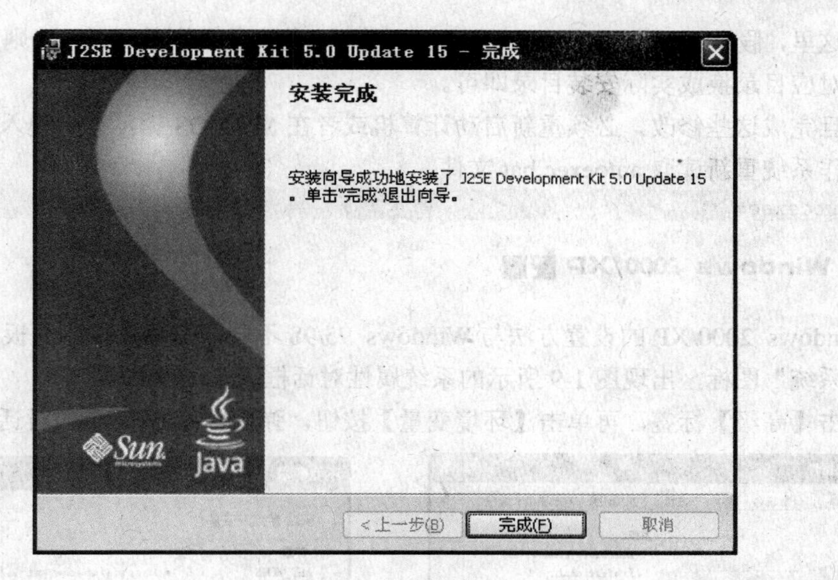

图 1-8　安装成功

（6）单击【完成】按钮，退出安装程序。至此，JDK 1.5 的安装成功结束。

1.3 配置 JDK

安装完 JDK 后，必须保证正确设置两个环境变量 PATH 和 CLASSPATH。这两个变量的正确设置，能使 JDK 被安装在计算机的正确位置上。

当用户要执行一个可执行文件却没有提供该文件的完整路径时，操作系统就到 PATH 变量指定的地方去查找该可执行文件。为了能够在计算机的任何位置正常使用 JDK，必须改动现有的 PATH 环境变量或定义一个新的 PATH 环境变量，在不同操作系统下进行的设置各不相同。

当用户利用 JDK 来对 Java 源文件进行编译时，编译工具会根据 CLASSPATH 环境变量指定的地方查找类文件，这对成功编译 Java 源文件是极其重要的。接下来将介绍如何在 Windows 95/98、Windows 2000 和 Solaris 操作系统上设置 PATH 和 CLASSPATH 环境变量。

1.3.1 Windows 95/98 配置

Windows 95/98 用户可以在操作系统所在分区根目录下的文件 autoexec.bat 中设置环境变量。可能许多用户没有此文件，如果是这种情况就需要手工创建一个同名文件，然后用记事本打开进行编辑。

若要在 autoexec.bat 文件中设置 PATH 和 CLASSPATH 环境变量，则需要在新的一行中插入如下内容：

```
set PATH=%PATH%;C:\jdk1.5\bin
set CLASSPATH=.;C:\jdk1.5\jre\lib;C:\jdk1.5\lib
```

在这里，假设 JDK 被安装在 C:\jdk1.5 目录下。若安装在别的目录下，则只需将以上两句话中对应目录换成实际安装目录即可。

一旦完成这些修改，必须重新启动计算机或者在 MS-DOS 提示符下键入下面的命令，强制操作系统重新读取 autoexec.bat 文件。

```
\autoexec
```

1.3.2 Windows 2000/XP 配置

Windows 2000/XP 的设置方法与 Windows 95/98 不同，需要在控制面板中进行修改。双击“系统”图标，出现图 1-9 所示的系统属性对话框。

单击【高级】标签，再单击【环境变量】按钮，弹出图 1-10 所示的对话框。

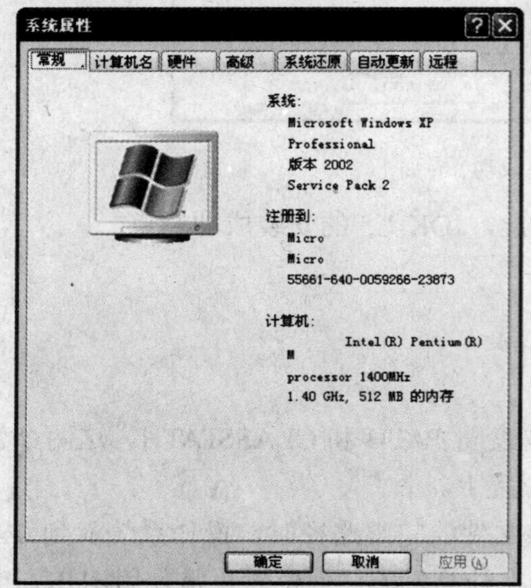

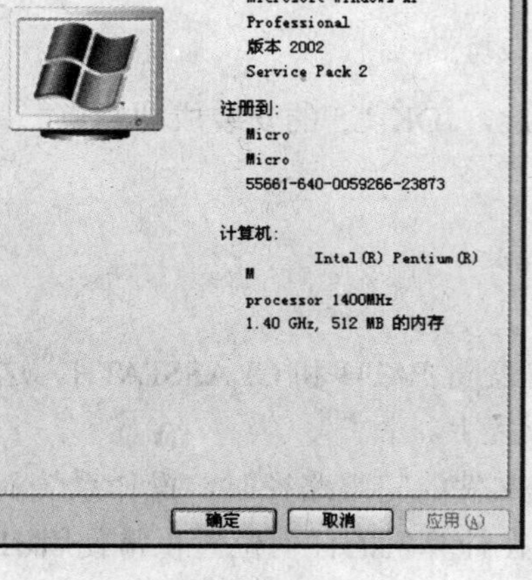

图 1-9　系统属性　　　图 1-10　环境变量设置

在【Administrator 的用户变量】选项区域（或具有 Administrator 权限的用户）中单击【新建】按钮，在弹出的对话框中对应“变量名”的输入框中输入 PATH，对应“变量值”的输入框中输入 C:\jdk1.5\bin，单击【确定】按钮。

同上一步骤，再次单击【新建】按钮，输入变量名为 CLASSPATH，对应变量值为.;C:\jdk1.5\jre\lib;C:\jdk1.5\lib。

与 Windows 95/98 不同的是，在 Windows 2000/XP 下不必重新启动计算机即可使环境变量的更改生效，但是若更改前有命令提示符窗口存在，则在更改结束时必须打开新的命令提示符窗口才能使环境变量的更改生效。

1.3.3 Solaris 配置

Solaris 用户通常在系统外壳的开始文件中设置环境变量，大多数情况下是通过 sh 或 csh 外壳的变化来完成它。如果把 JDK 安装在程序所提供的缺省位置/usr/local/jdk1.5/bin，那么每次运行 JDK 工具时，JDK 工具就会自动把 JDK 自带的类库附加在设置的 CLASSPATH

上。但是，如果想使用自己创建的类文件，那么就应该创建一个合适的 CLASSPATH 设置以让 JDK 工具查找它。

以.cshrc 文件为例，若要修改 PATH 和 CLASSPATH 环境变量的设置，则需要在该文件中插入如下内容：

```
set path=(/usr/local/jdk1.5/bin $path)
set classpath=(/usr/local/jdk1.5/jre/lib; /usr/local/jdk1.5/lib)
```

然后让操作系统通过输入命令 source ~ /.cshrc 重新读取改动后的.chsrc 文件。若在.profile 文件中修改这两个环境变量，则和上述方法类似。

注意： Java 解释器在运行程序时，完全通过在 classpath 中设置的路径去寻找类文件，因此在 Windows 中配置时，classpath 设置中一定要加上，这个符号表示当前目录，即用户所在目录。若没有这个路径，那么在以后运行 Java 程序时会出现异常，找不到类文件。

1.4 JDK 开发工具

JDK 提供的 3 个最常用的工具是编译器（javac）、解释器（java）和 Applet 观察器（appletviewer）。用这 3 个工具再加上一个源代码编辑器，就能编写、调试、编译和运行 Java 应用程序和小应用程序。

Java 源代码的格式为文本文件，可以用任何文本编辑器或者能用 ASCII 文本格式保存文件的字处理器来创建它们，但其扩展名必须为.java。

1.4.1 AppletViewer

Java 程序大体分为两种：一种叫应用程序（Application），另一种叫小应用程序（Applet）。在这里，应用程序的概念和普通应用程序有点区别。用其他高级语言编写的程序可以通过双击直接运行而不需要做其他附加动作，这就是平常所说的应用程序。但是 Java 语言中所说的应用程序是经过 Java 编译器编译生成的类文件，它运行在 Java 虚拟机（JVM）之上，不能通过双击直接运行。

Java 小应用程序则只能运行在浏览器环境内，实际上是通过浏览器内附带的 Java 虚拟机来运行的，没有浏览器的帮助，小应用程序无法运行。

若每次想测试一个小应用程序时都要启动浏览器程序，那么开发者为此将要付出巨大的代价，因为每次启动浏览器都要占用大量的 CPU 时间和内存，使用的却只是它内部一小块有用的部分。而且，由于程序运行效率的考虑，每一次运行 Java 小应用程序后相关服务就会在内存中驻留，除非重新启动浏览器，不然对小应用程序所做的改动有可能无法反映出来，解决的唯一办法就是在每次改动小应用程序后重新启动浏览器。在频繁地打开和关闭动作中，宝贵的时间就流失了。

幸而 JDK 提供了一个专门用于执行 Java 小应用程序的工具——AppletViewer。

AppletViewer 可以不需要浏览器的辅助而直接运行小应用程序，由于它实现的所有功能就是运行小应用程序而无须顾及诸如 cookie、security 等诸多因素，故其效率是运行同样小应用程序的浏览器所无法比拟的。

AppletViewer 的使用方法很简单，在 DOS 方式下进入包含小应用程序的 html 文件所在文件夹，直接键入如下命令：

```
appletviewer xxx.html
```

其中 xxx.html 为包含小应用程序的 html 文件。若在 1.3 节安装过程中选择了安装 Demo，则可以通过运行一个 JDK 附带的 TicTacToe 游戏实际体验一下 AppletViewer 的使用方法。

在 DOS 方式下，键入如下命令将当前目录更改为该实例的目录：

```
cd c:\jdk1.5\demo\applets\tictactoe
```

此时若键入 dir 可看到当前目录下文件列表，其中有一个 TicTacToe.java 文件是 Java 源文件，另一个文件 TicTacToe.class 是它编译后的类文件，还有一个 example1.html 文件是用来包含小应用程序的。

接着键入如下命令：

```
appletviewer example1.html
```

若无异常发生，则屏幕上将出现图 1-11 所示的运行窗口。

若没有出现图 1-11 所示的窗口，请检查 JDK 的安装和 1.3 节中相关路径的配置，确保在正确的目录下并在 PATH 中进行了正确的设置。

图 1-11　TicTacToe 游戏

注意： 记住小应用程序概念的设计初衷是为了能在 Web 方式下运行，从而达到跨平台的目的。它是通过 HTML 文件的<applet>标记来被调用的，所以不管是使用 AppletViewer 还是浏览器来执行小应用程序，都必须为它写一个 HTML 文件。

1.4.2　javac 和 java

和 C/C++语言一样，手工写出的 Java 源程序也需要进行编译，JDK 提供了一个快捷高效的编译工具——javac，使用方法和 AppletViewer 工具类似，只不过其对象变成了 Java 源程序，以.java 结尾。编译成功后会在指定路径下生成与源程序中定义的类同名的以.class 结尾的 Java 类文件。

与 C/C++比较后会发现，Java 应用程序并非以.exe 结尾，所以无法通过双击等操作直接运行，必须通过 Java 解释器来解释执行。这是随着 Java 语言跨平台的强大优势而来的一个小小遗憾，总体来说这个遗憾是可以忍受的，毕竟任何事物都不是十全十美的。

下面将通过从创建一个 Java 源文件开始，利用 javac 和 java 工具进行编译和解释运行来得到对整个应用程序开发过程的简单理解。

首先使用任何一个文本编辑器，输入如下源代码，并保存为 HelloWorldApplication.java。

实例 1-1　HelloWorldApplication.java 源代码

```
/**
 *HelloWorldApplication.java
```

```
 *@author 沈应逵
 *@version 1.0, 2002/11/20
 */

public class HelloWorldApplication {
   //此处的main()函数与C/C++的main()类似，可认为是程序的切入点
   public static void main(String args[])  {
      System.out.println("-------------");
      System.out.println("-HelloWorld!-");
      System.out.println("-------------");
   }
}
```

假设源文件的保存位置为 D:\实例 2\src\1，则在 DOS 方式下进入该文件所在目录，并输入命令：

```
javac HelloWorldApplication.java
```

正常情况下编译成功，不会有任何输出。若出现错误或异常信息，请确认按照上述代码输入无误及保存文件名正确（注意大小写），并检查 1.3 节中相关路径的配置。

然后输入命令：

```
java HelloWorldApplication
```

若正常运行，将出现图 1-12 所示的信息。

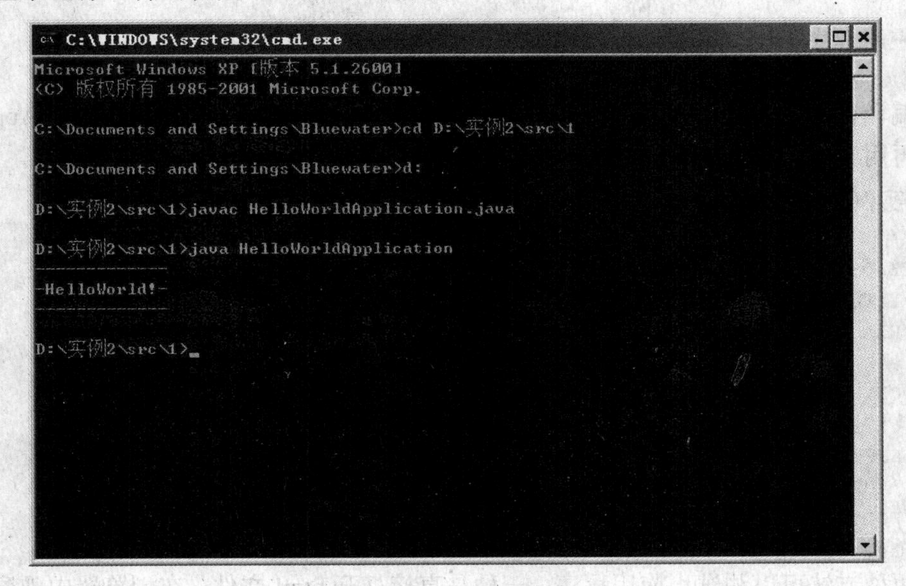

图 1-12　HelloWorld 应用程序

下面将以一个 HelloWorld 小应用程序的创建、运行过程来演示 Java 小应用程序的开发过程。为了清楚地表示出小应用程序和应用程序的不同之处，请在放置前述 HelloWorldApplication 应用程序的目录下新建一个 applet 目录，用来放置将要产生的 Java 应用程序文件。

同样，首先创建一个文件，输入如下代码，并命名为 HelloWorldApplet.java。

实例 1-2　HelloWorldApplet.java 源代码

```
/**
 *HelloWorldApplet.java
 *@author 沈应逵
 *@version 1.0, 2002/11/20
 */

import java.applet.*;
import java.awt.Graphics;

//以上两行语句导入显示小应用程序所必须的类文件
public class HelloWorldApplet extends Applet {
    //每个小应用程序都必须用init()方法初始化页面
    public void init()  {
        resize(300,200);
    }

    //paint()方法可理解为在一个小应用程序产生的画布上绘图
    public void paint(Graphics g)  {
        g.drawString("Hello World!",100,100);
    }
}
```

同应用程序一样，小应用程序也需要使用 javac 工具进行编译：

```
javac HelloWorldApplet.java
```

在编译得到的 HelloWorldApplet.class 文件所在目录下新建一个 HelloWorldApplet.html 文件，再用文本编辑器编辑实例 1-3 的内容。

实例 1-3　HelloWorldApplet.html 源文件

```
<HTML>
 <HEAD>
  <TITLE>HelloWorld小应用程序测试</TITLE>
 </HEAD>

 <BODY>
  以下是我们写的小应用程序：<BR>
  <APPLET CODE="HelloWorldApplet.class" WIDTH=300 HEIGHT=200>
  </APPLET>
 </BODY>
</HTML>
```

有两种方法可以测试小应用程序：一种是直接打开 html 文件，在浏览器中观察小应用程序的输出情况；另一种方法是用 AppletViewer 工具。在实例 1-3 中可以发现，小应用程序必须在 html 文件中通过如下方式被调用：

```
<APPLET CODE="HelloWorldApplet.class" WIDTH=300 HEIGHT=200>
```

在使用 AppletViewer 的时候，虽然是把整个 html 文件当作参数传递给 appletviewer 方法，但它实际感兴趣的只是 html 文件中的<APPLET>标记当中的部分。

首先使用直接浏览的方法，找到 HelloWorldApplet.html 文件所在的目录，直接双击该文件，在 Internet Explorer 中打开的情况如图 1-13 所示。

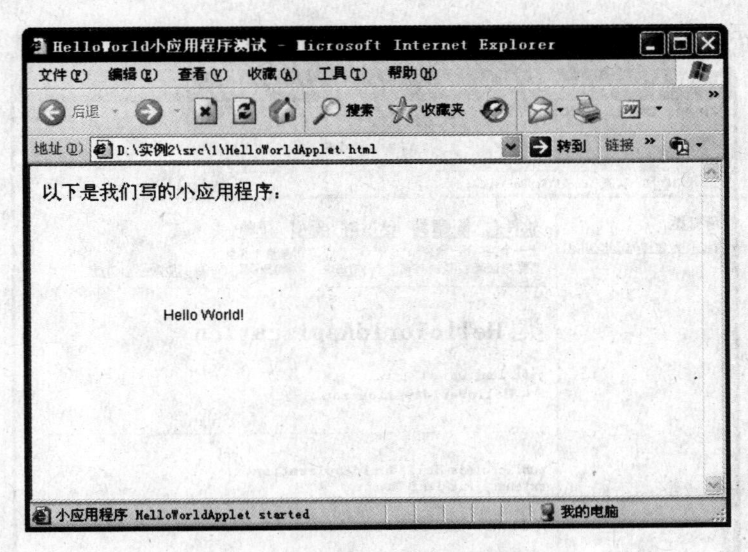

图 1-13　HelloWorldApplet 小应用程序显示 1

再看使用 AppletViewer 的方法，在 DOS 方式下进入 HelloWorldApplet.html 文件所在目录，输入下面命令：

```
appletviewer HelloWorldApplet.html
```

会弹出一个窗口，显示出与图 1-13 中主体部分相同的信息，如图 1-14 所示。

把图 1-14 和图 1-13 比较，会发现图 1-14 中没有显示字符串“以下是我们写的小应用程序：”，请自行体会。

图 1-14　HelloWorldApplet 小应用程序显示 2

1.4.3　javadoc

一般的程序员都有这样一个体会，那就是在费劲九牛二虎之力调试通过了若干巨大的程序之后，面对的是繁琐的文档整理工作，这种枯燥劳动无论对人力还是脑力都是极大的浪费，但却必不可少。幸运的是，Java 程序员有了 javadoc 工具，这种工具能够把 Java 源文件转换成 html 格式的文档并放在指定的位置，关于类的继承关系、类结构、属性和方法等都在页面上一览无余。

更强大的是，javadoc 工具不但能从 Java 源文件生成文档，而且能从 Java 类文件生成文档，若按照一定格式书写源文件中的注释，还能够生成更多的信息。

以 1.4.2 节中的 HelloWorldApplication.java 为例，DOS 方式下在该文件所在目录输入如下命令：

```
javadoc -author -d .\AppDoc HelloWorldApplication.java
```

其中-author 是按照预定格式从源文件的注释中抽出作者信息，-d .\AppDoc 是将生成的文档放入当前位置的下一层名为 AppDoc 的文件夹中。

等屏幕提示信息结束，进入目录 AppDoc，双击 Index.html 文件，如图 1-15 所示。

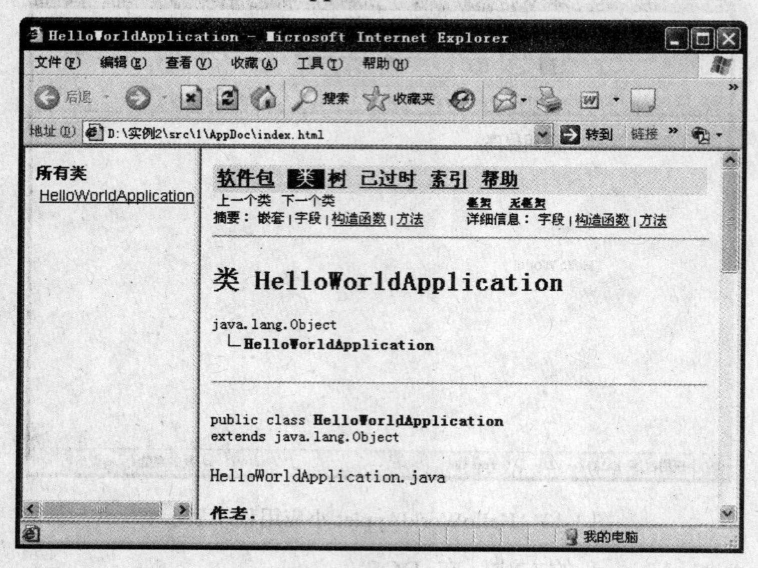

图 1-15　javadoc 生成文档

1.4.4　jdb

jdb 是 JDK 提供的一个调试工具，可以实现单步跟踪、设置断点、监视程序的输出情况等功能。下面以 1.4.2 节中的 HelloWorldApplication 程序为例进行说明。

在 HelloWorldApplication 所在的目录输入如下命令：

```
jdb
```

屏幕提示信息：

```
Initializing jdb ...
>
```

输入如下命令：

```
stop at HelloWorldApplication:12
```

这条命令的目的是在 Java 代码的第 12 行设置一个断点。在 jdb 中运行程序时，当执行到断点所在行时会停下，等待下一步指令。参照 1.4.2 节中的实例 1-1 可知第 12 行代码为 System.out.println("-HelloWorld!-");应该是向屏幕输出信息的动作。这时屏幕上提示信息为：

```
Deferring breakpoint HelloWorldApplication:11.
It will be set after the class is loaded.
>
```

输入如下命令：

```
run HelloWorldApplication
```

这条命令的目的是在 jdb 中运行编译好的类文件，此时屏幕提示信息为：

```
run  HelloWorldApplication
Set uncaught java.lang.Throwable
Set deferred uncaught java.lang.Throwable
>
```

```
VM Started: Set deferred breakpoint HelloWorldApplication:12
-------------
Breakpoint hit: "thread=main", HelloWorldApplication.main(), line=12 bci=8
12          System.out.println("-HelloWorld!-");
main[1]
```

程序在第 12 行停了下来。继续输入如下命令：

```
step
```

这个命令是让程序每次执行一行，并在屏幕上显示，执行后屏幕显示信息如下：

```
> -HelloWorld!-
Step completed: "thread=main", HelloWorldApplication.main(), line=13 bci=16
13          System.out.println("-------------");
main[1]
```

继续输入 step 命令，直到程序的最后一行，jdb 自动退出。可以发现，每次输入 step 后 jdb 都仅执行一行语句。当然这个程序过于简单，好像没有如此调试的必要，实际应用中在不能确切知道错误出在哪儿的时候，进行这种方式的跟踪是非常必要的。

Jdb 提供的功能不止这些，详细的调试选项可以在 jdb 提示符下键入 help 来获得帮助信息。

1.5 小结

本章主要介绍了 Sun 公司的 Java 开发工具 JDK 的安装和配置，通过几个简单的例子学习了 JDK 提供的相关开发工具的使用，并简单介绍了 Java 应用程序和小应用程序在程序构成及运行方式上的区别与联系。

通过本章的学习，读者应该能够掌握 JDK 的安装，以及按照安装的不同路径对 PATH 和 CLASSPATH 环境变量进行设置；并学会 JDK 提供的 Java 编译工具 javac 和 Java 解释器 javA. AppletViewer 的使用方法，能够在 DOS 方式下对输入完成的 Java 源文件进行编译和运行；同时对 jdb 和 javadoc 工具有初步的认识与理解。

1.6 习题

1. 填空题

（1）要用 Java 开发小应用程序和应用程序，必须首先在计算机上安装__________开发环境。

（2）到本书编辑时，JDK 发展到________版本，本书将采用________版本。

（3）JDK 提供的 3 个最常用的工具分别是____________、____________、____________。

（4）Java 程序文件以____________为后缀，编译后的程序文件以____________为后缀。

（5）AppletViewe 是一个＿＿＿＿＿＿工具。

（6）一个 Java 源程序编译后会生成一个扩展名为＿＿＿＿＿＿的字节码文件。

（7）AppletViewer 的使用方法很简单，只要在＿＿＿＿＿＿界面下直接输入命令。

（8）JVM 是＿＿＿＿＿＿的缩写。

（9）Java 的项目可以使用＿＿＿＿＿＿命令来输出项目的 API。

（10）＿＿＿＿＿＿是 JDK 提供的一个调试工具，可以实现单步跟踪、设置断点、监视程序的输出情况等功能。

2．选择题

（1）编译一个 Hello.java 的程序，使用下面哪个命名？

A．java Hello.java　　B．java hello.java　　C．javac Hello.java　　D．javac Hello

（2）编译好的程序 Hello.class，用下面哪个命令执行？

A．java Hello.class　　B．java hello　　C．java Hello.java　　D．java Hello

（3）javadoc 是什么工具？

A．Java 文档生成工具　　B．Java 编译工具
C．Java 执行工具　　D．Java 调试工具

（4）Java 不能运行于下面哪个操作系统？

A. Windows 98　　B. DOS　　C. Windows XP　　D. Linux

（5）jdb 是什么工具？

A．编译工具　　B．运行工具　　C．文档生产工具　　D. Java 调试工具

（6）JDK 的中文名称是？

A. Java 运行包　　B. Java 开发工具包
C. Java 编译工具包　　D. Java 文档生产包

（7）当用户利用 JDK 来对 Java 源文件进行编译时，编译工具会根据＿＿环境变量到指定的地方查找类文件，这对于成功编译 Java 源文件是极其重要的。

A. PATH　　B. Temp　　C. CLASSPATH　　D. JAVA_HOME

（8）Windows 95/98 在哪个文件中设置环境变量？

A. autoexec.bat　　B. System.ini　　C. MSDOS.SYS　　D. CONFIG.SYS

3．思考题

（1）描述一下 jdb 工具的功能？

（2）Java 小应用程序是不是必须书写一个 html 网页代码程序？

（3）在 DOS 窗口中运行 Java 程序，总提到 Java 不是内部命令，是什么问题？

（4）在 DOS 中运行 Java 程序时，提示：

Exception in thread "main" java.lang.NoClassDefFoundError: com/Test

是什么问题？

4. 上机题

（1）请尝试将 jdk 1.5 安装至目录 D:\jdk1.5\下，安装完毕后应该如何修改 PATH 和 CLASSPATH 路径？

（2）在上一题设置完毕的基础上，在 D: 盘新建目录 study，然后在此目录下仿照本章 1.4.2 节中实例 1-1 输入源程序，并对其编译和解释运行。

要求程序运行结果：在屏幕上输出自己的名字。

（3）在 JDK 安装位置按路径 demo\applets\Clock\可找到文件 example1.html，请使用工具 AppletViewer 运行，并查看程序运行结果。

第 2 章 类、接口和包

本章学习目标

- 了解面向过程编程和面向对象编程的区别
- 掌握类与对象的基本概念和二者之间的关系
- 掌握类的继承特性
- 掌握 Java 语言中类的使用方法和相关技巧
- 掌握包的使用
- 了解接口的使用原理

与 C/C++相比，Java 语言是一种完全面向对象的语言。Java 去掉了 C/C++支持的 3 个关键的数据类型：指针（pointer）、联合体（unions）和结构体（structs）。这样做的结果是用户不能通过 Java 程序直接访问内存地址，保证了程序更高的安全性并大大减少开发中可能出现的 bug。而 C/C++中联合体和结构体的功能，完全可以在 Java 中用类及类的属性等面向对象的方法实现，而且更加合理、规范。

Java 的完全面向对象的特点，使得这门语言获得了无限旺盛的生命力，如今使用统一建模语言（UML）开发的项目，大部分都用 Java 实现，因为只有 Java 才具有足够的能力实现面向对象的方法设计。

经常使用 Java 语言的程序员都有这样一个概念：在 Java 中，所有事物都可以用类来描述，一切都是对象。

2.1 面向对象编程基础

因为 Java 是面向对象的编程语言，所以必须花一点时间学习一下基本概念，这样才能在后续章节的编程实践中逐渐了解到面向对象编程的优点，进而掌握面向对象的编程艺术。

对象是面向对象编程的基础，在对象的基础上提取出类，各种类可以互相继承。利用接口可以看到允许看到的，看不到不允许看到的。包有点像 C++中命名空间的概念，使重新使用和组织类更加容易。这就是 Java 的所有，却也是面向对象的精髓。

2.1.1 面向过程编程

为深入了解面向对象的特点，首先看一个用 C 语言编写的关于解一元二次方程的例子，这是典型的面向过程编程。

实例 2-1　calculate.c 源文件

```
#include "math.h"  //下面的开平方函数要用这个头文件

main() {
    float a,b,c;   //存储二次方程系数
    float delta;   //判断是否有解
    float x1,x2;  //存储两个解
    printf("请输入二次项系数:");
    scanf("%f",&a);  //用户输入二次项系数
    printf("请输入一次项系数:");
    scanf("%f",&b);  //用户输入一次项系数
    printf("请输入常数项系数: ");
    scanf("%f",&c);  //用户输入常数项系数
    delta = b*b-4*a*c;
    if ( delta < 0 )  {
        //若无解，给出错误信息并退出程序
        printf("输入系数导致方程无解！ ");
        return(0);
    }
    else  {
        //若有解，计算并输出
        x1 = -b/(2*a)+sqrt(delta)/(2*a);
        x2 = -b/(2*a)-sqrt(delta)/(2*a);
        printf("第一个解为: %5.2f \r\n",&x1);
        printf("第二个解为: %5.2f \r\n",&x2);  //按两位小数格式输出
        return(0);
    }
}
```

程序运行的结果不必细说，请看整个程序的流程，首先打印提示，然后等待用户输入，再给出打印提示，再等待，然后判断，若无解，则打印错误提示，退出；若有解，则计算第一个根，然后计算第二个根，最后打印输出。

这样，每次用户要计算一个一元二次方程时，都要运行一次这个程序，然后输入信息，再等待程序响应。在这个过程中，已经确认了一个前提：下一个动作都是建立在上一个动作的基础上，程序员直接管理程序的每一个细节，在程序编制的过程中，只须想到这个程序如何完成预定目的，如何管理程序的流程才能正确地完成任务，这就是广义上的面向过程编程模式。

在这种程序设计模式中，程序员将详细设计程序的每一个细节，在设计前将在一张很大的白纸上耗费若干精力，根据所有可能的情况，绘出详细的流程图，然后动手编码，并完成所需的功能。

这种编程模式令人一目了然，详细、巧妙的流程图也可称之为艺术。在以 C 语言为代表的面向过程编程语言开始成为开发人员强有力的工具时，这种编程模式也的确成为若干编程奇才展示个性和智慧的天地。

随着项目开发规模越来越大，编程不再是少数人的玩具，而慢慢踏上商业的道路。商业化的强烈竞争使人不得不开始考虑减少代码编写工作量以降低整个开发成本。在随后的

开发过程中，程序员们发现有若干代码段在许多处都被重复使用，于是将使用率高的部分提取出来形成了函数库，再通过参数传递在自己的程序中进行调用，这些函数库作为开发团队的宝贵财富而被保存下来。

例如：某科学实验室为了从一种实验数据中计算出有用的理论结果，而设计了一个程序，对若干固定格式的数据进行某些操作而返回一个有用的值。但是同样的实验可能得做几十次、几百次甚至上千次，但是对返回的值，有些超出范围的不正常数要舍弃，有些正常的要加入列表，也有可能这个实验在某种情况下会被另一个实验包括进来。每次用到这种计算方法的时候都重新写一遍代码，这种做法肯定是不明智的。于是可以为这种计算过程创建一个函数，每次用到时，只须直接调用这个函数即可。

这种方法的使用把 C 语言的代码重用性推向了极致，但随着实际应用的进一步推广，开发者发现，没有绝对一成不变的事物，哪怕是总结得再好的函数，有些新功能的扩张也不再是以往的简单函数所能函括的。于是原来的函数就成了鸡肋，丢掉的话，所有使用它的代码就面临着废弃和大规模改动的艰难抉择；若保持原样的话，那么新的需求就无法满足，产品无法升级，就必将失去更多的客户。

为了改善这种情况，提出了面向对象编程的概念，后来 C 语言的兄弟——C++出现了，但是出于种种原因，在 C++语言中仍保留了很多针对 C 语言的向后兼容性，这种看似尽善尽美的做法却恰恰成为 C++语言的最大缺憾，最终无法使其成为完全的面向对象编程语言。

2.1.2 面向对象编程

对习惯于面向过程编程的程序员来说，面向对象是一件难以理解的事情。但是可以确切地说，面向对象编程很简单，用一句话概括来说，可以认为每个编程任务都是对象和对象之间的关系。

可以这样设想：假设要盖一幢房子，面向过程的编程和面向对象的编程的实现过程是不一样的。过程编程技术要从和泥、制砖做起，从最底层开始，考虑每一块砖的形状、性能而采用不同的制作方法，然后再从打地基做起，逐渐完成整个工程。而面向对象编程完全不需要考虑细节，只须计算需要多少块砖，然后把它们组装起来，至于制砖的细节是不需要考虑的，因为已经有了模子，而这个模子是在所有时间都可以使用的。

万一需要不同形状的砖，只须简单地从现有模子复制一个并稍加改动即可，而改动后的模子和以前的模子的使用方法是一样简单的。若抽象得更加完善，甚至可以只考虑完成多少房子和楼层，然后组装起来，至于如何建筑每一幢房子和楼层，也可以从一种抽象的模子来完成，设计师完全不必考虑细节问题。面向对象编程中的类就可以理解为上面的模子，而对象就是从一个个模子中制出来的砖块。

下面请看一个与 2.1.1 节完成同样功能的 Java 程序。

实例 2-2　Calculate.java 源文件

```
/**
 *Calculate.java
 *在这个程序中实体化类MyFunction
```

```
    *并将3个系数当作参数传递给该类的构造函数
    *@author 沈应逵
    *@version 1.0, 2002/11/21
    */

public class Calculate {
    //3个系数作为函数参数传递给main()
    public static void main(String args[]){
        float a , b , c;
        int numOfArg = 0;
        numOfArg = args.length;
        //首先判断参数的个数，若不是3个，退出
        if(numOfArg < 3)  {
            System.out.println("您输入参数个数不对！");
            return;
        }
        //尝试将3个参数转化为float型
        try  {
            a = java.lang.Float.valueOf(args[0]).floatValue();
            b = java.lang.Float.valueOf(args[1]).floatValue();
            c = java.lang.Float.valueOf(args[2]).floatValue();
        }
        catch(Exception e){
            //若参数格式不对，给出错误信息
            System.out.println("您输入参数格式不对！");
            return;
        }
        System.out.println("您输入的二次项系数为：" + a);
        System.out.println("您输入的一次项系数为：" + b);
        System.out.println("您输入的常数项为：" + c);
        //用3个系数实体化类MyFunction，得到myFunction为其一个实例
        MyFunction myFunction = new MyFunction(a,b,c);
        //计算3个参数
        myFunction.calculate();
    }
}
```

这个程序很简单，是将 3 个命令行参数作为一元二次方程的 3 个系数传递给 main()函数，然后进行判断是否满足逻辑需求。若符合逻辑，则用这 3 个实数得到类 MyFunction 的一个实例 myFunction，然后调用对象 myFunction 的 calculate()方法，输出计算结果。观察这个程序，实际上除了为防止非法输入出现的繁琐的情况判断语句外，真正起作用的只有以下两句：

```
MyFunction myFunction = new MyFunction(a,b,c);
myFunction.calculate();
```

这里的 MyFunction 是类的名字，就像上文中提到的模子，而 myFunction 就是类 MyFunction 的一个实例，就像上文中提到的根据模子做出来的砖块。在实际编程的时候，只须知道如何使用它，而不须知道它内部的实现方法。在这里，只须知道将 3 个参数传递给实例 myFunction，并调用其方法 calculate()，不须知道类 MyFunction 内部如何实现这些

功能。这样处理，能将一个大的软件工程划分为逻辑明确的不同模块，程序员仅须知道如何使用别人的模块，而不必注意每一个细节，这正是面向对象编程的一个最大优势。

下面请看类 MyFunction 的源代码。

实例 2-3 MyFunction.java 源文件

```
/**
 *MyFunction.java
 *可用来计算一元二次方程的根
 *@author 沈应逵
 *@version 1.0, 2002/11/21
 */

public class MyFunction{
    //方程的3个系数作为3个私有变量
    private float a;
    private float b;
    private float c;

    //构造函数
    MyFunction(float a, float b, float c){
        this.a = a;
        this.b = b;
        this.c = c;
    }

    //计算方程的根
    public void calculate(){
        float delta = 0;
        float x1,x2;
        delta = b*b-4*a*c;
        //若方程没有根，给出提示并返回
        if(delta < 0)  {
            System.out.println("您的输入有误！方程无解！");
            return;
        }
        //若有根，打印
        else  {
            x1 = -b/(2*a)+((float)java.lang.Math.sqrt((double)delta))/(2*a);
            x2 = -b/(2*a)-((float)java.lang.Math.sqrt((double)delta))/(2*a);
            System.out.println("第一个解为：" + x1);
            System.out.println("第二个解为：" + x2);
            return;
        }
    }
}
```

程序细节就不一一详述了，关于类的更详细的信息将在后续章节中体现。

将这两个文件放在同一个文件夹，然后编译，生成相应的类文件。在 DOS 方式下输入命令：

```
java Calculate 1.2 -4.1 2.74
```

相应运行结果如图 2-1 所示。

在 Java 语言中，所用的动作都是通过类来实现的，请注意以前的每个 Java 源文件，所有的 main()方法都是放在声明为 class 的程序段中。与 C/C++语言相比，程序的切入点 main()放的位置不同，通过这种约定，Java 语言把所有实现都放在类中，就好像许许多多的模块一样，程序员只须知道如何使用和使用哪些模块，就可以做任何事情了。

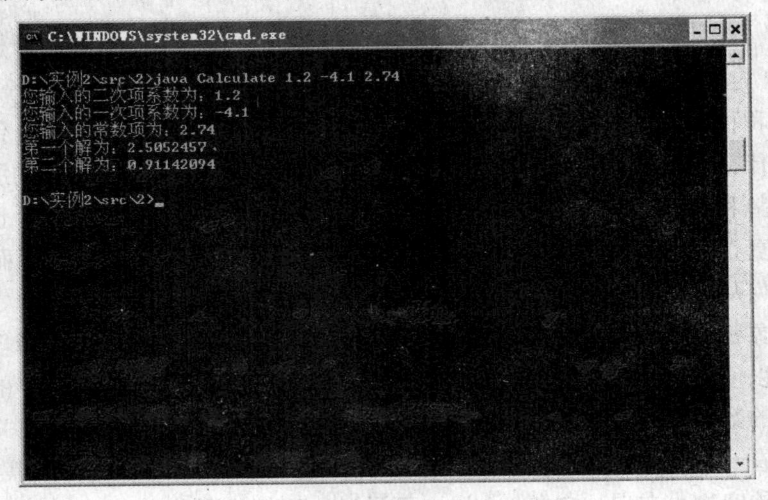

图 2-1　解一元二次方程

当需求发生变化时，面向对象编程方法不用改变现有类的一切，仅须从现有类继承出一个新的类，在新的类中添加一些功能，删除一些功能或修改一些功能。在实际应用中，若用到新需求，就用新类；若仍使用旧的需求，就使用旧的类，不同的只是类内部的实现不同了，使用起来没什么大的改动，只是实例化对象时需要从不同的类 new 而已。

2.1.3　一切皆对象：猫和老鼠

对象是整个面向对象编程理论的基础。可以这样理解，对象是这样一种新型变量，它保存着一些比较有用的数据，但可要求它对自身进行操作。

类则是一种抽象，它与对象密切相关。类与对象是一种抽象与具体的关系。类是相关对象的抽象模式，是一种定义；而对象是由类生成的，是有血有肉的，体现了类的定义。

下面看一个例子，先不要考虑代码细节问题，假设通过如下代码定义了一个类 Animal，具有方法 setColor()以设置动物的颜色；方法 setAge()设置动物的年龄；方法 setType()设置动物的种类：

```
class Animal{
   String color;
   String age;
   String type;

   public setColor(String color)  {
      this.color = clolor;
   }
```

```
    public setAge(String age)  {
        this.age = age;
    }

    public setType(String type)  {
        this.type = type;
    }
}
```

类 Animal 定义了所有可以归为动物范畴的对象的一些共性，包括一些有用的数据（比如颜色、年龄和种类），还包括一些有用的操作（比如设置颜色、年龄等）。但是从上面的程序中能得到什么呢？只有一些没有意义的名词，只能知道属于类 Animal 的所有对象都必须有颜色、年龄和种类，但是知道每一个对象的具体颜色、年龄和种类吗？也就是说，具体的对象才是真正包含实际数据的有意义的数据类型，类只不过是一种模子而已。

对象是如何从类得到的呢？

所有的对象都必须创建，也就是说，程序员必须通过某种方式告诉编译器，请为我创建一个对象，以便我进行相关操作。这种方式就是关键字 new，new 关键字的意思就是请求按照一个类的数据格式开辟一片内存空间，并当作一个有形的实体进行相关操作。

下面继续看一个例子，假设现在要创建两个对象：一个是家养的小猫，黑色的，一岁；另一个是邻家的宠物小白鼠，白色，3 岁。可通过如下的代码段实现：

```
//以下是创建一个叫myCat的对象并设置相关属性
Animal myCat = new Animal();
myCat.setColor("black");
myCat.setAge("one");
myCat.setType("cat");

//以下是创建一个叫otherMouse的对象并设置相关属性
Animal otherMouse = new Animal();
otherMouse.setColor("white");
otherMouse.setAge("three");
otherMouse.setType("mouse");
```

对象创建格式通常使用 new 关键字，上面代码段执行完毕后，对象 myCat 和 otherMouse 的成员变量 color、age 和 type 分别为 black、one、cat 和 white、three、mouse。

在 Java 语言中，一切皆是对象，所有具有有用属性和相关操作的事物都可以作为对象存在，而不管它在自然界中是有实体的还是没有实体的。比如，猫是对象，老鼠也是对象，汽车是对象，空气是对象，玫瑰花是对象，方程是对象，甚至哥得巴赫猜想也是对象。对象是 Java 编程的基础，Java 程序就是许许多多对象有机结合在一起的产物。

所有的对象都必须创建，必须通过 new 关键字告诉编译器以得到一块分配的内存，所以一个对象必须符合某个类，才能按照这个类的格式得到数据结构。

例如，猫和老鼠可划分为一个类，都属于动物；猫、老鼠和汽车可划分为一个类，都属于可移动物体；汽车、空气、方程、哥得巴赫猜想也可划分为一个类，都属于无生命物体。至于对象从哪种类创建，则完全按照实际需要决定。

2.1.4 类：状态和行为

由类和对象的关系可以看出，类是具有相同类型属性和相同操作的不同对象的抽象总结，是对象的代码模板和设计图。

当实际编写 Java 程序时，就已经在使用 Java 开发环境提供的许多类了。比如在以前代码中不止一次出现过的语句：

```
System.out.println("……");
```

就使用了 Java 提供的类 System。但在实际开发中，可能最多遇到的情况还是要使用自己编写的类。下面以一个例子为例说明：

```
class myClass1 {
    int myInt;
    float myFloat;
    boolean myBoolean;
}
```

这就是一个简单的类声明，它只定义了 3 个成员变量，并没有做什么实际的事情，但它完全可以按以下方式创建一个对象：

```
myClass1 myObject1 = new myClass1();
```

得到的对象就具有了这 3 个成员变量，并可以通过如下方式访问：

```
myObject1.myInt = 12;
myObject1.myFloat = 4.433f;
myObject1.myBoolean = true;
```

像这个例子中的 myInt、myFloat 和 myBoolean 叫做类的属性，它们作为成员变量保存在类描述体中，这些属性往往用来保存对象的一些重要的状态信息。

对象的属性不一定是像 int、float 之类的基本类型，也可以是其他对象，比如类 System 中的成员变量 out 就是按如下方式声明的：

```
public static final PrintStream out
```

在这里，类属性 out 就声明为类 PrintStream，而在类 PrintStream 中是这样定义方法 println()的：

```
public void println(String x)
```

像这样，一个对象中有另一个对象作为成员变量，而另一个对象中有想要操作的数据或动作，调用方法就是用句点持续连接即可：

```
System.out.println("这样调用println方法打印字符串");
```

先用 System.out 得到一个 PrintStream 对象，然后调用该对象的 println 方法。若有多个这种嵌套，只须用句点持续连接下去，直到需要的目标。

```
object1.object2.object3.object4.object4.somevariable = 22;
```

类中间不只包含某一类对象的状态信息，还包括许多有用的操作，这些可称之为对象的行为，而在类内部体现为方法（method），这和 C/C++中的函数（function）的概念有点类似。例如以下类体：

```
class ClassForMethod{
    int count;
    ClassForMethod(){
        count = 0;
```

```
        }
        public void addCount(){
            count++;
        }
        public int getCount(){
            return count;
        }
    }
```

这个类中声明了 3 个方法，注意第一个方法与类同名，Java 语言中规定与类名相同的方法是类的构造方法。假如有如下代码：

```
ClassForMethod classForMethod = new ClassForMethod();
```

则这个语句执行后对象 classForMethod 就有了一个状态 count，且初值为 0，这是因为在 new 的时候，就默认执行了方法 ClassForMethod()中的代码而将 0 赋给成员变量 count。

注意： 构造方法即构造函数，是一个与类同名的方法，在类被加载到内存时，它将被 Java 虚拟机首先调用。构造函数分为默认构造函数和有参数构造函数，如果一个类没有声明自己的构造函数，那么 Java 会自动添加一个空的默认构造函数。

而其他两个方法一个令 count 加 1，一个返回当前 count 的值。猜猜看，下面代码执行后会有什么现象出现？

```
for(int i = 0 ; i < 12 ; i++)
classForMethod.addCount();
System.out.println("the count is" + classForMethod.getCount() );
```

屏幕上将打印出 count 真正的值 12。经过 12 次调用方法 addCount 后，变量 count 本身也增加了 12 次。

2.1.5 接口：通信员

习惯于 C++编程的程序员很容易把 Java 中的接口和 C++中的接口弄混淆，但是 Java 语言中的接口和 C++中的接口根本不是一回事，尽管二者的英文名称都是 Interface。

C++中的接口是一种广泛的定义，指的是类中能与外界打交道的函数定义。或者说，一个类中定义为 public 的所有函数，都是这个类对外界的接口。

而在 Java 语言中，接口是一种特殊的类，并不是指某些被声明为 public 的方法。在接口的代码中只有方法的定义，而没有方法的实现，所有的实现都放在实现它的另外一些类体中。可以这么理解：收音机有一个电源开关，控制电路的导通或者断开，而电视机也有一个电源开关，控制电路的导通或者断开，对于冰箱也是同样。

那么“开关”就相当于接口，这两个字表示着功能“控制电路的导通或者断开”，但这两个字并没有给出具体的电路图。具体到收音机、电视机、电冰箱等其他电器，实现开关的具体电路图各不相同。

也就是说，如果把收音机、电视机、电冰箱看作不同的类的话，它们都实现了“开关”这个接口，但实现的方法（电路图的设计）各不相同。

下面用伪码的方式进行描述。

实例 2-4　AboutInterface.java 源文件

```
//本代码不可编译，仅为说明接口的作用
interface 开关 {
    打开电源();
    关闭电源();
}

//类“收音机”实现接口“开关”
public class 收音机 implements 开关 {
    public void 打开电源()  {
        触头1接触头2
        根据开关旋转程序调整音量
    }

    public void 关闭电源()  {
        触头1和触头2断开
    }

//类“电视机”实现接口“开关”
public class 电视机 implements 开关 {
    public void 打开电源()  {
        遥控器发送红外线
        电视机接受，解释并播放
    }

    public void 关闭电源()  {
        遥控器发送红外线
        电视机关闭
    }
}
```

在接口“开关”中，定义了两个方法：一个“打开电源”，另一个“关闭电源”，但在此接口的代码体中并没有这些方法的实现，定义这些方法的目的仅仅是为了说明接口“开关”具有这样两种功能。

而在类“收音机”和“电视机”中，声明类的同时注意下面这行语句：

```
public class 收音机 implements 开关
```

这里用了一个关键字 implements 后面加上接口的名字，表示在这个类体中实现了这个接口。所谓实现，就是必须实际实现接口中的所有方法。这样一来，就把复杂的逻辑全部封装到名称一致的方法中。

在实际生活中，用户只须知道开关的作用：打开电源，或关闭电源，而决不会去理会各个电器的电路是如何具体实现这两个功能的。用户在使用收音机、电视机和其他电器时，只须知道它们都有一个开关，而且可以打开电源，关闭电源就行了。

Java 语言的接口一样，在实际使用时将一个对象匹配到一个接口上，那么就使用这个接口定义的那些方法，至于具体是哪些对象、哪些类，完全不用详细考虑。从这个意义上讲，Java 中的接口就像一个通信员，在编写程序的时候，只须告诉它想要它做什么，它自己就会去做，程序员完全不知道也没必要知道具体方法的细节。

2.1.6 继承性

面向对象编程的最强大的功能就是能通过继承重新使用现有的代码。例如，不是重新写一个类，而是通过继承的方法，从一个已有的类中继承，已有的类中定义的基本变量和方法在新类中不须声明而直接使用，从而大大提高了编程效率。按照这种做法，已有的类叫做新类的超类（super class），而新类叫做已有类的子类。

为了从现有的类中继承属性，必须使用关键字 extends 来定义新类。回过头看程序 1-2 中写的 HelloWorld 小应用程序，其中有一行如下语句：

```
public class HelloWorldApplet extends Applet
```

类 HelloWorldApplet 就是从 Java 提供的类 Applet 继承的。在编程的时候，所有创建的新类都是源于同一个类的，这个类叫 Object。Java 语言中所有的类都是 Object 类的子孙，Object 类位于继承树的最顶端，其他各个类直接或间接地继承自 Object 类。

下面通过一个实际例子来更好地了解继承的特点。

实例 2-5 Pen.java 源文件

```
/**
 *Pen.java
 *@author 沈应逵
 *@version 1.0, 2002/11/23
 */

public class Pen{
    //笔的颜色
    public String color = null;

    //类方法
    public void setColor(String Color){
        this.color = Color;
    }
}
```

这个类中只定义了一个 public 的属性 color，和一个 public 的方法 setColor()。现在再做成另一个类 Pencil，而从类 Pen 继承。

实例 2-6 Pencil.java 源文件

```
/**
 *Pencil.java
 *这个类从类Pen继承
 *@author 沈应逵
 *@version 1.0, 2002/11/23
 */

public class Pencil extends Pen{
    //新类的成员变量
    public int length;

    //新类的方法
    public void setLength(int length){
```

```
        this.length = length;
    }
}
```

现在类 Pencil 就具有了类 Pen 的属性和方法，即一个颜色和一个设置颜色的方法。另外新增加了一个属性长度和一个设置长度的方法，这样一来，类 Pencil 就具有了两个属性和两个方法。

实例 2-7　UsePencil.java 源文件

```
/**
 *usePencil.java
 *@author 沈应逵
 *@version 1.0, 2002/11/23
 */

public class UsePencil{
    public static void main(String args[]){
        Pencil myPencil = new Pencil();

        //注意，在Pencil类中有方法setColor吗？
        myPencil.setColor("黄色");
        myPencil.setLength(17);

        //注意，在Pencil类中有属性color吗？
        System.out.println("我的铅笔的颜色是：" + myPencil.color);
        System.out.println("我的铅笔的长度是：" + myPencil.length);
    }
}
```

注意到对象 myPencil 是类 Pencil 的一个实例，但却可以直接使用类 Pen 的方法 setColor，程序运行结果如图 2-2 所示。

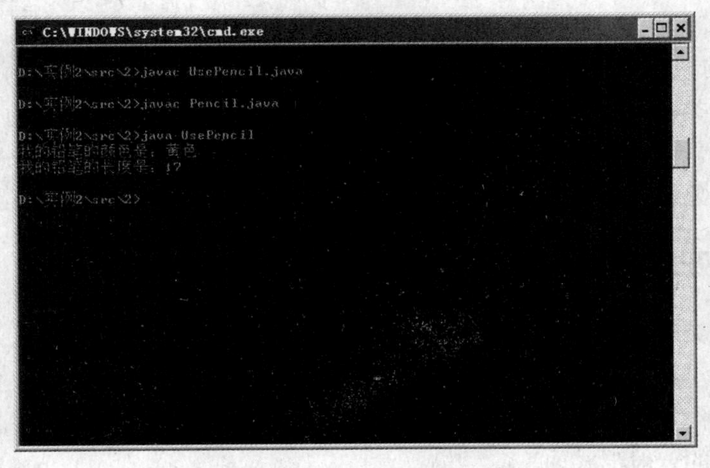

图 2-2　子类继承父类方法实例

若有一个对象 myPencil2 是类 Pen 的实例，却强行使用类 Pencil 的方法或属性，则在编译时会报错，无法识别的符号，如图 2-3 所示。

```
C:\WINDOWS\system32\cmd.exe

D:\实例2\src\2>javac UsePencil.java

D:\实例2\src\2>javac Pencil.java

D:\实例2\src\2>java UsePencil
我的铅笔的颜色是：黄色
我的铅笔的长度是：17

D:\实例2\src\2>javac UsePencil2.java
UsePencil2.java:13: 找不到符号
符号：  方法 setLength(int)
位置：  类 Pen
        myPencil.setLength(17);
                ^
UsePencil2.java:16: 找不到符号
符号：  变量 length
位置：  类 Pen
        System.out.println("我的铅笔的长度是：" + myPencil.length);
                                                  ^
2 错误

D:\实例2\src\2>
```

图 2-3　父类无法调用子类方法

如果在程序中没有显示地声明继承的类，则编译器会认为当前类的超类就是 Object。也就是说，下面两句代码实际上完全一样的：

```
public class myClassName1
public class myClassName1 extends Object
```

实际使用时，若没有从某一个特有的类中继承，只须按上面第一行格式写就行了，因为即使在类声明的“继承”部分什么也没写，编译器也会自动完成它。

技巧： 如果有多个类存在相同的方法，则可以通过将共同方法抽象到父类，以减少代码的重复，加快代码的开发和增加代码的复用性。

2.2　Java 中的类

类是 Java 的核心，也是整个 Java 语言的基本单元，甚至连包含 main()函数的可执行应用程序也是一个类。因为在 Java 看来，一切都是类，一切都是对象。类的一个重要作用就是它定义了一种新的数据类型，一旦该数据类型被定义，就可以利用它来创建新的对象，而这正是面向对象编程的精髓。

2.2.1　类的一般形式

当定义一个类时，实际上做的事情就是声明该类的确切形式和属性，这是通过指定类所包含的数据和对数据进行操作的方法来实现的。也许有一些简单的类仅包含数据，或仅包含一些相关操作，但就实际应用来看，大部分类都同时具有属性和方法。

Java 类声明的一般形式如下：

```
class classname {
    //成员变量（类属性）
    type variable1;
    type variable2;
```

```
    ...
    //方法

    type methodname1(parameter1,parameter2,...)  {
       //代码实现部分
    }

    type methodname2(...)  {
       ...
    }
}
```

大多数类的都具有以上形式，在某些具体的类中，可能没有成员变量，或者只有成员变量，有些类中只有方法声明，但没有代码实现，但基本上都具有上面的框架。

2.2.2 类的声明

类声明的一般形式如下：

```
[修饰符] class ClassName [extends 父类] [implements 接口]
```

用[和]括起来的部分是可选的，分别体现了类的修饰符、类的继承和类的接口。也可以什么都不带，只是用关键字 class 加上类名来声明一个类。

类修饰符声明类是否为抽象的（abstract）、最终的（final）或者为公有的（public）。

抽象修饰符声明类为抽象类，所谓抽象类就是至少包含一个抽象方法的类。抽象方法和以前提到的接口十分类似，只是声明方法的返回值和参数列表，而没有具体的代码实现。一个抽象类至少包括一个抽象方法，但可以有许多非抽象的方法，这意味着抽象类的子类在继承非抽象的功能性实现的同时，必须提供抽象方法的具体实现。一个抽象类的结构类似于如下代码段：

实例 2-8　MyAbstractClass.java 源文件

```
/**
 *MyAbstractClass.java
 *@author 沈应逵
 *@version 1.0, 2002/11/25
 */

public abstract class MyAbstractClass {
    int var1=0;

    //至少包括一个抽象方法
    public abstract void AddVar();

    public int getVar()  {
       return var1;
    }
}
```

注意：由于抽象类含有抽象方法，它只能由子类继承，自身并不能被实例化，所有的功能都必须在子类中实现。若在程序中强行实例化一个抽象类，那么 Java 编译器将报错。

```
MyAbstractClass is abstract; cannot be instantiated
```

类 MyAbstractClass 中有一个抽象方法 public abstract void AddVar()，在其子类中必须提供具有同样返回类型和参数表的同名方法的具体代码实现。请看下面的类 ExtendAbstractClass 的代码。

实例 2-9 ExtendAbstractClass.java 源文件

```
/**
 *ExtendAbstractClass.java
 *@author 沈应逵
 *@version 1.0, 2002/11/25
 */

public class ExtendAbstractClass extends MyAbstractClass{
    //实现父类的抽象方法
    public void AddVar()  {
        this.var1++;
    }
}
```

抽象类介于标准类和接口之间，由于它实际上可以实现方法，因此当必须创建的类需要依赖一个或多个方法的实现过程的子类时，它就很有用了。

当知道一个类的子类将不同地实现某个方法时，应该把一个类声明为抽象。例如类 MyAbstractClass，假如它的子类可能有不同的 AddVar()方法的实现，有的想让 var1 加 1，有的想让 var1 加 2，而两个子类又都想利用父类的 getVar()方法，这时使用抽象类的优势就初见端倪了。

下面看看 MyAbstractClass 的另一个子类 Extend2AbstractClass 的代码。

实例 2-10 Extend2AbstractClass.java 源文件

```
/**
 *Extend2AbstractClass.java
 *@author 沈应逵
 *@version 1.0, 2002/11/25
 */

public class Extend2AbstractClass extends MyAbstractClass{
    //实现父类的抽象方法
    public void AddVar()  {
        this.var1 = this.var1+2;
    }
}
```

下面在一个例子中同时实例化 ExtendAbstractClass 和 Extend2AbstractClass 类，以体会抽象方法的作用。

实例 2-11 UseAbstractClass.java 源文件

```
/**
 *UseAbstractClass.java
 *@author 沈应逵
 *@version 1.0, 2002/11/25
 */
```

```
public class UseAbstractClass{
  public static void main(String args[]){
    ExtendAbstractClass extendAbstractClass = new ExtendAbstractClass();
    Extend2AbstractClass extend2AbstractClass = new Extend2AbstractClass();

    //分别调用方法AddVar()
     extendAbstractClass.AddVar();
     extend2AbstractClass.AddVar();

     //分别打印出类属性var1的值
     System.out.println("对象 extendAbstractClass的属性var1 = "
                        +extendAbstractClass.getVar());  //应为1

     System.out.println("对象extend2AbstractClass的属性var1 =."
                        +extend2AbstractClass.getVar());  //应为2
  }
}
```

这样一来，类 ExtendAbstractClass 和 ExtendAbstractClass 具有同样的类属性 var1，也具有同样的方法 getVar()，但却不具有同样实现代码的同名方法 AddVar()，分别同时调用方法 AddVar()时，一个对变量 var1 加 1，另一个对变量 var1 加 2，得到的结果当然也不一样。

将上述 4 个 Java 源文件分别编译，然后键入：

```
java UseAbstractClass
```

运行结果如图 2-4 所示。

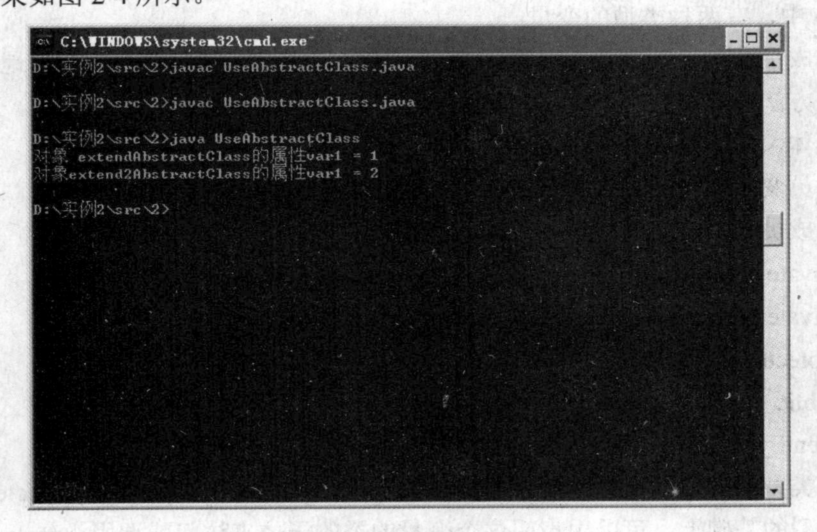

图 2-4　从抽象类继承

与抽象类相对的是 final 类。final 修饰符指定没有子类的类，把一个类声明为 final，就能确保从其中实例化的对象不是从它的子类中创建的。由于 final 类不能产生子类，也就不能增加另外的变量和方法。更重要的是，方法不能被与原来类的目的不同的方式所覆盖和实现，这样就保证了类的唯一性。

例如，Java 的 String 字符串就是一个 final 类。在使用字符串时，正在处理的对象是直接从 String 类中实例化的，如同定义在 java.lang 包中一样。使用时，应该确信正在使用的 String 对象不是由 String 的子类所定义的对象。

为定义一个 final 类，只须在关键字 class 前使用 final 即可，例如 Java 中是按如下方式定义 java.lang.String 类的：

```
public final class String
{
   ......
}
```

注意：把类同时定义为 final 和 abstract 毫无意义，因为当类是 abstract 时，它的抽象方法的实现过程只能在它的子类中定义。但是，因 final 类不能派生出子类来，所以从逻辑上来说，把一个类同时声明为 abstract 和 final 是错误的。若在一个程序中强行这样做，则 Java 编译器将报错。

```
illegal combination of modifiers: abstract and final
```

public 修饰符定义了一个类可以被所有对象使用。当把一个类声明为 public 时，应该按照习惯把关键字 public 放在类声明的最前面，尤其是在和 abstract 或 final 一起用时。当然，这并非必要，不这样写编译器也不会报错，但这是一个好习惯，毕竟写出的程序不是仅给自己看，大家遵从统一的习惯更有利于相互交流。

2.2.3 变量访问控制

在 Java 中，有两种类型的变量：

- 非成员变量　与类没有关联的变量，比如用于某个特定方法中的本地变量和出现在方法参数列表中的变量。这些变量一旦离开特定方法便立刻失效，并不依存于类体，故不是成员变量。
- 成员变量　与类直接关联的变量，也就是前面提到的类属性。

Java 为成员变量的访问支持 5 个访问级别：

- private（私有）。
- private protected （私有保护）。
- protected（保护）。
- public（公有）。
- friendly（友好）。

private 类型的变量只能由声明这个变量的类来访问或调用；private protected 类型的变量在私有类型的基础上，可以由声明这个变量的类的子类来访问或调用；protected 可以由声明这个变量的类及其子类来访问和调用，而且在同一个包中的类也可以调用它；friendly 类型的变量和 private protected 类型的相同，只可以由声明这个变量的类及其子类来访问和调用。

若不显式地对成员变量进行定义，则默认为 friendly 或者 private protected，二者是一样的。

下面通过一个实例来说明各种类型变量的实际访问方式。

实例 2-12　AccessVar.java 源文件

```
/**
 *AccessVar.java
 *@author 沈应逵
 *@version 1.0, 2002/11/25
 */

class PrivateVar{
   private int var1 = 10;
   int var2 = 20;
   public int getVar1()  {
      return var1;
   }

   public int getVar2()  {
      return var2;
   }
}

class PublicVar extends PrivateVar{
   public int var3 = 30;
   public void addVar2()  {
      var2 = var2 + 5;
   }
}
```

这里定义了两个类，PrivateVar 类中声明了两个成员变量：一个是 var1，private 类型；另一个是 var2，默认类型。PublicVar 类从 PrivateVar 类继承，这样它就自动具有两个成员变量 var1 和 var2，但是对于私有类型的 var1 无法直接访问，只能通过父类中提供的方法来访问，而对于私有保护类型的变量 var2 可以直接操作和访问，就如同在方法 addVar2()中定义的一样。PublicVar 类中还定义了一个成员变量 var3，属于公有类型，处于任何位置的代码段都可以直接访问这个变量，而无须通过任何方法。

下面对这些变量的操作和访问进行示例说明。

实例 2-13　UseAccessVar.java 源文件

```
/**
 *UseAccessVar.java
 *@author 沈应逵
 *@version 1.0, 2002/11/25
 */

public class UseAccessVar{
   public static void main(String args[]){
      PrivateVar privateVar = new PrivateVar();
      PublicVar publicVar = new PublicVar();
      //privateVar属性只能通过方法得到
      System.out.println("privateVar 变量 var1="+privateVar.getVar1());
      System.out.println("privateVar 变量 var2="+privateVar.getVar2());
      //publicVar属性可直接得到
```

```
        System.out.println(" publicVar 变量 var3="+publicVar.var3);
        //变量var1在publicVar中只能继承父类的方法来看到
        System.out.println(" publicVar 变量 var1="+publicVar.getVar1());
        //变量var2受保护，在publicVar中可直接访问，但在此只能通过方法访问
        publicVar.addVar2();
        System.out.println(" publicVar 变量 var2="+publicVar.getVar2());
    }
}
```

在程序中想得到对象 privateVar 的成员变量 var1 和 var2，只能通过方法 getVar1()和 getVar2()，因为它们不是公有类型。想得到对象 publicVar 的成员变量 var3，就可以直接引用，因为它被声明为公有的。对象 publicVar 中的成员变量 var2 是从类 privateVar 中继承下来的，故在类 PublicVar 中可以直接访问。虽然在此处不能直接访问，但可以通过对象 publicVar 的方法 addVar2()对它进行相关操作。将以上源程序编译，执行后的结果如图 2-5 所示。

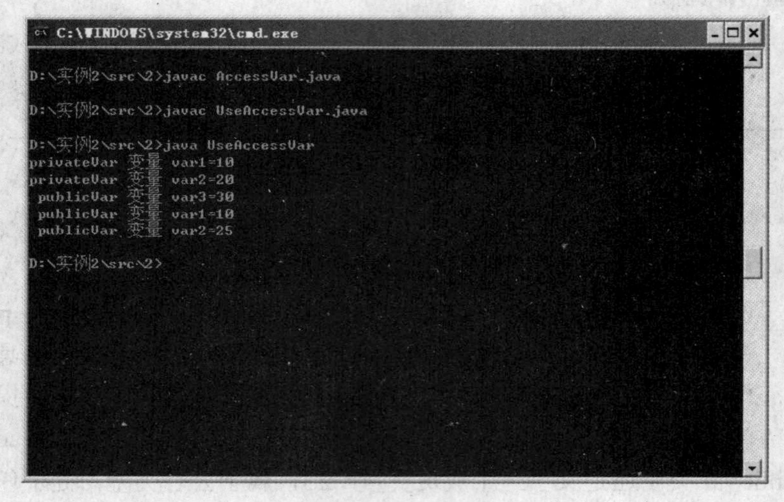

图 2-5　成员变量访问控制

2.2.4　构造函数

构造函数（contructor）是与声明它的类具有相同名字的一个方法。构造函数的目的是用特殊的方式为新对象的初始化提供一种方法，如果没有提供构造函数，那么这个类的对象仍然可以被创建。如果没有构造函数，那么类就失去了灵活性。可以向构造函数传递不同的参数表，从而得到具有不同属性的对象，这好过通过定义为公有的类的方法来初始化类属性，更具直观性而且更容易操作。

在这里不得不提到 Java 语言的一个重要特性——重载（Overload），重载就是在同一类中以相同的名字定义两个方法，只要它们的参数列表不同。方法重载是 Java 实现多态性的方法之一。当一个重载方法被激活时，Java 根据参数的类型和数量来确定被调用的方法，这样重载方法之间一定具有不同的参数列表，包括参数的类型和数量，而方法的返回类型不同并不足以区分不同重载方法。

例如，需要在一个类中实现两个数字相除的结果，这时就出现了一个问题：若将两个参数都定义为整数，则计算实数时就会出现不同程度的误差；而要将两个参数都定义为实数，则计算整数时返回类型又无法满足要求。解决这种情况的方法就是使用方法重载，如下所示：

```
int divide(int a, int b){
   return a/b;
}

float divide(float a, float b){
   return a/b;
}
```

这样一来，在实际需要时，使用 divide（12, 3）和 divide（12.3f, 4.1f）的实际计算过程是不一样的。Java 会根据参数的不同自动选择合适的重载函数，上面两个函数计算得到结果分别为 4 和 3.0f。

注意：初学者经常混淆两个概念——重载（Overload）和覆盖（Override）。许多参考书对这两个概念根本不作区分，以致误导了许多读者。实际上覆盖和重载一点关系都没有，只是翻译上的问题。覆盖的意思是在类层次中，当子类的方法与父类的方法具有相同的名字、参数列表和返回值类型时，子类的方法就叫做覆盖了父类的方法。重载的重点在于要求方法的参数表绝对不能相同，而覆盖则要求子类方法与父类方法的名字、参数列表和返回值类型都必须相同。二者是完全不同的概念。

另外，国内有些参考书上把 Overload 译作过载，而把 Override 译作重载，这些均不妥。

还是回到构造函数上面来，如何通过提供具有不同参数列表的构造函数来得到同一类的不同对象呢？解决方法就是重载方法。通过定义具有不同参数列表和返回值的构造函数，就定义了类不同的构造方法。

下面仍以一个例子来说明。

实例 2-14　OverLoadContruct.java 源文件

```
/**
 *OverLoadContruct.java
 *@author 沈应逵
 *@version 1.0, 2002/11/25
 */

class OverLoadContruct{
   private int var1 = 1;
   private int var2 = 2;
   private int var3 = 3;

   //默认构造函数
   OverLoadContruct()  {
      //什么也不做
   }
   //第一个构造函数
```

```
    OverLoadContruct(int i)  {
        //只有一个参数，赋给var3
        var3 = i;
    }

    //第二个构造函数
    OverLoadContruct(int i, int j, int k)  {
        //3个参数分别赋给3个成员变量
        var1 = i;
        var2 = j;
        var3 = k;
    }

    //第三个构造函数，甚至可以调用类中的方法
    //两个参数，分别赋给var1和var2
    OverLoadContruct(int i, int j)  {
        var1 = i;
        var2 = j;
        int result = calculate();
        System.out.println("3个成员变量的和为:"+result);
    }

    int getVar1()  {
        return var1;
    }

    int getVar2()  {
        return var2;
    }

    int getVar3()  {
        return var3;
    }

    int calculate()  {
        return var1+var2+var3;
    }
}
```

请注意源程序中的相关注释。通过这种方式就重载了类 OverLoadContruct 的构造函数，那么在应用时如何实现呢？请看下面程序的实现过程。

实例 2-15　UseContruct.java 源文件

```
/**
 *UseContruct.java
 *@author 沈应逵
 *@version 1.0, 2002/11/25
 */

public class UseContruct{
    public static void main(String args[]){
```

```
        //分别用4种构造函数产生对象并打印成员变量值
        //默认构造
        OverLoadContruct overLoadContruct0 = new OverLoadContruct();
        System.out.println("默认构造函数得到的3个变量值为："
                        +overLoadContruct0.getVar1()+" "
                        +overLoadContruct0.getVar2()+" "
                        +overLoadContruct0.getVar3());

        //第一构造
        OverLoadContruct overLoadContruct1 = new OverLoadContruct(300);
        System.out.println("第一构造函数得到的3个变量值为："
                        +overLoadContruct1.getVar1()+" "
                        +overLoadContruct1.getVar2()+" "
                        +overLoadContruct1.getVar3());

        //第二构造
        OverLoadContruct overLoadContruct2 = new OverLoadContruct(10,20,30);
        System.out.println("第二构造函数得到的3个变量值为："
                        +overLoadContruct2.getVar1()+" "
                        +overLoadContruct2.getVar2()+" "
                        +overLoadContruct2.getVar3());

        //第三构造
        OverLoadContruct overLoadContruct3 = new OverLoadContruct(5,15);
        System.out.println("第三构造函数得到的三个变量值为："
                        +overLoadContruct3.getVar1()+" "
                        +overLoadContruct3.getVar2()+" "
                        +overLoadContruct3.getVar3());
    }
}
```

运行结果如图 2-6 所示。

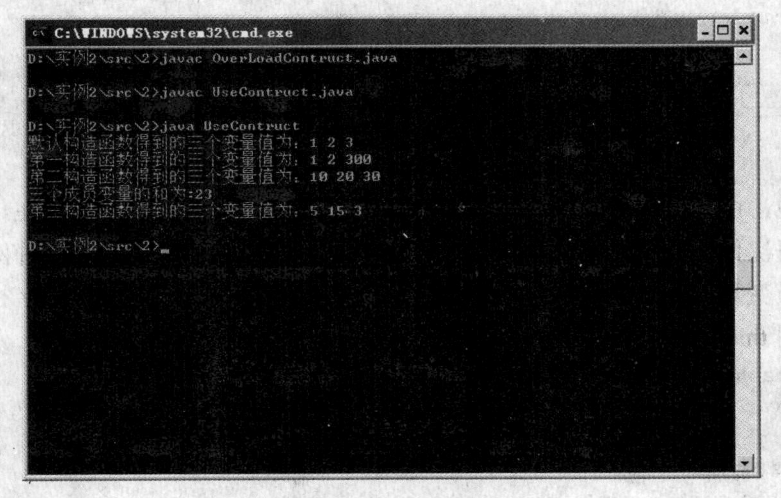

图 2-6　重载构造函数

实际应用时可以根据需要创建任意多个构造函数，只要它们都有自己唯一的参数表即可。当在一个构造函数中激活另一个构造函数时，则可以使用 this 变量来完成这个功能（关于 this 的概念将在后面提到）。比如类 OverLoadContruct 的第一构造函数完全可以用如下代码段来代替完成：

```
OverLoadContruct(int i)  {
    //var3 = i;
    this(1,2,i);
}
```

通过形如 this（1, 2, i）的格式，实际上是将 1、2 和传递进来的参数 i 当作 3 个参数调用构造函数，这样 Java 就会自动找到第二构造函数并实现同样的功能。

2.2.5 this 与 super

在 Java 中有两个特殊的关键字：this 和 super，分别指代当前对象和它的父类。使用方法与普通的类和对象一样，用.符号取得变量和方法。

先看一段代码：

```
class ClassOne{
   int var1 = 1;

   void addVar()  {
      var1 = var1+1;
   }
}
```

在这个例子中，类 ClassOne 中有一个方法 addVar()对变量 var1 加 1。这看上去很简单，先声明一个变量，然后使用它，但是却没有意识到已经使用了变量 this。在每次使用变量 var1 的时候，已经在通过 this 变量引用当前对象的属性 var1 了。也就是说，上面的代码和下面的代码是相同的：

```
class ClassOne{
   int var1 = 1;

   void addVar()  {
      this.var1 = this.var1+1;
   }
}
```

一般来说，由于类中所有的变量的前面都隐含 this 对象，因此不需要在代码中再声明及使用它。每次使用类属性的时候，就已经在使用变量 this 了。但是有一种例外情况：当使用某个成员变量的方法的传递参数中恰巧有一个变量名与该成员变量名字相同时，成员变量前必须用 this 标识以与参数区别开来。请看下面的代码段：

```
class ClassTwo{
   int var1 = 1;

   ClassTwo(int var1)  {
      this.var1 = var1;
   }
}
```

在这个例子中，类 ClassTwo 的构造函数有一个参数，并将这个参数的值赋给成员变量 var1，不巧的是这个参数的名字和成员变量的名字一样，若仍然使用不带 this 的变量，则不会将该参数值传递给成员变量，而只是将该参数值传递给其自身，这样是没有意义的。

与 this 变量相对应的另一个特殊变量是 super，它涉及对象的父类，这在很多情况下都非常有用。比如在子类中想调用父类的某一个方法时，可以在该方法的前面加上 super 来进行调用。这也许存在一个疑问，子类既然从父类继承，应该可以无条件地执行父类的任何代码，何必再使用 super 变量呢？答案是否定的。问题在于，若子类覆盖了父类的同名方法，在利用 super 调用某一方法时调用的是父类的方法而不是子类现在已经作了改动的同名方法；请看下面的例子。

实例 2-16　ClassSuperSon.java 源文件

```
/**
 *ClassSuperSon.java
 *@author 沈应逵
 *@version 1.0, 2002/11/27
 */

//父类，注意方法PrintVar的输出
class ClassSuper{
   ClassSuper()  {
   }
   void PrintVar(int var){
      System.out.println("This is Super's method :"+var);
   }
}

//子类，注意方法PrintVarTwice的输出
class ClassSon extends ClassSuper{
   ClassSon()  {
   }

   void PrintVar(int var)  {
      System.out.println("This is Son's method :"+var);
   }

   void PrintVarTwice(int var)  {
       System.out.println("-----------------------Super");
      super.PrintVar(var);
      System.out.println("-------------------------Son");
      PrintVar(var);
   }
}
```

请注意类 ClassSon 中的方法 PrintVarTwice()，它调用了两次 PrintVar，不同的是第一次用 super 调用的是父类的 PrintVar 方法，第二次是调用本身的 PrintVar 方法。正如想象中的那样，程序将通过这种方式调用父类的同名函数，不然将无法得到父类的输出字符串。关于这个函数的输出请看下面的程序。

实例 2-17　CallSuper.java 源文件

```
/**
 *CallSuper.java
 *@author 沈应逵
 *@version 1.0, 2002/11/27
 */

public class CallSuper{
    public static void main(String args[]){
        ClassSon classSon = new ClassSon();
        classSon.PrintVarTwice(12);
    }
}
```

编译源文件后运行类 CallSuper，程序输出如图 2-7 所示。

图 2-7　this 与 super

2.3 包

编写 Java 程序和创建若干类的过程后，可能在新项目中想重新使用某些类，正如面向对象编程的初衷一样，既然能重复利用，何必重新编写呢？

为了使重新利用和组织类更加容易，Java 支持称为包（package）的一种处理方式。从某种方式上说，包很像计算机硬盘中的文件分组和目录结构。

实际上，JDK 已经提供了包括许多应用程序接口的包，比如 java.applet，java.awt 等，而创建这些包的目的就是能将已有的 Java 类分类包装，并保证命名的唯一性。

有几种引用包的方式，其中一种通过类似下面的形式：

```
import java.applet.*;
```

这种方式告诉编译器：我将访问包 java.applet 中所有的公有类。在包 java.applet 中声明为 public 的所有类，都可以在程序中使用。

另一种方式则是具体到某个包中的某个类，例如：

```
import java.applet.Applet;
```

通过这种明确的分类，使用类时就不容易混淆而不知该到哪里去找。

创建自己的包很容易，若要创建一个包，只须在源代码文件中非注释的第一行代码上使用如下格式的语句：

```
package mypackagename;
```

明确使用包的一个最主要的优点就是类名不会冲突，比如在某个叫 cn.com.yuy.tools 的包中有一个类名叫 SelectVars，而在另一个叫 jp.co.ack.tools 的包中也有一个类名叫做 SelectVars，凑巧的是这两个类中都有一个方法 seeAll()，而且这两个类都是在同一段代码中必须用到的，那么问题就出来了，该如何分别引用这两个类的 seeAll()方法，而让编译器知道哪个是哪个呢？

解决办法就是必须使用如下方式：

```
cn.com.yuy.tools.SelectVars mySelect1 = new cn.com.yuy.tools.SelectVars();
jp.cn.ack.tools.SelectVars mySelect2 = new jp.co.ack.tools.SelectVars();
mySelect1.seeAll();
mySelect2.seeAll();
```

这里通过明确声明类的包名解决了所有潜在的冲突问题，这不会给任何人造成混淆和错误，不管他是阅读程序的人还是 Java 编译器。

下面通过一个例子说明如何创建包并使用包。

实例 2-18　SamplePackage.java 源文件

```
/**
 *SamplePackage.java
 *@author 沈应逵
 *@version 1.0, 2002/11/27
 */

package cn.com.sample;
public class SamplePackage{
    public SamplePackage(){
        System.out.println("Creating Object.....");
    }
}
```

这个程序声明将当前类放入包 cn.com.sample 中。编译通过后请在当前目录下建立目录结构 cn\com\sample，并将编译生成的类文件 SamplePackage.class 放置于该目录下，如图 2-8 所示。

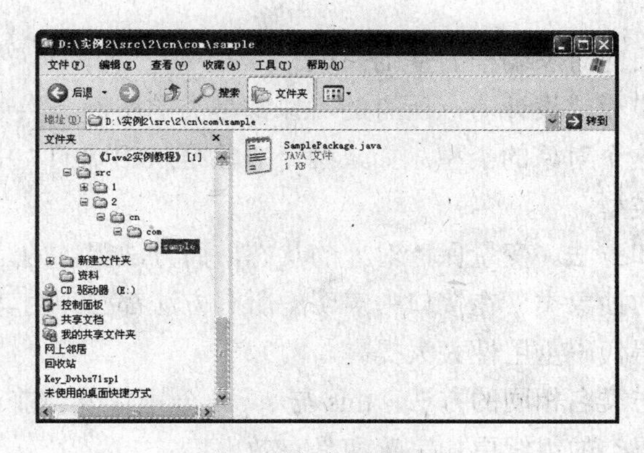

图 2-8　包的目录结构

这样做的目的是，使其他类通过 import cn.com.sample.SamplePackage 的方式引用它；请参看如下程序片断。

实例 2-19 UseSamplePackage.java 源文件

```
/**
 *UseSamplePackage.java
 *@author 沈应逵
 *@version 1.0, 2002/11/27
 */
import cn.com.sample.SamplePackage;

public class UseSamplePackage{
    public static void main(String args[]){
        SamplePackage samplePackage = new SamplePackage();
    }
}
```

程序运行的结果如图 2-9 所示。

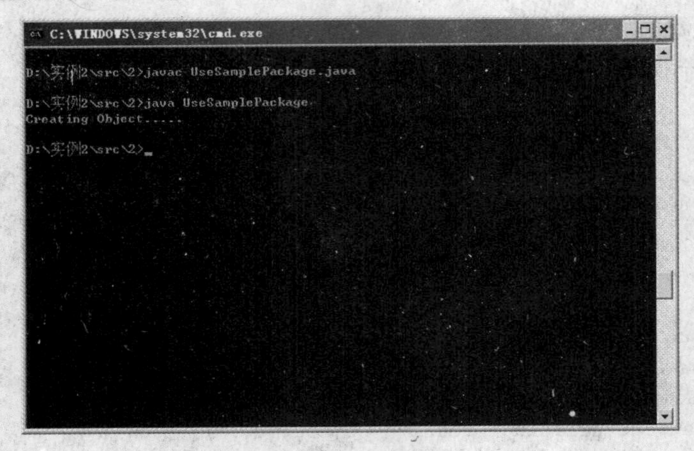

图 2-9　包的使用

2.4 小结

本章主要介绍了面向对象编程的基础知识。

类是创建对象的模板或设计书，所有的对象都是类的实例。当一个对象在类中被实例化时，该类就确定了这个对象的类型。如果两个对象是从相同的类中实例化而来，那么这两个对象具有相同的类型。

类包括成员变量和方法。变量保持对象的状态，而方法提供的是对象的行为。

接口是一个完整的抽象类，在接口中声明的所有方法都必须由其他类实现。

类的继承特性使得代码重用性大大提高。

类的构造函数是与类名相同的方法，this 与 super 分别代表当前对象和父类。

创建自己的包使得类的组织更加完善和具有效率。

通过本章的学习，读者应该能够理解面向对象编程相对于面向过程编程的优越性，了解 Java 语言的工作原理——一切都是对象；学会自己动手编写类体，并学会继承的实现；能够根据现有类得到一个子类并学会根据方法的重载和覆盖对父类的相关功能及方法进行扩充、改进；懂得 this 与 super 的使用，能够在子类中用 super 变量调用父类的方法和变量；能够利用重载类的构造函数设计出不同的实例化类的方法；学会使用包，能将现有类放入包中并从外部访问该类。

2.5 习题

1．填空题

（1）Java 语言是一个完全________的语言。

（2）在 Java 语言中，所用的动作都是通过 ________来实现的。

（3）类是具有相同类型________和相同类型________的不同对象的抽象总结，是对象的代码模板和设计图。

（4）在 Java 语言中，接口是一种特殊的________，并不是指某些被声明为 public 的方法。在接口代码中只有________，而没有________，所有的实现都放在实现它的另外一些类体中。

（5）面向对象编程的最强大的功能是________________________________。

（6）在 Java 中有两个特殊的关键字______和________，分别指代当前对象和它的父类。

（7）类修饰符声明包括____________、__________或者为___________等几种类型。

（8）Java 为成员变量的访问支持 5 个访问级别，分别是___________、__________、__________、___________和___________。

（9）当一个方法中有多个参数时，参数之间是用__________ 隔开。

（10）在 Java 程序中，用//符号表示单行注释，那么用____________ 符号则表示多行注释。

2．选择题

（1）类声明的最精简的形式是？

A．class ClassName

B．修饰符 class ClassName

C．class ClassName extends 父类

D．修饰符 class ClassName　extends 父类　implements　接口

（2）类修饰符声明 abstract 代表什么含义？

A．最终的　　B．公有的　　C．抽象的　　D．私有的

（3）下面哪种继承和实现接口是错误的？

A．public class A　extends 类 1

B．public class A implements 接口 1

C．public class A implements 接口 1，接口 2

D．public class A　extends 类 1，类 2

（4）下面哪个修饰符修饰的变量是所有同一个类生成的对象共享的？

A. public　　B. private　　C. static　　D. final

（5）下面关于 Java 中类的说法哪个是不正确的？

A. 类体中只能有变量定义和成员方法的定义，不能有其他语句。

B. 构造函数是类中的特殊方法。

C. 类一定要声明为 public 的，才可以执行。

D. 一个 Java 文件中可以有多个 class 定义。

（6）下列哪个类声明是正确的？

A.　abstract final class H1｛…｝

B.　abstract private move()｛…｝

C.　protected private number?

D.　public abstract class Car｛…｝

（7）方法重载是指？

A. 两个或两个以上的方法取相同的方法名，但形参的个数或类型不同

B. 两个以上的方法取相同的名字和具有相同的参数个数，但形参的类型可以不同

C. 两个以上的方法名字不同，但形参的个数或类型相同

D. 两个以上的方法取相同的方法名，并且方法的返回类型相同

（8）对象创建格式通常为？

A. 类名 对象名 =new 类名（）；　　B. 类名 对象名 =create 类名（）；

C. 类名 对象名 =类名.instance();　　D. 类名 对象名 =builde 类名（）；

3．思考题

（1）子类调用父类的方法，如何声明？

（2）如果一个类被搬移到另一个目录下，那么它的包名是否需要改变？

（3）接口和抽象类是否能用来创建对象？

（4）如果 Cat 是一个接口，WhiteCat 是 Cat 的实现类，那么下面创建对象语句是否正确？

```
Cat  cat  =  new WhiteCat();
```

（5）如果 Cat 是一个实体类，WhiteCat 继承了 Cat，那么下面的对象创建是否正确？

Cat　cat　=　new WhiteCat();

4．上机题

（1）设计一个类 ShowNumber，它具有两个 public 的方法，分别打印出从 1～50 的奇数和从 1～100 的偶数。

（2）设计一个接口 IAdd，并在其中声明一个方法 AddNum(int srcNum)，然后设计一个类 MyAdd 实现这个接口，实现将参数 srcNum 加 2 并打印输出的功能。设计另一个类 MyAdd2 也实现这个接口，但将参数 srcNum 加 10 后打印输出。

（3）假设现有一个类定义为如下形式：

```
class SomeVariable{
  private int var1;
  protect int var2;
  public int var3;
}
```

若有另一个类 ReadVariable 从它继承的话，能否直接访问 var1、var2 和 var3？
若有另一个类 WriteVariable 与它在同一个包中，能否直接访问这 3 个变量呢？
若有一个在另外位置的类，又该如何呢？

（4）设计一个类，实现解方程的目的。具体要求如下：

若利用两个整数作为参数产生对象，则解形如 ax+b=0 形式的方程；
若利用两个实数作为参数产生对象，则解形如 bx+a=0 形式的方程；
若利用 3 个实数作为参数产生对象，则解形如 $ax^2+bx+c=0$ 形式的方程；
若输入参数导致无解，给出错误提示。

（提示：利用构造函数的重载）

（5）设计一个类，并放置于包 cn.com.syk2zl.tools 中，然后在包外的某一位置尝试访问该类的成员变量并打印。

（6）假设某班级某次考试学生成绩如下：

张　向	男	62	李小路	男	77
樊网罢	男	27	李向央	女	82
徐　亮	男	89	胡章强	男	93
赵小燕	女	85	孙　娜	女	79
江家兴	男	54	陈大可	男	68

设计一个程序，根据命令行参数的不同分别实现不同功能：

A. 若输入参数为 male，打印所有男同学的成绩；

B. 若输入参数为 female，打印所有女同学的成绩；

C. 若输入参数为 all，打印所有同学的成绩；

D. 若输入参数为其他形式，打印错误信息并退出。

（7）下面有一个接口类和一个抽象类

```
public interface QuadrangleInterface {
  public void setWidth(int width);
  public void setLength(int length);
  public int area();
}

public abstract class QuadrangleBase implements QuadrangleInterface {
  protected int width;
  protected int length;
  public void setWidth(int width)  {
     this.width = width;
  }

  public void setLength(int length) {
     this.length = length;
  }
}
```

现在需要写两个类继承抽象类，第一个个类 Rectangle.java，第二个类 Square.java。在这两个类中，分别实现计算面积的方法。

第3章　数据对象

本章学习目标

- ◆ 掌握数组的使用
- ◆ 了解 Vector（矢量类型）的知识
- ◆ 了解枚举器的知识
- ◆ 了解 Hasttable（哈希表）的知识
- ◆ 掌握各种数据类型的封装和操作

在编程中，经常会和数据打交道，可以说数据是程序的灵魂。在C或C++程序里，许多情况下是返回一个指针，这就为程序打下了危险的漏洞，因为不知道数据源具体存在的时间。Java是完全的面向对象的思想，提供了足够的数据容器。同时，作为一个Java的开发人员应该树立强烈的面向对象的思想，不要把问题交给别人。换句话说，在你的类里要将你的数据封装好，而不是返回给别的类一个指针，应该是一个数据对象。

3.1　数组

每种语言都会有自己的数组，Java 也不例外。曾经有人说，100 个印度程序员同时写一个程序，结果千篇一律地使用了数组。可见数组在实际使用中的地位。

数组的定义和使用是通过方括号索引计算符进行的。定义一个数组，只须在类型名后简单地跟随一对方括号即可，例如：

```
String[] a;
```

也可以将方括号放在标识符后面，获得一样的结果：

```
String a[];
```

这样的书写方式和许多语言统一了。不过，前一种更能被编译器接受。本书以后也使用前一种。

3.1.1　初始化数组

编译器不允许直接声明数组的大小，在声明一个变量为数组后，系统并没有给它分配任何空间。为了能够正常地使用这个数组，必须对数组进行数据初始化。例如：

```
String[] menuList = {"文件", "编辑", "工具", "帮助"};
```

Java 中有一个成员 length，可以得到数组包含元素的大小。与C和C++一样，Java 的数组元素也是从0开始计数，所以能索引元素的最大编号是 length-1。这一点千万记住，因为很可能在编程中出现数组越界的问题。如果出现越界，则系统会抛出一个运行错误（Java 中称之为异常，关于异常将在第 5 章详细讲解）。

很多情况下，声明数组时并不知道数组的具体元素，此时只需要简单地使用 new 来创建元素，见程序实例 3-1。

实例 3-1 数组初始化程序

```
/**
*文件名称ArrayCalss.java
*说明：数据初始化
*@author 杜江
*/

public class ArrayClass {
    public static void main(String[] args)  {
    //知道数组里的元素
    String[] arr_sMenuList = {"文件","编辑","工具","帮助" };
    for(int i=0;i<arr_sMenuList.length;i++){
      System.out.println("arr_sMenuList["+i+"]="+arr_sMenuList[i]);
      }
        //要使用的元素大小为10个
    String[] arr_sTemp = new String[10];
    for(int i=0;i<arr_sTemp.length;i++){
      System.out.println("arr_sTemp["+i+"]="+arr_sTemp[i]);
      }
  }
}
```

程序使用了两种初始化方式，第一种是在知道具体元素的情况下，例如：

```
String[] arr_sMenuList = {"文件","编辑","工具","帮助" };
```

第二种是在只知道要数组容纳多少元素，例如：

```
String[] arr_sTemp = new String[10];
```

当要使用数组中的数据时，直接在数组名称后的中括号里写入一个索引值即可，例如：

```
arr_sTemp[i]
```

实例 3-1 编译运行屏幕输出如图 3-1 所示。

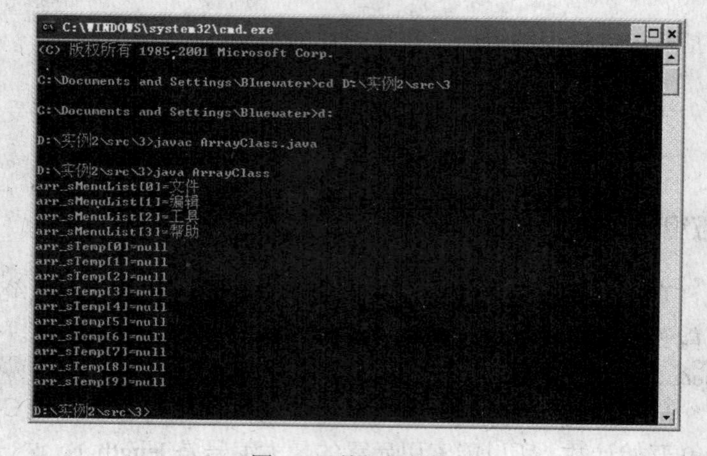

图 3-1 数组初始化

在这个实例中，可以看到基本的数据类型的数组元素都会被自动初始化为空值（对于字符，空值为 null；对于数值，空值为 0；对于 char，空值为 null；对于布尔，空值为 false）。

技巧：很多情况下，并不知道数组元素。使用 new 能够很好地解决实际问题。例如，从别的类接受到数据，接收前并不知道数据是什么，这时可以使用 new 的方式，先检测得到数据的长度，再确定数组大小。

3.1.2 多维数组

在 Java 中很容易创建多维数组，因为一个数组可被声明为具有任何基础类型，所以可以创建数组的数组（或者数组的数组的数组等等）。一个二维数组如下所示：

```
int ivDim [ ][ ] = new int[3 ][ ];
ivDim [0] = new int[5];
ivDim [1] = new int[4];
```

上面创建的是一个非矩形的数组。很多情况下，这给程序的数据结构带来了灵活性。但是也很麻烦，如果需要创建一个矩形数组该怎么办？有一个很方便的方法：

```
String[][] svTemp = new String[4][5];
```

这个初始化定义了一个 4×5 的矩形二维数组。

下面通过实例 3-2 来理解多维数组的创建和应用。

实例 3-2　多维数组程序

```
/**
*文件名称MultidimArrayClass.java
*<br>类说明：多维数组的初始化。
* @author 杜江
*<br>其他说明：
**/

public class MultidimArrayClass {
   public static void main(String[] args)  {
     //知道数组里的元素
     String[ ][ ] arr_sMenuList ={
       {"文件","编辑","帮助" },
       {"新建","打开文件","退出"},
       {"撤消","剪贴"},
       {"关于"}
     };
     for(int i=0;i<arr_sMenuList.length;i++){
       for(int j=0;j<arr_sMenuList[i].length;j++){
         System.out.println("arr_sMenuList["+ I +"]["+ j +"] = "+arr_sMenuList
[i][j]);
     }
     }
     //知道使用的维数大小
     String[ ][ ][ ] arr_sTemp = new String[2][3][4];
     for(int i=0;i<arr_sTemp.length;i++){
       for(int j=0;j<arr_sTemp[i].length;j++){
```

```
            for(int g=0;g<arr_sTemp[i][j].length;g++){
              System.out.println("arr_sTemp["+ I +"]["+ j +"]["+ g +"] = "+arr_
sTemp[i][j][g]);
            }
          }
        }
        //初始的时候不知道具体的维数，可以一步一步初始化
        String[ ][ ][ ] arr_sTemp_No = new String[2][ ][ ];
        for(int i=0;i<arr_sTemp_No.length;i++){
          arr_sTemp_No[i] = new String[3][ ];
          for(int j=0;j<arr_sTemp_No[i].length;j++){
            arr_sTemp_No[i][j] = new String[4];
          }
        }
        //显示数组
        for(int i=0;i<arr_sTemp_No.length;i++){
          for(int j=0;j<arr_sTemp_No[i].length;j++){
            for(int g=0;g<arr_sTemp_No[i][j].length;g++){
              System.out.println ("arr_sTemp_No["+ I +"]["+ j +"]["+ g +"] =
"+arr_sTemp_No[i][j][g]);
            }
          }
        }
      }
    }
```

程序屏幕输出如图 3-2 所示。第一部分使用了常规的初始化方式，在知道所有元素的情况下使用花括号定出数组内每个矢量的边界，如下所示：

```
    String[ ][ ] arr_sMenuList = {
      {"文件","编辑","帮助" },
      {"新建","打开文件","退出"},
      {"撤消","剪贴"},
      {"关于"}
    };
```

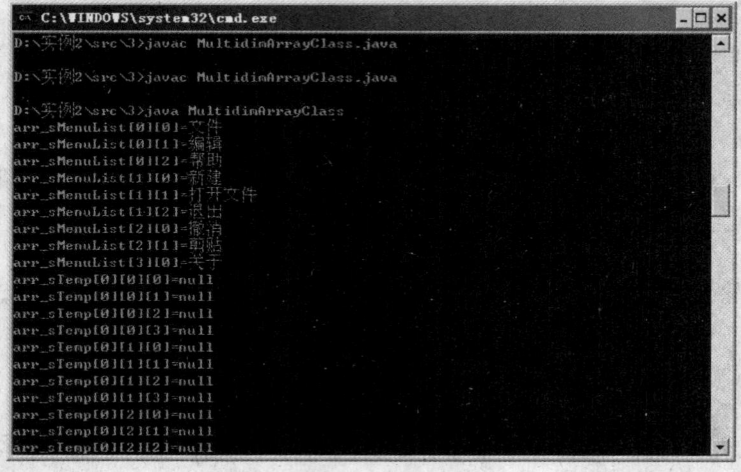

图 3-2　多维数组

完全可以理解成是高维数组嵌套入低维数组内，因为数字也是对象！

第二部分使用了给定数组大小的方式，使用 new 来分配了一个三维数组，整个数组一下子就分配完成。

```
String[][][] arr_sTemp = new String[2][3][4];
```

第三部分揭示了数组可在使用初期任意定长。在没有确定数组大小的时候，不需要分配它，等到使用的时候再分配，以便在对数组的操作上有了相当的灵活性。

```
String[ ][ ][ ] arr_sTemp_No = new String[2][ ][ ];
    for(int i=0;i<arr_sTemp_No.length;i++){
       arr_sTemp_No[i] = new String[3][ ];
       for(int j=0;j<arr_sTemp_No[i].length;j++){
         arr_sTemp_No[i][j] = new String[4];
       }
    }
```

下面通过一个实例来看看数组在实际编程中的运用。

实例 3-3　一维数组和多维数组的初始化和基本操作

```
/**
 * <p>Title: 数组数据操作</p>
 * <p>Description: 演示一维数组和多维数组的初始化和基本操作</p>
 * <p>Copyright: Copyright (c) 2008</p>
 * <p>Filename: MyArray.java</p>
 * @author 杜江
 * @version 1.0
 */

public class  MyArray{
   //初始化数组变量
   char[] cNum = {'1','2','3','4','5','6','7','8','9','0'};
   char[] cStr = {'a','b','c','d','e','f','g','h',
                'i','j','k','l','m','n','o','p',
                'q','r','s','t','u','v','w','x','y','z'};
   int[] iMonth = {31,28,31,30,31,30,31,31,30,31,30,31};

 /**
  *<br>方法说明：判断是否是数字
  *<br>输入参数：String sPara。 需要判断的字符串
  *<br>返回类型：boolean。如果都是数字类型，返回true；否则返回false
  */
   public boolean isNumber(String sPara){
      int iPLength = sPara.length();
      for(int i=0;i<iPLength;i++){
       char cTemp = sPara.charAt(i);
       boolean bTemp = false;

       for(int j=0;j<cNum.length;j++){
         if(cTemp==cNum[j]){
           bTemp = true;
           break;
         }
```

```
          }
          if(!bTemp) return false;
        }
      return true;
    }

  /**
   *<br>方法说明：判断是否都是英文字符
   *<br>输入参数：String sPara。要检查的字符
   *<br>返回类型：boolean。如果都是字符返回true，反之为false
   */
    public boolean isString(String sPara){
       int iPLength = sPara.length();
       for(int i=0;i<iPLength;i++){
        char cTemp = sPara.charAt(i);
        boolean bTemp = false;

        for(int j=0;j<cStr.length;j++){
          if(cTemp==cStr[j]){
            bTemp = true;
            break;
          }
        }
        if(!bTemp) return false;
       }
     return true;
    }

  /**
   *<br>方法说明：判断是否是闰年
   *<br>输入参数：int iPara。要判断的年份
   *<br>返回类型：boolean。如果是闰年返回true，否则返回false
   */
    public boolean chickDay(int iPara){
      return iPara%100==0&&iPara%4==0;
    }

  /**
   *<br>方法说明：检查日期格式是否正确
   *<br>输入参数：String sPara。要检查的日期字符
   *<br>返回类型：int。0 日期格式正确，-1 月或这日不合要求， -2 年月日格式不正确
   */
    public int chickData(String sPara){
      boolean bTemp = false;
      if(sPara.length()!=10) return -2;
      String sYear = sPara.substring(0,4);
      if(!isNumber(sYear)) return -2;
      String sMonth = sPara.substring(5,7);
      if(!isNumber(sMonth)) return -2;
      String sDay = sPara.substring(8,10);
```

```
      if(!isNumber(sDay)) return -2;
      int iYear = Integer.parseInt(sYear);
      int iMon = Integer.parseInt(sMonth);
      int iDay = Integer.parseInt(sDay);
      if(iMon>12) return -1;

      //闰月处理
      if(iMon==2&&chickDay(iYear)){
        if(iDay>29) return 2;
      }else{
        if(iDay>iMonth[iMon-1]) return -1;
      }
      return 0;
    }

  /**
   *<br>方法说明：主方法，测试用
   *<br>输入参数：
   *<br>返回类型：
   */
    public static void main(String[] arges){
      MyArray mA = new MyArray ();

      //演示是否是数字
      boolean bIsNum = mA.isNumber("1234");
      System.out.println("1: bIsNum="+bIsNum);
      bIsNum = mA.isNumber("123r4");
      System.out.println("2: bIsNum="+bIsNum);

      //演示是否是英文字符
      boolean bIsStr = mA.isString("wer");
      System.out.println("1: bIsStr="+bIsStr);
      bIsStr = mA.isString("wer3");
      System.out.println("2: bIsStr="+bIsStr);

      //演示检查日期
      int iIsTime = mA.chickData("2003-12-98");
      System.out.println("1: iIsTime="+iIsTime);
      iIsTime = mA.chickData("2003-111-08");
      System.out.println("2: iIsTime="+iIsTime);
      iIsTime = mA.chickData("2003-10-08");
      System.out.println("3: iIsTime="+iIsTime);
      iIsTime = mA.chickData("2000-02-30");
      System.out.println("4: iIsTime="+iIsTime);
    }
  }
```

程序在构造函数中初始化了 4 个数组，分别代表数字、字符、月历和邮件字符。isMail 方法完成检查校验电子邮件地址的功能。一个完整的电子邮件通常包括一个@字符和.字符。方法中使用 String 类中的 indexOf 方法搜索这些字符，如果在输入的电子邮件中发现这两个字符，那么方法就认为是一个合法的电子邮件，方法将返回 true。

isNumber 方法将输入字符依次截成 char 型数据，然后到 cNum 数组中查找是否有这个 char 数据存在，一旦发现有一个不存在，for 循环将停止（break），并返回 false。isString 方法和校验数字基本相同，通过查阅每个输入的字符是否是英文来判断。chickData、判断日期比较复杂一些，要校验输入的年、月、日是否是数字。如果是闰年，则要对二月进行特殊的处理。

这个实例重复展示了数字的创建和操作，读者可以好好研究一下。

3.2 矢量类型

在使用数组的时候，总是要确定其大小。对一个数组初始化之后，将无法改变数组的大小。要是在数组初始化之后想在数据对象里追加一些数据，那么使用数组是无法满足要求的。在 Java 里提供了一个 Vector（矢量）类型，能在其作用域范围内随意添加数据。矢量的创建使用了句柄的方式：

```
Vector  vName = new Vector();
```

Vector 提供了强大的封装，可以将任何 Object 数据封装到 Vector，研究实例 3-4。

实例 3-4　简单矢量程序

```
/**
 * <p>Title: 简单的使用Vector</p>
 * <p>Description: 演示Vector基本操作</p>
 * <p>Copyright: Copyright (c) 2008</p>
 * <p>Filename: VectorClass.java</p>
 * @author 杜江
 * @version 1.0
 */

import java.util.*;

public class VectorClass  {
  String sStr = "hello";
  String[] sArr = {"文件","帮助"};
  int[] iArr = {1,2,3};

  //这是一个内部类
  class MyComputer{
     String sCpu = "intel 1G";
    MyComputer(){
    }
  }

  //建造的Vector,添加元素。
  public Vector buildVector(){
     Vector vTemp = new Vector();
    //添加一个String
```

```
      vTemp.addElement(sStr);
      //添加一个字符数组
      vTemp.addElement(sArr);
       //添加一个整型数组
      vTemp.addElement(iArr);
      //添加一个class
      vTemp.addElement(new MyComputer());
      return vTemp;
    }

    //打印出的Vector
    public void displayVector(Vector vTemp){
      //打印矢量尺寸大小
      print("矢量尺寸",new Integer(vTemp.size()));
      //打印第一个元素（String）
        print("第一个元素",vTemp.elementAt(0));

      //打印第二个元素（字符数组）
      String[] array_sTemp = (String[])vTemp.elementAt(1);
      for(int i=0;i<array_sTemp.length;i++){
          print("打印String数组第"+i+"个元素",array_sTemp[i]);
      }

      //打印第三个元素（整型数组）
      int[] array_iTemp = (int[])vTemp.elementAt(2);
      for(int i=0;i<array_iTemp.length;i++){
          print("打印int数组第"+i+"个元素", new Integer(array_iTemp[i]));
      }

      //声明myComputer类和注释的一行效果一样。
      MyComputer myCp = (MyComputer)vTemp.elementAt(3);
       //MyComputer myCp = new MyComputer();
      print("mycup",myCp.sCpu);
    }

    //主方法
    public static void main(String[] args) {
      VectorClass vC = new VectorClass();
      Vector vTemp = vC.buildVector();
      vC.displayVector(vTemp);
    }

    //输出屏幕
    public void print(String sTemp,Object oTemp){
      System.out.println(sTemp+"="+oTemp);
    }
}
```

程序先后给 Vector 添加了字符、字符数组、整型数组和一个类。读者可以慢慢体会一下 Vector 强大的封装能力，屏幕输出如图 3-3 所示。

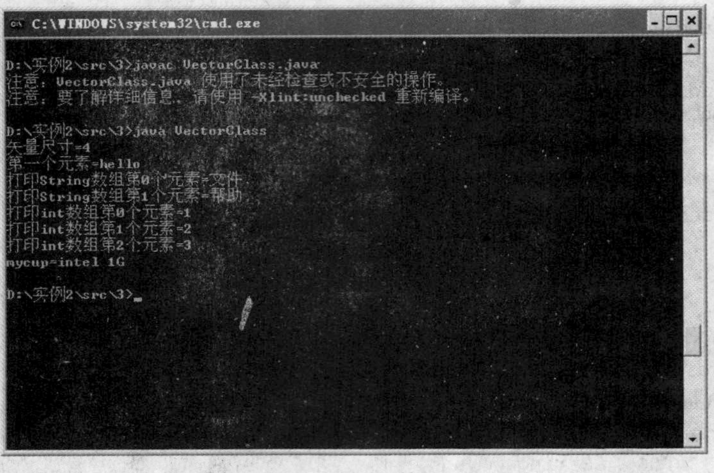

```
C:\WINDOWS\system32\cmd.exe

D:\实例2\src\3>javac VectorClass.java
注意: VectorClass.java 使用了未经检查或不安全的操作。
注意: 要了解详细信息，请使用 -Xlint:unchecked 重新编译。

D:\实例2\src\3>java VectorClass
矢量尺寸=4
第一个元素=hello
打印String数组第0个元素=文件
打印String数组第1个元素=帮助
打印int数组第0个元素=1
打印int数组第1个元素=2
打印int数组第2个元素=3
mycup=intel 1G

D:\实例2\src\3>
```

图 3-3　Vector 简单输出

从实例看，`Vector` 的创建和使用都很简单。`Vector` 提供了一个 `addElement` 方法，从而能够不断地添加元素，而没有数组大小的限制。可以在其作用域内随意地添加对象，然后使用 `elementAt` 方法来提取对象。

注意： Vector 有个方法 size()，可以知道已经添加了多少元素。在使用 Vector，特别是在检索 Vector 时，一定要先测试元素的多少，以免误超边界，造成违例。

JDK 1.5 引进了泛型，所以在编译的时候会出现图 3-3 的警告。可以不用理会。

同时也应该注意到，将对象添加到 Vector 后，原来的数据类型将丢失。因此，在提取元素的时候要重新定义数据类型，甚至要进行强制转换。如果不想在获取元素时进行强制转换，则可以使用 JDK 1.5 中的泛型。关于泛型会在后面的内容中讲解。

Vector 的操作十分简单，就像对数据库中的数据操作一样。当你理解了对象的概念，这是非常好理解的。可以通过类的方法封装的操作，见实例 3-5。

实例 3-5　Vector 基础操作程序

```
/**
 * Title: 实现对Vector的各项操作作
 * Description: 演示实现对Vector的各项基本操作
 * Copyright: Copyright (c) 2008
 * Filename: OperateVector.java
 * @author 杜江
 * @version 1.0
 */

import java.util.*;

public class OperateVector {
/*
*方法说明: 生成一个4*4的二维Vector，供使用。
*输入参数:
*输出变量: Vector
```

```
*其他说明：
*/
  public Vector buildVector(){
     Vector vTemps = new Vector();
     for(int i=0;i<4;i++){
      Vector vTemp = new Vector();

      for (int j=0;j<4;j++){
         vTemp.addElement("Vector("+i+")("+j+")");
      }
      vTemps.addElement(vTemp);
     }
     return vTemps;
  }

/*
*方法说明：插入数据
*输入参数：Vector vTemp 待插入的数据对象
*输入参数：int iTemp 插入数据的位置
*输入参数：Object oTemp 插入数据值
*输出变量：Vector 结果
*<其他说明：如果插入位置超出实例实际的位置将返回null
*/
  public Vector insert(Vector vTemp,int iTemp,Object oTemp){
      if(iTemp>vTemp.size()){
      print("数据超界!");
      return null;
    }else{
       vTemp.insertElementAt(oTemp,iTemp);
    }
    return vTemp;
  }

/*
*方法说明：移除数据
*输入参数：Vector vTemp 待删除矢量对象
*输入参数：int iTemp 删除数据的位置
*输出变量：Vector
*其他说明：如果删除超界的数据，将返回null
*/
  public Vector delete(Vector vTemp,int iTemp){
      if(iTemp>vTemp.size()){
      print("数据超界!");
      return null;
    }else{
       vTemp.removeElementAt(iTemp);
    }
    return vTemp;
  }
```

```
    /*
    *方法说明：修改数据
    *输入参数：Vector vTemp 待修改矢量对象
    *输入参数：int iTemp 修改数据的位置
    *输入参数：Object oTemp 修改数据值
    *输出变量：Vector
    *其他说明：如果修改位置超界的数据，将返回null
    */
     public Vector updata(Vector vTemp,int iTemp,Object oTemp){
         if(iTemp>vTemp.size()){
         print("数据超界!");
         return null;
       }else{
          vTemp.setElementAt(oTemp,iTemp);
       }
       return vTemp;
     }

     //主方法
     public static void main(String[] args) {
       OperateVector ov = new OperateVector();
       Vector vTemp = ov.buildVector();
       ov.print("vTemp0",vTemp);

       Vector vResult = ov.insert(vTemp,2,"添加的数据");
       ov.print("vResult",vResult);
        Vector vResultup = ov.updata(vResult,2,"修改的数据");
       ov.print("vResultup",vResultup);
        Vector vResultnow = ov.delete(vResultup,2);
       ov.print("vResultnow",vResultnow);
     }

   /*
   *方法说明：输出信息
   *输入参数：String sTemp 输出信息名称
   *输入参数：Object oTemp 输出信息值
   *返回变量：无
   */
    public void print(String sTemp,Object oTemp){
        System.out.println(sTemp+"="+oTemp);
    }

    public void print(Object oTemp){
        System.out.println(oTemp);
    }
   }
```

程序屏幕输出如图 3-4 所示。程序中的 buildVector 方法初始化了一个 4×4 的 Vector 对象，其使用了添加元素方法 addElement。同时，将一个 Vector 作为元素添加到另一个 Vector 内，这样的封装提供了方便的嵌套格式。

```
    public Vector buildVector(){
      Vector vTemps = new Vector();
      Vector vTemp = new Vector();
      for(int i=0;i<4;i++){
        for (int j=0;j<4;j++){
            vTemp.addElement("Vector("+i+")("+j+")");
         }
        vTemps.addElement(vTemp);
       }
      return vTemps;
    }
```

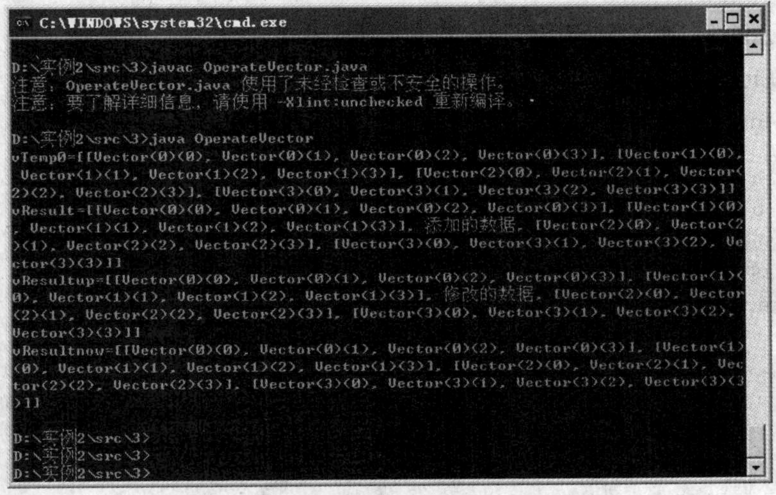

图 3-4　Vector 基础操作

看上面的程序片段，如果将 vTemp 的定义放在 for 循环外面，那么将得到什么结果呢？从输出内容可以看到，它生成的是一个 16×4 的二维 Vector。为什么一个小小的变化会产生这样的结果呢？

首先要明确一下变量的作用域问题。vTemp 提到 for 外后，它的作用域变为从它定义起，到 buildVector 结束，因此 vTemp 将最终添加 16 个元素。可是又有一个问题出来了：为什么最后 vTemps 不是元素个数为 4、8、12、16 的梯形矢量，而是一个 16×4 的矩形矢量？这是因为 Vector 的特性：作用域内不定大小决定的。

由于 Vector 是一个变动的数组，在它的作用域内随时可能发生变化。在结束作用范围时，Vector 将整理它的各项元素，并作出提交。回到前面的例子，当最终程序返回 vTemps 对象时，它将整理其各项元素，这时 vTemp 已经增长到 16，所以得到的是一个 16×4 的矢量对象。

> **注意：** 在将一个 Vector 封装到另一个 Vector 时，一定要注意 Vector 元素的作用域。如果 Vector 元素的作用域和作为封装 Vector 的作用域相同，那么在对作为元素的 Vector 进行操作后也将对作为封装的 Vector 产生影响。

3.3 枚举器

对于任何数据容器，先要置入数据，然后通过一定的方法提起出来。Vector 通过 addElement 方法置入数据，然后使用唯一的 elementAt 方法提取数据。Vector 在容器操作上已经很灵活了，甚至可以在任何时候选择任何东西，并可以使用不同的索引选择多个元素。

从使用角度看，它仍然存在一个小小的缺陷。在使用 Vector 容器时，必须首先知道元素的多少。Java 枚举器为解决了这个问题，它采用无穷遍历的方式访问对象。先了解一下一个简单的枚举器所使用的一些方法。

- elements()　要求容器为提供一个 Enumeration。
- nextElement()　获得下一个对象。
- hesMoreElements()　检查序列中是否还有更多的对象。

下面研究一下实例 3-6 的程序。

实例 3-6　简单的枚举器使用程序

```
//文件名Enum.java
//一个简单的枚举器例子
import java.util.*;

public class Enum{
  /*
*方法说明：生成一个Vector，供使用。
*输入参数：无
*输出变量：Vector 数据对象
*其他说明：
*/

public Vector buildVector(){
    Vector vTemp = new Vector();

    for (int i=0;i<4;i++){
         vTemp.addElement("Vector("+i+")");
    }
    return vTemp;
  }

/*
*方法说明：使用枚举器显示数据
*输入参数：Enumeration eTemp 显示枚举数据对象
*输出变量：无
*其他说明：
*/
public void display(Enumeration eTemp){
     while(eTemp.hasMoreElements())
          print(eTemp.nextElement().toString());
  }
```

```
    //使用for循环显示数据
    public void display(Vector vTemp){
       for(int i=0;i<vTemp.size();i++)
          print(vTemp.elementAt(i));
    }

    public static void main(String[] args)  {
        Enum e = new Enum();
        Vector vTemp = e.buildVector();
        e.display(vTemp);
        Enumeration eTemp = vTemp.elements();
        e.display(eTemp);
    }

  /*
  *方法说明：输出显示
  *输入参数：String sTemp 输出变量名称
  *输入参数：Object oTemp 输出数据值
  *输出变量：无
  *其他说明：
  */
    public void print(String sTemp,Object oTemp){
       System.out.println(sTemp+"="+oTemp);
    }

  /*
  *方法说明：输出显示
  *输入参数：Object oTemp 输出显示的内容
  *输出变量：无
  *其他说明
  */
    public void print(Object oTemp){
       System.out.println(oTemp);
    }
}
```

实例3-6中使用了枚举方式来输出数据：

```
public void display(Enumeration eTemp){
     while(eTemp.hasMoreElements())
       print(eTemp.nextElement().toString());
  }
```

也使用了for循环：

```
public void display(Vector vTemp){
     for(int i=0;i<vTemp.size();i++)
       print(vTemp.elementAt(i));
  }
```

虽然觉得这两段程序很相似，但是使用枚举器时不需要关心元素的数量，一切工作交给hasMoreElements()和nextElement()去完成，屏幕输出如图3-5所示。

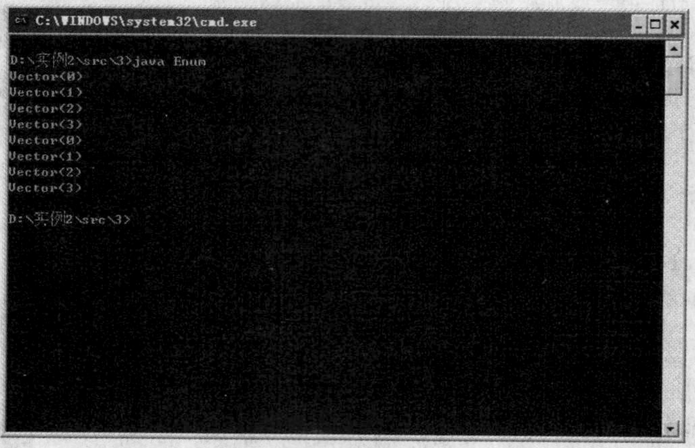

```
C:\WINDOWS\system32\cmd.exe
D:\实例2\src\3>java Enum
Vector(0)
Vector(1)
Vector(2)
Vector(3)
Vector(0)
Vector(1)
Vector(2)
Vector(3)

D:\实例2\src\3>
```

图 3-5　简单枚举器

3.4 哈希表

Vector 允许通过索引一系列对象并从中作出选择，实际上它只是将数字同对象关联起来。那么是否有别的查询方式呢？答案是肯定的，就是要介绍的 Hastable（哈希表）。有的参考书翻译成散列表。

在介绍 Hashtable 之前，不得不先介绍一下抽象类 Dictionary。Dictionary 类是一个抽象的父类。它也是 Hashtable 的父类，Hashtable 提供了关键字到数值的映射，每个值和关键字都是一个对象。在任何 Dictionary 对象里，每个关键字可以关联多个值，而且任何非空对象都能够作为关键字和数值使用。

Dictionary 提供的接口方法非常直观，如下所示：

- elements()　返回字典里的所有值的一个枚举。
- get(Object key)　通过关键字的映射返回数值。
- isEmpty()　判断是否包含元素。
- put(Object key,Obect value)　置入关键字和数字到字典。
- remove(Object key)　通过关键字，移除数据。
- size()　返回字典内元素的数。

Dictionary 的实现过程很简单，实例 3-7 列出了简单的方法，它使用了两个 Vector：一个用于容纳关键字，另一个容纳数据值。

实例 3-7　实现自己的字典程序

```
/**
 * Title: 实现我的字典
 * Description: 演示字典基本操作
 * Copyright: Copyright (c) 2008
 * Filename: MyDict.java
 * @author 杜江
 * @version 1.0
```

```
 */
import java.util.*;

public class MyDict extends Dictionary {
  private Vector keys = new Vector();
  private Vector values = new Vector();
  public int size() { return keys.size(); }

  /*
  *方法说明：判断关键字是否为空
  *输入参数：
  *输出变量：boolean 存在返回true，反正为false。
  *其他说明：
  */
public boolean isEmpty() {
    return keys.isEmpty();
  }

  /*
  *方法说明：添加数据到字典
  *输入参数：Object key 索引关键字
  *输入参数：Object value 数据值
  *输出变量：Object
  *其他说明：
  */
  public Object put(Object key, Object value) {
    keys.addElement(key);
    values.addElement(value);
    return key;
  }

  /*
  *方法说明：根据关键字获取数值
  *输入参数：Object key 索引关键字
  *输出变量：Object 数据对象
  *其他说明：如果关键字不存在，则返回null
  */
  public Object get(Object key) {
    int index = keys.indexOf(key);

    // 如果关键字不存在，将返回-1:
    if(index == -1) return null;
    return values.elementAt(index);
  }

  /*
  *方法说明：根据关键字删除数据对象
  *输入参数：Object key 索引关键字
  *输出变量：Object 数据对象
  *其他说明：
```

```
    */
    public Object remove(Object key) {
      int index = keys.indexOf(key);

      if(index == -1) return null;
      keys.removeElementAt(index);
      Object returnval = values.elementAt(index);
      values.removeElementAt(index);
      return returnval;
    }

    /*
    *方法说明：获取关键字
    *输入参数：
    *输出变量：Enumeration 关键字枚举
    *其他说明：
    */
    public Enumeration keys() {
      return keys.elements();
    }

    /*
    *方法说明：获取所有元素值
    *输入参数：
    *输出变量：Enumeration 关键字枚举
    *其他说明：
    */
    public Enumeration elements() {
      return values.elements();
    }

    //主方法，测试
    public static void main(String[] args) {
      MyDict myD = new MyDict();

      //添加数据
       myD.put("主频","intel 1G");
       myD.put("内存","265M");
       myD.put("硬盘","60G");
       myD.put("显示器","17'");

      //提取数据
      System.out.println(myD.get("硬盘"));
      System.out.println(myD.get("显示器"));
      System.out.println(myD.get("内存"));
      System.out.println(myD.get("主频"));
    }
}
```

现在实现了一个自己的 Dictionary，注意 get 方法，当提交关键字时，它就会产生 key.indexOf()的索引编号，然后通过索引编号的值生成需要的值，屏幕输出如图 3-6 所示。

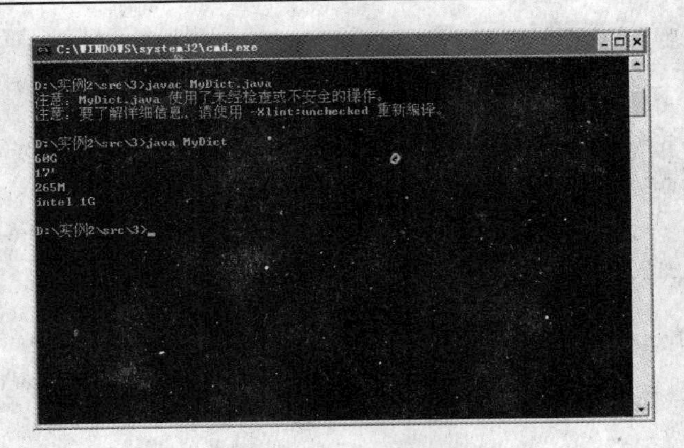

图 3-6　MyDict 字典输出

Hashtable 作为 Dictionary 的子类，同样可以提供 MyDict 的功能。由于在 MyDict 中使用了 Vector，所以遍历数据时效率不高。

使用 Hashtable 时非常方便，下面程序片段创建了一个数字 Hashtable，它使用数字作为关键字。

```
Hashtable numbers = new Hashtable();
numbers.put("one", new Integer(1));
numbers.put("two", new Integer(2));
numbers.put("three", new Integer(3));
```

同样可以通过下面的程序提取数据：

```
Integer n = (Integer)numbers.get("two");
    if (n != null) {
        System.out.println("two = " + n);
    }
```

下面介绍哈希表常用的方法。

- clear()　清除哈希表。
- clone()　克隆一个哈希表。
- contains(Object value)　如果哈希表内包括关键字和值存在 value，则返回 true；反之为 false。
- containsKey(Object key)　如果哈希表的关键字内存在 key，则返回 true；否则为 false。
- containsValue(Object value)　如果哈希表的数值内存在 value，则返回 true；否则 false。
- isEmpty()　检查哈希表是否为空。
- put(Object key,Object value)　添加元素。
- get(Object key)　返回一个 key 的索引数值。
- remove(Object key)　通过关键字移除对象。
- size()　得到哈希表的元素数量。

实例 3-8　哈希表的操作程序

```
/**
```

```
 * Title: 演示哈希表的简单操作
 * Description: 演示哈希表的简单操作
 * Copyright: Copyright (c) 2008
 * Filename: MyHash.java
 * @author 杜江
 * @version 1.0
 */
import java.util.*;

public class MyHash  {
  /*
 *方法说明：创建一个哈希表
 *输入参数：
 *输出变量：Hashtable 构造好的哈希表
 *其他说明：
 */
 public Hashtable buildHash(){
    Hashtable hTemp = new Hashtable();
    hTemp.put("CPU","intel 1G");
    hTemp.put("内存","265M");
    hTemp.put("硬盘","60G");
    hTemp.put("显示器","17'");
    return hTemp;
  }

//主方法，测试
  public static void main(String[] args) {
    MyHash myH = new MyHash();
    Hashtable HT = myH.buildHash();
    if(!HT.isEmpty()){  //在使用对象前先作检测!
      System.out.println("哈希表尺寸:"+HT.size());
      System.out.println("创建的哈希表:"+HT);
      System.out.println("我电脑的cpu:"+HT.get("CPU"));
    }

    //添加一个没有的元素
    if(!HT.contains("CD-ROM"))
      HT.put("CD-ROM","acer 52X");
    System.out.println("添加哈希表后内容: "+HT);
       //删除一个元素
       if(HT.containsKey("CD-ROM"))
          HT.remove("CD-ROM");
    System.out.println("删除后哈希表的内容: "+HT);
  }
}
```

实例中的 buildHash()方法使用 put 方法向哈希表写入数据，提供程序使用。在 main 方法中，使用 get 方法来提取其中的元素。程序使用了 contains 方法来检测元素中是否包含 CD-ROM。读者可以自行将 CD-ROM 改为 CPU 或 intel 1G，体会一下 contains 的使用。另外，程序还通过 remove("CD-ROM")将先前添加的 CD-ROM 删除。

技巧： 在使用数据对象之前，请先对其进行是否为空的检查，以免抛出空指针的异常，这也是使程序更加健壮的手段。

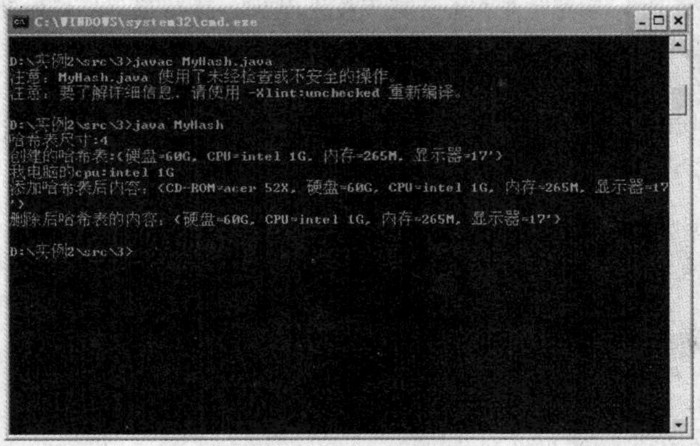

```
C:\WINDOWS\system32\cmd.exe

D:\实例2\src\3>javac MyHash.java
注意：MyHash.java 使用了未经检查或不安全的操作。
注意：要了解详细信息，请使用 -Xlint:unchecked 重新编译。

D:\实例2\src\3>java MyHash
哈希表尺寸:4
创建的哈希表:{硬盘=60G, CPU=intel 1G, 内存=265M, 显示器=17'}
我电脑的cpu:intel 1G
添加哈希表后内容：{CD-ROM=acer 52X, 硬盘=60G, CPU=intel 1G, 内存=265M, 显示器=17'}
删除后哈希表的内容：{硬盘=60G, CPU=intel 1G, 内存=265M, 显示器=17'}

D:\实例2\src\3>
```

图 3-7　哈希表的操作

3.5　泛型类型

JDK 1.5 中改变最大的就是增加的泛型类型，这是 Java 语言中类型安全的一次重要改进。但是，对于初次使用泛型类型的用户来说，泛型的某些方面看起来可能不容易理解，甚至非常奇怪。首先让读者明确一点，泛型类型不是一种数据类型，从表面上看，无论语法还是应用环境（比如容器类），泛型类型（或者泛型）都类似于 C++ 中的模板。

其实，初学者掌握泛型是必要的，这对编写出强壮的 Java 程序有很大的好处。但是要给初学 Java 的读者讲清楚泛型概念，还是比较困难的。先让我们来看看下面一段代码：

```
Hashtable hTemp = new Hashtable();
hTemp.put("CPU","intel 1G");
String cpu = (String)hTemp.get("CPU");
```

上面的代码片段是操作一个哈希表，放入一个 CPU 和从哈希表中获取存入的 CPU 值，并且对取出对象进行类型转换。

请读者想一下，如果程序员在操作这个哈希表时使用了，那么下面的代码会发生什么？

```
hTemp.put("CPU",new Integer(1000));
```

使用者以为放入的 CPU 值是一个 String 类型的字符描述，并进行字符强制转换。可想而知，这会造成程序运行错误。

哈希表是一个容器类型，它将载入的数据类型给摸除了，在获取数据时通常需要进行类型强制转换，这就可能造成错误，因为编程人员必须保证存入的数据类型是可知的。泛型可以解决这个问题，下面对上面的代码片段进行泛型改造。

```
Hashtable <String, String> hTemp = new Hashtable <String,String> ();
hTemp.put("CPU","intel 1G");
String cpu =hTemp.get("CPU");
```

请读者注意尖括号，这就是声明此哈希表为泛型，哈希表中关键字使用 String 类型，值也使用 String 类型。如果在其他代码中想存入非字符类型的数据，那么在编译的时候编译器就会报错，这样便保证了数据的安全性。

> **技巧：** 在 Java 开发中，让 Java 异常能在编译期间被发现是对 Java 应用最好的处理方式，所以使用好的开发工具是提高程序开发速度和程序健壮性的保证。

但是，使用泛型就不能像以前一样随便保存所有的 Object 了。情况是可以解决的，因为在泛型中有通配符？或 T。

实例 3-9 泛型类型：数据类

```
/**
 * 数据类
 * Filename: MyDate.java
 * @author 杜江 *
 * @date 2008
 */

public class MyDate{
    private int width;
    private int length;
    public MyDate(int width,int length){
        this.width=width;
        this.length=length;
    }

    public String toString(){
        return "width="+width+" length="+length;
    }

    public int getLength() {
        return length;
    }

    public void setLength(int length) {
        this.length = length;
    }

    public int getWidth() {
        return width;
    }

    public void setWidth(int width) {
        this.width = width;
    }
}
```

实例 3-10 泛型类型：使用类

```
import java.util.ArrayList;
import java.util.List;
```

```
/**
 * 泛型类示例一,成员变量为链表,T可以指代任意类类型.
 * @author 杜江
* @version 1.0
 */
public class T_Example<T>{
    // 元素为T的链表
    private List<T> elements;

    /**
     * 构造函数,这里无须指定类型
     */
    public T_Example(){
        elements = new ArrayList<T>();
    }

    /**
     * 向链表中添加类型为T的元素
     * @param element
     */
    public void add(T element){
        elements.add(element);
    }

    /**
     * 打印链表中元素
     */
    public void printElements(){
        for(T t:elements){
            System.out.println(t);
        }
    }

    /**
     * 使用示例
     * @param args
     */
    public static void main(String[] args){
        // 创建T_Example类的示例tDate
        T_Example<MyDate> tDate=new T_Example<MyDate>();
        // tDate添加数据
        tDate.add(new MyDate(10,25));
        tDate.add(new MyDate(33,24));
        tDate.add(new MyDate(44,55));
        tDate.add(new MyDate(28,35));
        //打印数据
        tDate.printElements();
    }
}
```

类 MyDate.java 是一个数据类，和普通的类没有区别。第二个类 T_Example.java 被声明为泛型类，读者可以仔细研究一下，程序执行结果如图 3-8 所示。

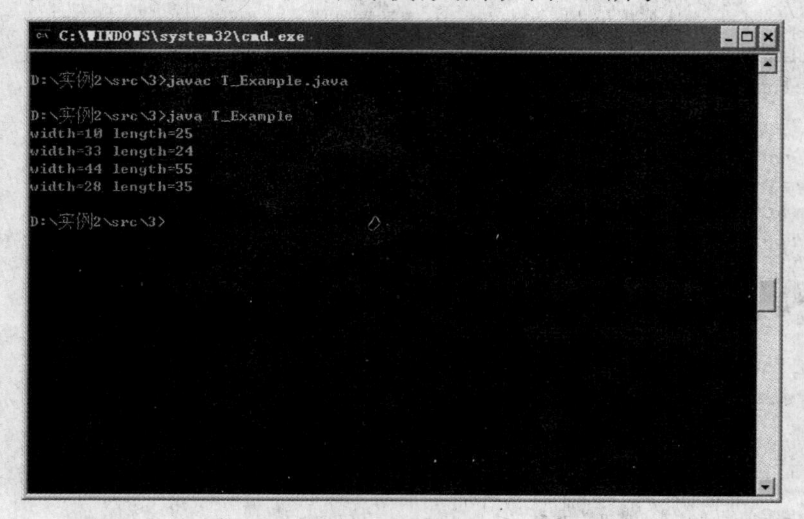

图 3-8　泛型类操作

3.6　小结

在数据容器内，数组、矢量、枚举、哈希表都有很强的运用范围，它们各有特点。数组在这些容器中消耗的资源最小，操作也很方便，因此受到许多程序员的欢迎。但是，数字一旦被初始化以后，就无法对数组追加数据，这使得数组的使用逊色了不少。矢量能够解决这个问题，矢量也被戏称为变化的数组。它不仅可以追加数据对象，而且在二维以上的矢量中元素可以不定长，这些方便的操作给编程带来了极大的方便。不过它牺牲了一些性能，但这是值得的。枚举主要是让程序能够遍历对象，而不需要关心对象的数量，也不必担心越界的问题。哈希表提供一个字典的功能，能够通过关键字得到数据对象。可以打上标记，而不是一堆位置数字。

本章的最后讲解了什么是泛型，以及引进泛型的目的，并初步讲解了如何使用泛型。但是对于初学者来说，要理解泛型可能比较困难。本章只给读者介绍了一点泛型的由来和使用，对于读者日后深入学习会有很大的帮助。至于读者是否该不该在开发中使用泛型，就要看个人的习惯，因为 JDK 1.5 是支持泛型和非泛型混合编程的。

3.7　习题

1. 填空题

（1）对于字符，空值为______；对于数值，空值为______；对于 char，空值为_____；对于布尔值，空值为______

（2）Java 的数组元素是从 ____开始计数，能索引元素的最大编号是__________。

（3）String[][] svTemp = new String[4][5]这个初始化定义了一个_____的矩形二维数组。

（4）Vector 提供了强大的封装，可以将任何______数据封装到 Vector。

（4）哈希表将________与_________对应起来，以便加快索引的速度。

（5）泛型是为了_________而添加入 JDK 的。

（6）定义一个包含 7 个元素的数组 a，则该数组的最后一个元素是 __________。

（7）通过代码 String[][][] arr_sTemp = new String[2][3][4]；创建了一个数组，它最大能容纳____数据对象。

（8）Vector 提供了一个________方法，从而能够不断地向数组中添加元素，而没有数组大小的限制。

2．选择题

（1）Java 枚举器为采用_____方式访问对象？

A. 定位　　B. 索引　　C. 遍历　　D. 对象名

（2）什么变量用来检查数组的下界？

A. top　　B. length　　C. limit　　D. size

（3）什么变量用来检查数组的上界？

A. top　　B. length　　C. limit　　D. size

（4）哈希表使用哪个方法来获得数据？

A. getKeys( )　　B. put( )　　C. get( )　　D. clear( )

（5）对数组的定义及初始化不正确的方法是：

A. int array[];　　B. int array[8];　　C. int[] array=new int[8];

D. int array[]=new int[8];

（6）枚举器使用哪个方法来滚动到下一个元素？

A. elements( )　　B. nextElement( )　　C. hesMoreElements( )　　D. get( )

3．思考题

（1）怎样创建一个三维数组？

（2）使用数组的缺点是什么？

（3）泛型安全性如何保障？

4．上机题

（1）编写一个类，实现二维数组的追加功能。

（2）编写一个类，完成以下功能:

A. 编写一个方法，初始化一个二维数组；

B. 编写一个方法，将这个数组转化为 Vector；

C. 编写一个方法，将 Vector 转换为 Hashtable；

D. 使用枚举器遍历数组、Vector、Hashtable。

第 4 章　抽象窗口工具包

本章学习目标

- ◆ 了解抽象窗口工具包是如何组织的
- ◆ 掌握事件驱动的概念
- ◆ 掌握图形、字体和颜色的运用
- ◆ 掌握小部件的使用以及将其放置到窗口中
- ◆ 掌握容器和布局管理器的概念
- ◆ 使用抽象窗口工具包开发简单的应用程序

如果说前三章是为了真正进行编程打下基础的话，那么从本章开始，将真正进入 Java 编程语言的实战阶段。

4.1　抽象窗口工具包综述

AWT 支持所有平台，但并不支持这些平台的每个 UI 特性，它的目标很一般：为开发一个适用于、相容于所有平台的完善界面而提供最低的要求。即使是这样，AWT 仍包括了几十个类，窗口、对话框、菜单、按钮、滚动条、文本字段、复选框和绘制画布只是 AWT 提供的一些 UI 组件。另外，它还提供了一个事件处理方法，允许响应用户的输入，比如鼠标单击或键被按下。

4.1.1　类的分级

AWT 相当复杂而且非常大，以至于被编制为一个主包（java.awt）和 4 个辅助包（java.awt.event、java.awt.image、java.awt.datatransfer 和 java.awt.peer）。

主要的 java.awt 包含有创建图形用户界面所有的大多数类和接口，在这个包中可以找到创建窗口、菜单、按钮、复选框和其他基本 GUI 控件所用的所有类，比如 Checkbox、FileDialog、Font、Menu 等。对于类的分级来说，可分为 3 个方面：

- ■ 基本图形。
- ■ 字体。
- ■ 标准 GUI 控件。

基本图形主要指类 java.awt.Graphics，它定义了一套基本的绘制方法，这套方法能够绘制和填充线、矩形、椭圆、多边形和圆弧。可以通过使用预定范围的颜色或通过使用自定义颜色来绘制和填充。另外，java.awt 包提供了用于清除、剪切和拷贝绘制区域的各种方法，从而使你能够在图像和图形放在屏幕上之后来控制它们。AWT 还含有一个称为 Image 的抽象类和类的一个子包（java.awt.image），这个抽象类的子包都用来处理位图图像。

> **注意**：通常情况下，首字母大写指的是类，包的名字一般都用小写，这样就能够区分 Image 类（java.awt.Image）和图像处理包（java.awt.image）。记住，采用规范的类名、包名、变量名和方法名是项目成功的关键，这样更有利于交流和开发后期的回溯。

字体主要指 java.awt.Font 类，它定义了基本字体的字符和字形。一个字符是要显示的内容，例如要显示"文件"字符。当一个字符被提交后，必须描述它的字形。一个字符的外形可以有很多种，例如 heavy（巨大）、medium（中等）、oblique（倾斜）、gothic（黑体）和 regular（正常）。

标准 GUI 控件是用来设计用户输入、信息提示或者触发事件的友好界面，它包括了按钮、选项框、列表框、文本、滑动条、菜单、对话框等诸多控件。每一个控件都有相应的类对应，共同构成了图形界面大厦的砖体。

4.1.2 处理事件的方法

如果没有事件驱动，就没有图形交互界面。在事件驱动之前程序都使用时间驱动，即一个时间完成触发一段程序。图形界面要求用户鼠标点击一个控件或按下一个按钮即触发一段程序。

事件驱动是图形界面的灵魂。在 Java 中，一旦系统事件发生并传递给一个 java.awt.Event 对象，那么它就会再设法传送给相应的控件，让控件有机会决定怎么处理该事件，这一过程完全是依靠 java.awt.Component 类中 deliverEvent()方法来实现的。

1．键盘事件

一般来说，键盘事件都指向单行文本框和多行文本框等控件，这些控件都有自己的键盘事件处理程序。有时，在程序中想单独接受键盘事件，要求对程序中的控件必须获取焦点，即在屏幕上显示时，把光标停留在输入框上，并不停地闪烁；对于窗体来说就是激活窗体。

当用户按下或松开按键时，都会产生键盘事件。对应的处理方法是 keyDown()和 keyUp()，这两种方法调用的方式相同，区别只在于使用的场合不同。如果将键按住不放解释为一连串相同的输入，则应该用 keyDown 来处理；而将按住不放解释为一个字符输入时，则应该使用 kryUp 来处理。

在 Java 中，对一些特殊键的处理提供了特别的方法，例如 Home、EnD. PageUp、PageDown 和方向键。在其他编程语言中，大多采用根据 ASCⅡ码来判断，但是，不是每个程序员能记住这些编码。Java 中将这些特殊的 ASCⅡ值定义成 Event 类的静态变量。

另外，shift、Ctrl、Alt 三键与其他键相互组合使用，常被定义为特殊用途。在 Java 的 Event 类中还专门提供了 3 个方法 shiftDown()、controlDown()和 metaDown()来判断它们是否被按下。实例 4-1 是一个键盘驱动的演示程序，它演示了接受普通键和一些特殊键。例程使用了 Applet 技术，关于 Applet 将在第 12 章详细介绍。为了能使实例 4-1 正常运行，必须编写一段 HTML 文件来引用它，详细代码见实例 4-2，程序控制台输出如图 4-1 所示。

实例 4-1　键盘事件驱动程序

```
//文件名：KeyDoenEvent.java
//键盘事件演示
import java.awt.*;

public class KeyDownEvent extends java.applet.Applet{
  /*
  *方法说明：检测键盘按下事件
  *输入参数：Event evt 捕获事件
  *输入参数：int key 键值
  *返回变量：boolean
  *其他说明：
  */

  public  boolean keyDown(Event evt,int key){
    //按下的是f
    if(key=='f'){        System.out.println("key down f");     }
    //按下的是左键
    else if(key==Event.LEFT){   System.out.println("key down LEFT Key!");     }

    //按下的是右键
    else if(key==Event.RIGHT){  System.out.println("down Right key");    }
    //按下的是Home键
    else if(key==Event.HOME){  System.out.println("down HOME key");      }
    //按下的是End键
    else if(key==Event.END){  System.out.println("down END key");    }
    //按下的是PageUp键
    else if(key==Event.PGUP){    System.out.println("down PageUp key");      }
    //按下的是PageDown键
    else if(key==Event.PGDN){   System.out.println("down PageDown key");     }
    //按下了shift键
    else if(evt.shiftDown()){  System.out.println("down Shift key");    }
    //按下了Alt键
    else if(evt.metaDown()){   System.out.println("down Alt key");    }
    //按下了Ctrl件
    else if(evt.controlDown()){  System.out.println("down Ctrl key");  }
   return true;
  }
}
```

实例 4-2　引用键盘事件 HTML 文件代码

```
<html>
<head>
<title></title>
</head>
<body>
  <APPLET code="KeyDownEvent.class" height=300 width=300>
  </APPLET>
</body>
</html>
```

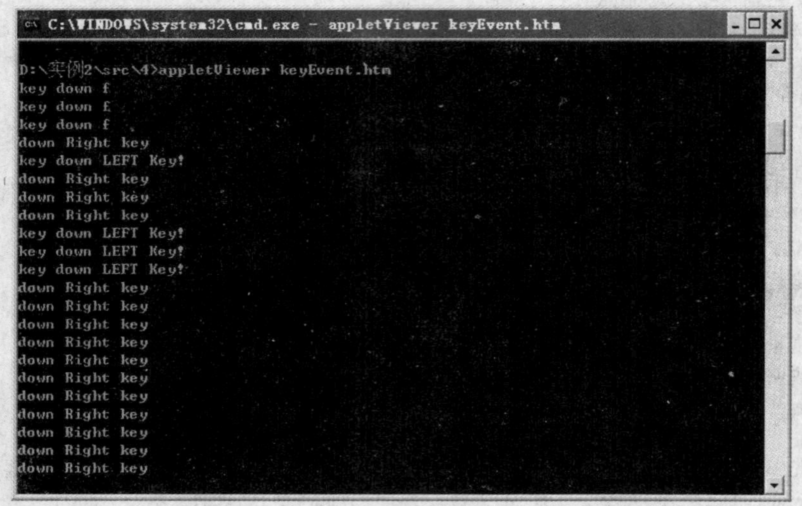

```
C:\WINDOWS\system32\cmd.exe - appletViewer keyEvent.htm

D:\实例2\src\4>appletViewer keyEvent.htm
key down f
key down f
key down f
down Right key
key down LEFT Key!
down Right key
down Right key
down Right key
key down LEFT Key!
key down LEFT Key!
key down LEFT Key!
down Right key
down Right key
down Right key
down Right key
down Right key
down Right key
down Right key
down Right key
down Right key
down Right key
down Right key
```

图 4-1　键盘事件演示输出

注意： 本章引用 Applet 所编写的 html 代码基本相同，只须将实例 4-2 中的 KeyDownEvent.class 改为相应的类名即可。以后将不再列出这类代码，请读者自己更改。

2. 鼠标事件

鼠标事件可分为点击、移动、进入窗口和离开窗口等。鼠标的点击又分为鼠标按下和释放两种情况，这些事件可以通过 processMouseEvent(MouseEvent e)或 processMouseMotionEvent(MouseEvent me)方法来完成。

在初始化时，需要使用方法 enableEvents(MouseEvent.MOUSE_MOVED)或 enableEvent(MouseEvent.MOUSE_MOVED)来激活鼠标事件。

实例 4-3 演示了鼠标的按下、释放以及鼠标离开窗口和进入窗口事件。屏幕控制台输出为图 4-2 所示。

实例 4-3　鼠标事件演示程序

```
//文件名：MyMouseEvent.java
//鼠标事件驱动演示
import java.awt.*;
import java.awt.event.*;

public class MyMouseEvent extends java.applet.Applet{
  Point start_position,end_position;
  //初始化
  //将背景设置为白色
  public void init(){
    setBackground(Color.white);//将背景置为白色
    enableEvents(MouseEvent.MOUSE_MOVED);//击活鼠标事件
  }

  /**处理鼠标移动事件,
  *源于:enableEvent(MouseEvent.MOUSE_RELEASED)
```

```
    **/
    public void processMouseEvent(MouseEvent e) {
      System.out.println("x="+e.getX()+";y="+e.getY());
      switch(e.getID()) {
        //鼠标点击事件
        case MouseEvent.MOUSE_CLICKED:
          System.out.println("MOUSE_CLICKED");
          break;
        //鼠标按下事件
        case MouseEvent.MOUSE_PRESSED:
          System.out.println("MOUSE_PRESSED");
          break;
        //鼠标释放事件
        case MouseEvent.MOUSE_RELEASED:
          System.out.println("MOUSE_RELEASED");
          break;
        //鼠标进入窗口事件
        case MouseEvent.MOUSE_ENTERED:
          System.out.println("MOUSE_ENTERED");
          break;
        //鼠标离开窗口事件
        case MouseEvent.MOUSE_EXITED:
          System.out.println("MOUSE_EXITED");
          break;
        default:

        //重新绘制界面
        repaint();
        //将事件处理提交给父类
        super.processMouseEvent(e);

      }
    }
}
```

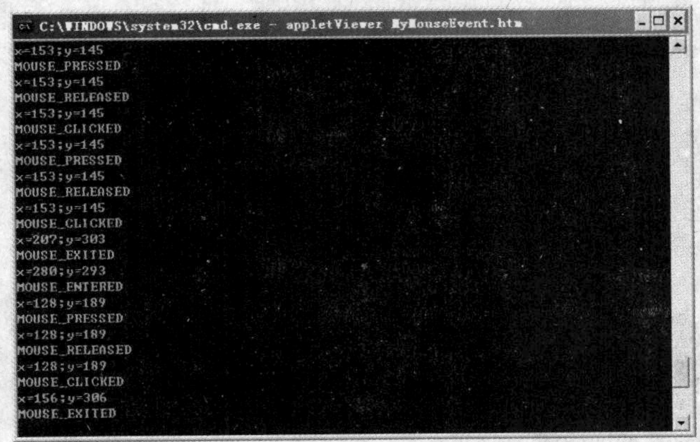

图 4-2　鼠标事件演示输出

3. 动作事件

动作事件是用来响应用户交互时产生的事件。例如用户点击一个按钮、选择一个列表等。JDK 1.5 中有很多的事件监听，如 ActionListener、ItemListener、TextListener 等，读者可以查阅 API，对将使用的组件进行动作监听。根据不同的监听调用其对应的方法进行处理。

实例 4-4 是一个动作事件演示，当点击单选按钮 one 时，输入框 textfield1 和 textfield2 允许进行编辑，但是无法在列表框中选择任何选项；当选择单选按钮 two 时，列表框将被激活，同时输入框 textfield1 和 textfield2 不能进行编辑。由于选择器 Checkbox 只接收 ItemListener 监听，所以这里的类实现了这个接口。使用 appletViewer 运行窗体如图 4-3 所示。

实例 4-4　动作事件演示程序

```
//文件名：MyActionEvent.java
//动作事件演示程序
import java.applet.*;
import java.awt.*;
import java.awt.event.*;

public class MyActionEvent extends Applet implements ItemListener{
   //定义界面使用控件
   CheckboxGroup gp = new CheckboxGroup();
   Checkbox
      checkbox1 = new Checkbox("one",gp,false),
      checkbox2 = new Checkbox("two",gp,true);

   TextField textfield1 = new TextField("textfield1",30);
   TextField textfield2 = new TextField("textfield2",30);
   String[] listElement = {"东","西","南","北"};
   List lst = new List(4,false);

   /**
  *方法说明：初始化，构造界面
  *输入参数：
  *返回类型：void
  *其他说明：
  **/

  public void init(){
    add(checkbox1);
    add(checkbox2);
    //给one添加监听器
    checkbox1.addItemListener(this);

    //给two添加监听器
    checkbox2.addItemListener(this);
    add(textfield1);
    add(textfield2);
    for(int i=0;i<listElement.length;i++){
     lst.add(listElement[i]);
```

```
    }
    add(lst);
  }

 /**
 *方法说明：捕获事件
 *输入参数：ItemEvent evt 捕获的事件
 *返回类型：
 *其他说明：
 **/

  public void itemStateChanged(ItemEvent evt)   {
    Object   source=evt.getItem();
    String cmd = source.toString();
    System.out.println("cmd="+cmd);

    if(cmd.equals("one")){
      //点击单选one
        textfield1.setEnabled(true);
        textfield2.setEnabled(true);
        lst.setEnabled(false);
      }

      else{
        textfield1.setEnabled(false);
        textfield2.setEnabled(false);
        lst.setEnabled(true);
    }
  }
}
```

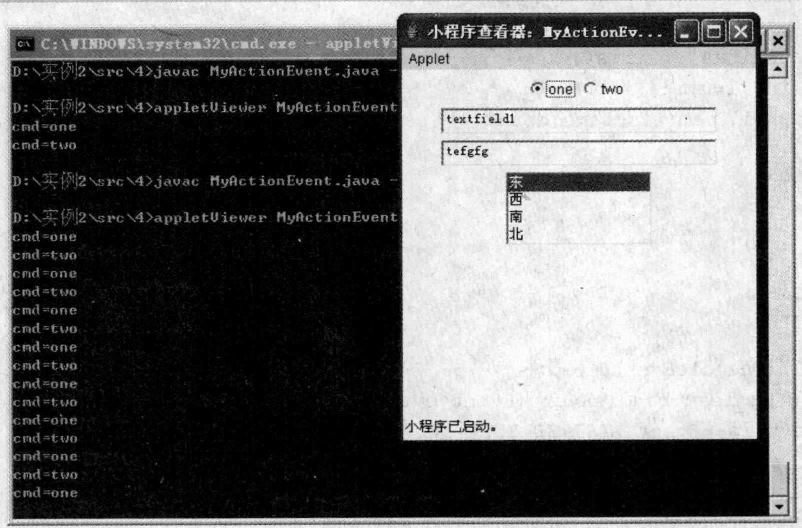

图 4-3　动作事件 Applet 窗体

4．其他事件的处理方式

到目前为止，你看到了 3 种处理事件的方法，实例 4-1 是使用了旧式处理键盘的方法。这种处理方法可以满足程序的要求，但在 JDK 1.2 上则抛弃了，只是为了兼容性而将其保留；实例 4-3 使用覆盖 Applet 的父类 Component 中 processMouseEvent(MouseEvent e)方法来处理；实例 4-4 使用了监听器来获得用户活动事件，这种方法让程序能够有很好地扩展性，它通过实现不同的接口来获得不同类型的事件。

通常会鼓励程序员使用实例 4-4 的方式，但遇到软件改写时，可能还会碰到使用旧式的开发程序，所以这里补充一个实例来增加一点读者的知识。

实例 4-5 是一个重载了 handleEvent 方法的事件驱动程序，它让列表框能够支持单击事件。无论选择还是不选择都会刷新文本域。点击按钮时，则会增加一个新的项目到列表顶部，执行窗体如图 4-4 所示。

实例 4-5　其他事件演示程序

```
//文件名：MyHeadleEvent.java
//其他事件演示
import java.awt.*;
import java.applet.*;

public class MyHeadleEvent extends Applet{
 //定义窗体使用的控件
  String[] listname = {"ASP","C/C++","DLEPH","PHP","JAVA","VB"};
  List lst = new List(4,true);
  TextArea t = new TextArea(listname.length,30);
  Button b = new Button("Up One");
  int count = 0;

  //初始化窗体
  public void init() {
    t.setEditable(false);
    for(int i=0;i<4;i++){
      lst.addItem(listname[count++]);
    }

    add(t);
    add(lst);
    add(b);
  }

  //通过过载handleEvent捕获事件
  public boolean handleEvent(Event evt) {
    if(evt.id==Event.LIST_SELECT||evt.id==Event.LIST_DESELECT){
      if(evt.target.equals(lst)){
        t.setText("");
        String[] items = lst.getSelectedItems();
        for(int i=0;i<items.length;i++)
          t.appendText(items[i]+"\n");
      }else{
```

```
        return super.handleEvent(evt);
      }
    }else{
      return super.handleEvent(evt);
    }
    return true;
  }

  //通过action捕获事件
  public boolean action(Event evt, Object obj) {
    if(evt.target.equals(b)){
     if(count<listname.length)
       lst.addItem(listname[count++],0);
    }else{
      return super.action(evt,obj);
    }
    return true;
  }
}
```

4.1.3 容器与布局管理器

容器是一种可以包含其他控件的 AWT 控件，既然容器也是一种控件，那么它也能被其他的容器所包含。容器包括窗体（Window）和面板（Panel）两类，窗体又包括对话框（Dialog）和框架（Frame）等。其中，面板是使用最多的容器，Applet 就是一种面板。因为从类的继承性来看，Applet 类是 Panel 类的子集。

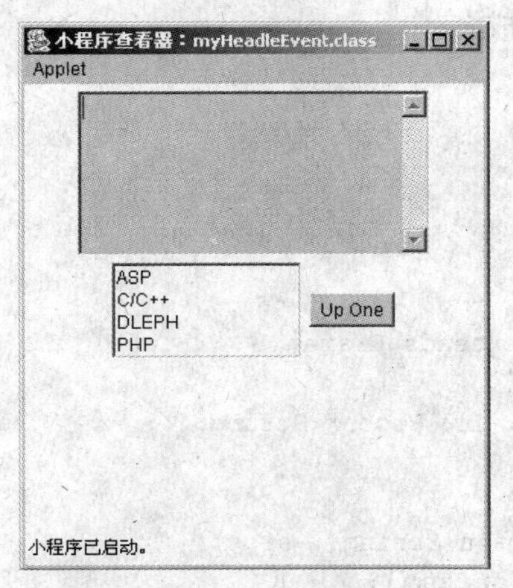

图 4-4　过载 handleEvent 方法 Applet 窗体

有了容器，就需要对放入容器中的控件进行管理，否则显示出来的控件杂乱无章。提供这种功能的就是布局管理器。布局管理器将根据添加到容器中的控件来决定安放控件的位置和大小。在其他语言的用户界面中，每个控件的位置一般是用点坐标来确定的。但是，Java 要考虑不同的操作系统、不同的屏幕设置、不同的字体，使用点坐标来确定位置很难适应各种情况。布局管理器分为流控制（FlowLayout）、栅格控制（GridLayout）、边界控制

（BorderLayout）、卡片控制（CardLayout）以及栅格包控制五类。

4.2 图形、字体和颜色

4.2.1 图形的绘制

很多语言都支持图形处理，绘制图形是 Java 的一个基本功能。在 Java 中画线和画多边形就像显示文本一样容易，只是需要 Graphics 和 Graphics2D 对象来定义绘图的外观，表示要画什么对象。

可以将 java.awt.Graphics 支持的非特性方法划分为 3 个常规类别之下。

- 跟踪形状轮廓的绘制方法，包括 draw3DRect(), drawArc(), drawBytes(), drawChars(), drawImage(), drawLine(), drawOval(), drawPolygon(), drawPolyline(), drawRect(), drawRoundRect()和 drawString()。
- 填充形状轮廓的绘制方法，包括 fill3DRect(), fillArc(), fillOval(), fillPolygon(), fillRect()和 fillRoundRect()。

诸如 translate()之类的杂项方法，它们将图形环境的起点坐标从缺省值(0, 0)变成了其他值。

请注意，没有对任意形状进行操作的方法。直到 Java 2D 出现为止，图形操作一直是很有局限的。

还需注意的是，对于渲染具有属性的文本也没有直接提供支持，显示格式化文本是一项费事的任务，需要手工完成。

实例 4-6 绘制图形程序

```
//文件名：DrawBox.java
import java.io.*;
import java.awt.*;
import java.util.*;

public class DrawBox extends Frame{
  //保存命令，使用了泛型
  Vector<String> CMD = new Vector<String>();

  //主方法，用于接受输入命令
  public static void main(String[] args){
    DrawBox db = new DrawBox();
    BufferedReader in =
    new BufferedReader(new InputStreamReader(System.in));

    while (true) {
      try {
        System.out.print("INPUT:");
        String sCMD = in.readLine();
```

```
        if(sCMD.equals("exit"))
          System.exit(1);
        else
          db.update(sCMD);
      }
      catch (Exception e) {
        e.printStackTrace();
        System.exit(1);
      }
    }
  }

  //构造器，显示窗体
  DrawBox(){
    super("DrawBox Example");
    setSize(500, 400);
    setVisible(true);
  }

  //添加图形，重新绘制图形
  public void update(String sCMD){
     CMD.addElement(sCMD);
     repaint();
  }

  //绘制图形
  public void paint(Graphics gs){
    Insets insets = getInsets();
    int x = insets.left, y = insets.top;
    for(int vc=0;vc<CMD.size(); vc++){

      //获取输入命令
      String sCMD = CMD.elementAt(vc);
      if(sCMD!=null){
       String tCMD = sCMD.substring(0,1);
       String vCMD = sCMD.substring(2);
       int i=0;
       int[] iVal = new int[6];
       int fg = vCMD.indexOf(",");

       while(fg>0){
         iVal[i] = Integer.parseInt(vCMD.substring(0,fg));
         i++;
         vCMD = vCMD.substring(fg+1);
         fg = vCMD.indexOf(",");
       }
       iVal[i] = Integer.parseInt(vCMD);

       //绘制线
       if(tCMD.equals("L")){
```

```
          gs.drawLine(x+iVal[0], y+iVal[1], iVal[2], iVal[3]);
        }

        //绘制圆
        if(tCMD.equals("O")){
          gs.drawOval(x+iVal[0], y+iVal[1], iVal[2], iVal[3]);
        }
      }
    }
  }
}
```

实例 4-6 实现了一个绘制图形工具。通过输入命令，可以在画板上绘制所需的图形出来，程序输出如图 4-5 所示。

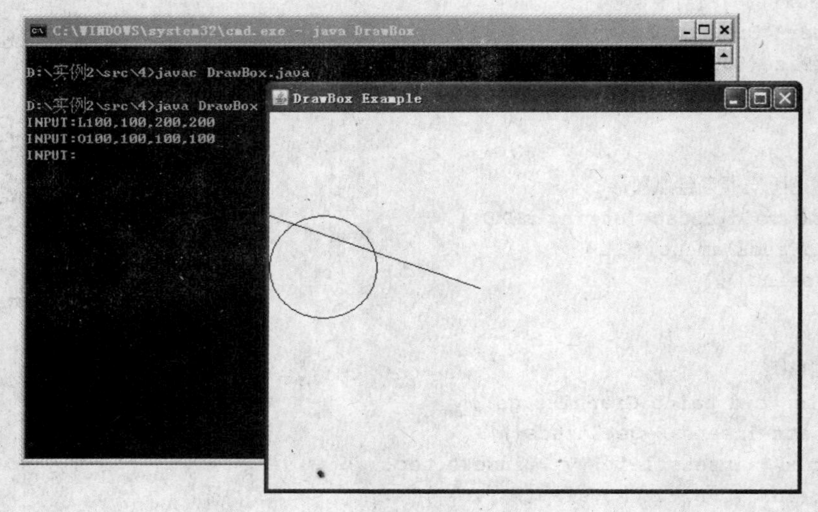

图 4-5　绘制图形

4.2.2　字体的创建及使用

在一个图形界面中，使用不同风格的字体可以增强视觉效果。Java 中需要创建 Font 对象来存储字体信息。

要显示一种字体，需要知道关于字体的 3 件事：字体名称、字体风格、字体大小。

字体名称可以为 Serif、SanSerif、Monospaced。在字体风格中，可以指定一个或多个常量，比如 Font.PLAIN（普通）、Font.BOLD（黑体）、Font.ITALIC（斜体）。

在 Java 中，可以通过几种方法来使用字体：

（1）在一个图形界面上，可以调用组件的 setFont(Font)方法来指定所有要显示文本的字体。

（2）在面版容器中，可以重载 paintComponent(Graphics)方法，并使用 Graphics 对象来设置和显示字体。

（3）在 Applet 窗体中，可以通过重载 paint(Graphics)方法来使用字体。

实例 4-7　字体演示程序

```
//文件名：FontDemo.java
import java.awt.*;
import java.awt.font.*;

public class FontDemo extends Frame{
  //构造器
  FontDemo(){
   Panel p = new Panel();
   String[] fontList = {"Font.PLAIN","Font.BOLD","Font.ITALIC"};
   for(int i=0;i<fontList.length;i++){
     Label l = new Label(fontList[i]);
     Font f = new Font(fontList[i],i,12);
     l.setFont(f);
     p.add(l);
   }
   add(p);
  }

  //主方法
  public static void main(String[] args){
    FontDemo fd = new FontDemo();
    fd.setSize(100,150);
    fd.setVisible(true);
  }
}
```

实例 4-7 演示了使用不同的字体类型。使用标签显示不同的字体，程序显示如图 4-6 所示。

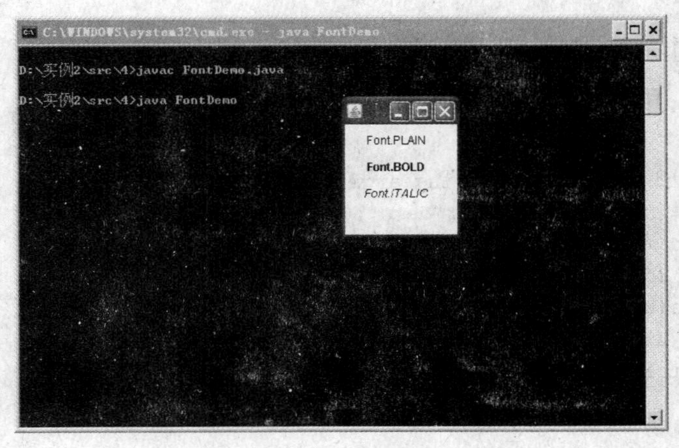

图 4-6　字体演示

4.2.3 颜色也是类

在 Java 中使用颜色的简单方法就是使用一个 Color 类的常量。经常使用的常量有：black、blue、cyan、darkGray、gray、green、lightGray、magentA. orange、pink、reD. white 和 yellow。

在 Applet 中，经常使用这些常量来设置背景，例如：

```
setBackground(Color.red);
```

当要在程序的文字显示中使用颜色时，可以利用容器 paintComponent 的 setColor()方法来实现。

实例 4-8 颜色演示程序

```
//文件名：ColorDemo.java
import java.awt.*;
import java.awt.event.*;
import java.util.*;

public class ColorDemo extends Canvas implements KeyListener {
  int index;
  Color colors[] = {Color.red, Color.green, Color.blue, Color.cyan,Color.gray };

  /*
  *方法说明：绘制颜色
  *输入参数：Graphics g
  *返回类型：void
  */
  public void paint(Graphics g) {
    //设置颜色
    g.setColor(colors[index]);
    //填充窗体
    g.fillRect(0,0,getSize().width,getSize().height);
  }

  /*
  *方法说明：主方法，显示窗体
  *输入参数：
  *返回类型：
  */
  public static void main(String args[]) {
    Frame f = new Frame("Color demo");
    ColorDemo mc = new ColorDemo();
    f.add(mc,BorderLayout.CENTER);
    f.setSize(200, 200);
    mc.addKeyListener(mc);
    f.setVisible(true);
  }

  /*
  *方法说明：接受按键事件，当有键盘按下时触发
  *输入参数：
  *返回类型：
  */
  public void keyTyped(KeyEvent ev) {
    index++;
    if (index == colors.length) {
      index =0;
```

```
    }
    //刷新屏幕
    repaint();
  }

  /*
  *方法说明：接受按键事件，当有键盘按下时触发
  *输入参数：
  *返回类型：
  */
  public void keyPressed(KeyEvent ev) {
  }

  /*
  *方法说明：接受按键事件，当有键盘释放时触发
  *输入参数：
  *返回类型：
  */
  public void keyReleased(KeyEvent ev) {
  }
}
```

实例 4-8 演示了一个设置颜色类，按下任意键，将触发一个 KeyEvent 事件，可以调用 keyTyped 方法来处理这个事件，它将显示的颜色移向下一个。最终调用 repaint()方法，窗体就改变一种颜色。

图 4-7　颜色演示

4.2.4　图像的处理

Java 支持显示 GIF 和 JPEG 格式的图文件，也支持对这些图像的处理。Java 提供了强大的图像处理功能，很多网页特效都使用了 Java 的图像处理功能。对图像的操作这里只给出一个例子提供参考，因为对图像的操作基本与文本类似。

实例 4-9　图像处理演示程序

```
//文件名：ImgDemo.java
import java.awt.*;

public class ImgDemo extends Frame {
  Image image;
  //构造器，显示窗体
  ImgDemo(String filename) {
```

```
        setTitle("drawImage Example");
        try {
          image = getToolkit().getImage(filename);
          setIconImage(image);
        } catch (Exception e) {
          e.printStackTrace();
        }

        setSize(600, 400);
        setVisible(true);
        }
        //绘制图像
        public void paint(Graphics g) {
          Insets insets = getInsets();
          int x = insets.left, y = insets.top;
          int w = image.getWidth(this);
          int h = image.getHeight(this);

          //正常显示图片
          g.drawImage(image, x, y, this);
          //缩小图形
          g.drawRect(x, y, w/4+1, h/4+1);
          g.drawImage(image, x+1, y+1, w/4, h/4, this);
          //水平翻转
          g.drawImage(image, x+w, y, x+2*w, y+h, w, 0, 0, h, this);
        }

        //主方法，接受参数
        public static void main(String[] args) {
          if (args.length == 1) {
              new ImgDemo(args[0]);
          } else {
              System.err.println("usage: java ImgDemo images-name ");
          }
        }
    }
```

4.3 小部件

4.3.1 按钮（Button）

按钮是图形界面最常用的一个控件，例如播放器上的播放、暂停、快进和后退按钮等。点击按钮一般用来触发一个事件，例如弹出一个对话框、执行某个功能。

按钮的制作非常简单，只需要调用 Button 构建器，并指定想在按钮上出现的标签就行了（如果没有指定，系统将使用默认的构建器，但这种情况很少出现）。

Button 常用的方法如下：

- public Button() 定义无标签的按钮，用于不需要提示的按钮或多功能按钮。
- public Button(String lable) 定义指定标签的按钮，String label 为指定标签名。
- public String getLabel() 返回按钮的标签，若无标签，则返回空。
- public synchronized void setLabel(String label) 设置标签的标签为 String lable。
- public void setEnabled(Boolean b) 设置是否激活该按钮，true 为激活。
- public void setVisible(boolean b) 设置是否在屏幕上显示，true 是显示。

实例 4-10 模拟了一个播放器按钮的界面。点击不同的按钮，将产生不同的事件处理。按钮间相互有一定的制约，这很符合实际情况。实例继承自 Frame 类，编译后直接使用 Java 运行，显示窗体为图 4-8 所示。

实例 4-10　播放器按钮程序

```
//文件名：PlayButton.java
//按钮演示程序
import java.awt.*;
import java.awt.event.*;

public class PlayButton extends Frame implements ActionListener{
  Button button_play;
  Button button_pause;
  Button button_stop;
  Button button_record;
  Button button_fast_forward;

  /**
  *方法说明：构造器
  *输入参数：
  *返回类型：
  *其他说明：
  **/

  public PlayButton(){

    //定义窗体环境
    setFont(new Font("Helvetica",Font.BOLD,14));
    setBackground(Color.lightGray);
    setForeground(Color.black);
    setTitle("Player v1.0");

    //注册使用FlowLayout布局管理器
    setLayout(new FlowLayout(FlowLayout.CENTER));

    //定义Button
    button_play = new Button("play");
    button_pause = new Button("pause");
    button_stop = new Button("stop");
    button_record = new Button("record");
    button_fast_forward = new Button("fast forward");
```

```
    //向窗体中添加Button
    add(button_play);

    //给按钮添加监听器
    button_play.addActionListener(this);

    add(button_pause);
    button_pause.addActionListener(this);

    add(button_stop);
    button_stop.addActionListener(this);
    add(button_record);
    button_record.addActionListener(this);

    add(button_fast_forward);
    button_fast_forward.addActionListener(this);

    //初始化按钮状态，true为此按钮可以使用，false为按钮不能使用
    button_play.setEnabled(true);
    button_pause.setEnabled(false);
    button_stop.setEnabled(false);
    button_record.setEnabled(false);
    button_fast_forward.setEnabled(false);

    //初始化窗体大小
    pack();

    //添加关闭窗口监听
    addWindowListener(new WindowAdapter() {
            public void windowClosing(WindowEvent e) {
              System.exit(0);
            }
    });

    //显示窗体
    setVisible(true);
  }

  /**
  *方法说明：构造器
  *输入参数：String title 窗体标题
  *返回类型：
  *其他说明：
  **/

  public PlayButton(String title){
    super(title);
  }

  /**
```

```
*方法说明：捕获事件
*输入参数：ActionEvent evt 捕获的事件
*返回类型：
*其他说明：
**/

public void actionPerformed(ActionEvent evt) {
  String  source=evt.getActionCommand();
  System.out.println("source="+source);

  //对事件进行处理
  if("play".equals(source)){
   button_play.setEnabled(false);
   button_pause.setEnabled(true);
   button_stop.setEnabled(true);
   button_record.setEnabled(true);
   button_fast_forward.setEnabled(true);
  }

  if("pause".equals(button_pause)){
   button_play.setEnabled(true);
   button_pause.setEnabled(false);
   button_stop.setEnabled(true);
   button_record.setEnabled(false);
   button_fast_forward.setEnabled(false);
  }

  if("stop".equals(button_stop)){
   button_play.setEnabled(true);
   button_pause.setEnabled(false);
   button_stop.setEnabled(false);
   button_record.setEnabled(false);
   button_fast_forward.setEnabled(false);
  }

  if("record".equals(button_record)){
   button_play.setEnabled(false);
   button_pause.setEnabled(false);
   button_stop.setEnabled(true);
   button_record.setEnabled(true);
   button_fast_forward.setEnabled(true);
  }

  if("fast forward".equals(button_fast_forward)){
   button_play.setEnabled(false);
   button_pause.setEnabled(true);
   button_stop.setEnabled(true);
   button_record.setEnabled(true);
   button_fast_forward.setEnabled(true);
  }
```

```
    }

    /**
    *方法说明：主方法，程序入口
    *输入参数：
    *返回类型：
    *其他说明：
    **/

    public static void main(String[] args){
      new PlayButton();
    }
}
```

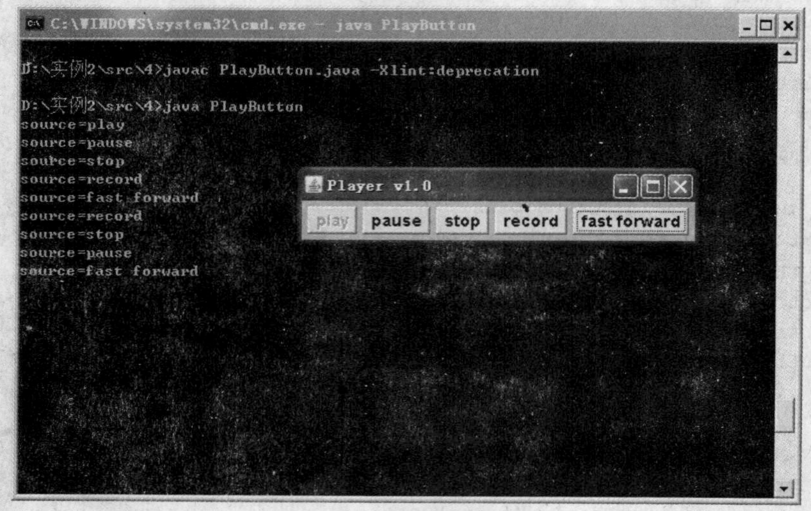

图 4-8　播放器按钮窗体

4.3.2　检查盒（Checkbox）

检查盒包括复选框和单选按钮。复选框可选择多个对象，而单选按钮只能在众多对象中选择一个。其实，AWT 并没有单独描述单选按钮的类，而是使用复选框组来实现。将复选框放置在单选按钮组中，但必须使用一个特殊的构建器，使之像一个自变量一样作用在 checkboxGroup 对象上。

Checkbox 类的常用方法：

- public Checkbox()　创建没有标签的检查盒，初始状态为 off，即为不选中。
- public Checkbox(String label)　创建具有 Steing lable 标签的检查盒。
- public checkbox(String label,boolean state)　创建一个指定标签和状态的检查盒。String label 指定的标签，boolean state 指定的状态。
- public CheckboxGroup()　该方法属于 CheckboxGroup 类，构建检查盒组。
- public Checkbox(String label,Boolean state,CheckboxGroup group)　创建一个指定标签、指定状态、归属于 CheckboxGroup group 的检查盒，一般使用于创建单选

按钮。

- public Checkbox getSelectedCheckbox()　返回检查盒组中当前被选择的检查盒。
- public void setSelectedCheckbox(Checkbox box)　该方法属于 CheckboxGroup 类，用于设置检查盒组中的检查盒为指定检查盒。
- public void setCheckboxGroup(CheckboxGroup g)　设置检查盒归属于 CheckboxGroup 检查盒组。
- public boolean getState()　返回该检查盒的状态，选中为 true，反之为 false。
- public Boolean setState()　设置检查盒的状态，true 为选中，false 为不选。

实例 4-11 是一个检查盒的演示程序，实例中使用了面板和管理控制器，这将在以后介绍。程序并不复杂，编译后运行窗体为图 4-9 所示。

实例 4-11　播放器按钮程序

```
//文件名：MyCheckbox.java
//检查盒演示
import java.awt.*;
import java.awt.event.*;

public class MyCheckbox extends Frame implements ItemListener{
  //定义使用控件
  TextArea t = new TextArea(6,20);
  Checkbox cb1 = new Checkbox("check box 1");
  Checkbox cb2 = new Checkbox("check box 2");
  Checkbox cb3 = new Checkbox("check box 3");
  CheckboxGroup g = new CheckboxGroup();
  Checkbox gcb1 = new Checkbox("one",g,false);
  Checkbox gcb2 = new Checkbox("two",g,true);
  Checkbox gcb3 = new Checkbox("three",g,false);

  //构造器，初始化界面
  public MyCheckbox(){
    //设置标题
    setTitle("MyCheckbox");
    //定义控制器
    setLayout(new GridLayout(2,1));
    //定义面板
    Panel p1 = new Panel();
    Panel p2 = new Panel();

    //添加控件到p1面板
    p1.setLayout(new GridLayout(6,1));
    p1.add(cb1);
    cb1.addItemListener(this);
    p1.add(cb2);
    cb2.addItemListener(this);
    p1.add(cb3);
    cb3.addItemListener(this);
    p1.add(gcb1);
    gcb1.addItemListener(this);
```

```
    p1.add(gcb2);
    gcb2.addItemListener(this);
    p1.add(gcb3);
    gcb3.addItemListener(this);
    add(p1);

    //添加控件到p2面板
    p2.add(t);
    add(p2);
    //显示窗体
    pack();
    //添加关闭窗口监听
    addWindowListener(new WindowAdapter() {
            public void windowClosing(WindowEvent e) {
              System.exit(0);
            }
     });

    //显示窗体
    setVisible(true);
  }

  /**
  *方法说明：构造器
  *输入参数：String title 窗体标题
  *返回类型：
  *其他说明：
  **/
  public MyCheckbox(String title){
    super(title);
  }

  /**
  *方法说明：事件处理
  *输入参数：ItemEvent evt事件源
  *返回类型：
  *其他说明：
  **/
  public void itemStateChanged(ItemEvent evt) {
    Object source=evt.getSource();
    System.out.println("cmd="+source.toString());
    if(source == cb1){
      t.append("box 1 \n");
    }else if(source == cb2){
      t.append("box 2 \n");
    }else if(source == cb3){
      t.append("box 3 \n");
    }else if(source == gcb1){
      t.append("group box 1 \n");
    }else if(source == gcb2){
```

```
        t.append("group box 2 \n");
      }else if(source == gcb3){
        t.append("group box 3 \n");
      }
    }

    /**
    *方法说明：主函数，程序入口
    *输入参数：
    *返回类型：
    *其他说明：
    **/
    public static void main(String[] args){
      new MyCheckbox();
    }
  }
```

4.3.3 选项菜单（Choice）

选项菜单是一个下拉的列表，它提供了多个选项，但是只能选择其中一项。功能类似于单选按钮。但占用的空间小。

Choice 类中的常用方法如下：

- public Choice()　创建选择框，初始化时无选择项。
- public synchronized void addItem(String item)　向选择框里添加指定项目，String item 指定项目。
- public int getItemCount()　返回当前选择框中被选择项的总数。
- public String getItem(int index)　返回指定索引的选项，int index 为指定索引次序。
- public int getSelectedIndex()　返回当前选定选项的索引次序。
- public synchronized void insert(String item,int index)　向选择框中插入选项，int index 是指定插入的位置，String item 是插入的选项。
- public synchronized void select(String str)　设置选中的选项，String str 指定选项。

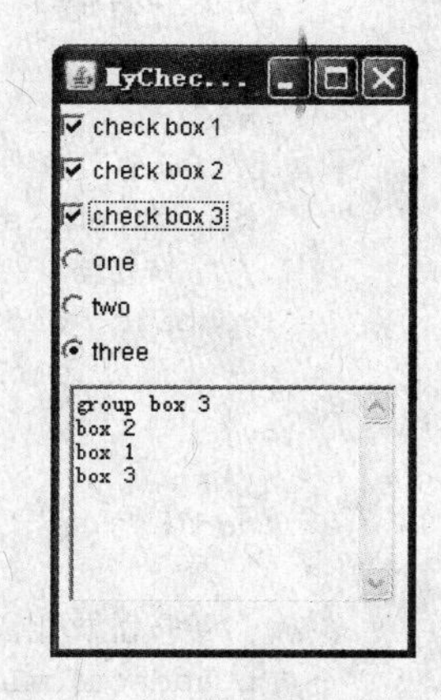

图 4-9　检查盒演示窗体

实例 4-12 是一个选择菜单演示程序。选择框从一个确定的输入数组开始，当按下按钮时，新的输入数组被添加到框里。程序编译后运行窗体如图 4-9 所示。

实例 4-12　选择菜单程序

```
//文件名：MyChoice.java
//下拉菜单演示程序
import java.awt.*;
import java.awt.event.*;

public class MyChoice extends Frame{
  //定义控件
```

```
    String[] listname = {"小学","初中","高中","中专","大专","本科"};
    TextField t = new TextField(30);
    Button b = new Button("添加");
    Choice c = new Choice();
    int count = 0;

    /**
    *方法说明：构造器，初始化界面
    *输入参数：
    *返回类型：
    *其他说明：
    **/
    public MyChoice(){
      setTitle("MyChoice");
      setLayout(new GridLayout(3,1));
      t.setEditable(false);
      for(int i=0;i<4;i++){
        c.add(listname[count++]);
      }

      //添加控件
      add(t);
      add(c);
      //给选择菜单添加监听器
      c.addItemListener(new ItemListener(){
      //事件处理
       public void itemStateChanged(ItemEvent evt){
             t.setText("index: "+c.getSelectedIndex()+" "+evt.getItem());
       }
      });
      add(b);

      //给按钮添加监听事件
      b.addActionListener(new ActionListener(){
         public void actionPerformed(ActionEvent evt){
            System.out.println(count+"::"+listname.length);
           if(count<listname.length){
             c.add(listname[count++]);
           }
         }
      });

      //显示窗体
      pack();
      //添加关闭窗口监听
      addWindowListener(new WindowAdapter() {
              public void windowClosing(WindowEvent e) {
                System.exit(0);
              }
       });
```

```
    //显示窗体
    setVisible(true);
  }

  /**
  *方法说明：主函数，程序入口
  *输入参数：
  *返回类型：
  *其他说明：
  **/
  public static void main(String[] args){
    new MyChoice();
  }
}
```

图 4-10　选项菜单窗体

4.3.4　滚动列表（List）

列表和选择框完全不同。它提供的大部分的选择都可见，不可见的部分可以通过滚动列表右边的滚动条来查看。列表可以单选也可以多选，这完全由程序控制。

列表类常用的方法说明如下：

- public List()　创建一个可滚动的列表，初始化为不可见行，而且仅有一个选项。
- public List(int rows)　创建一个指定可见行数的列表，int rows 指定可见行数。
- public List(int rows,Boolean multipleMode)　创建一个指定行数的单复选列表，boolean multipleMode 指定是否可以多选，true 为多选，false 为单选。
- public void addItem(String item,int index)　向列表中的指定位置添加选项，String item 指定选项，int index 指定位置。
- public int getItemCount()　返回列表中的选项总数。
- public synchronized String getSelectItem()　返回选中的选项，该方法使用单选。
- public synchronized String[] getSelectItem()　返回选中的选项，使用多选。
- public synchronized void remove(String item)　删除某个选项，若选项不存在则抛出 IllegalArumentException 异常。
- public synchronized void setMultipleSelections(Boolean b)　设置是不是多选模式，true 为多选，反之为单选。

实例 4-13 演示了一个列表框的操作，编译后运行窗体如图 4-11 所示。

实例 4-13　列表框演示程序

```
//文件名：MyList.java
//列表框演示程序
```

```
import java.awt.*;
import java.awt.event.*;

public class MyList extends Frame implements ActionListener{
  //定义控件
  String[] listname = {"小学","初中","高中","中专","大专","本科","硕士","博士"};
  List lst = new List(6,true);
  TextArea t = new TextArea(listname.length,30);
  Button b = new Button("添加");
  int count = 0;

  //初始化控件
  public  MyList(){
    setTitle("MyList");
    setLayout(new GridLayout(3,1));
    t.setEditable(false);
    for(int i=0;i<4;i++){
      lst.add(listname[count++]);
    }
    add(t);
    add(lst);
    lst.addActionListener(this);
    add(b);
    b.addActionListener(this);

    //显示窗体
    pack();
    //添加关闭窗口监听
    addWindowListener(new WindowAdapter() {
            public void windowClosing(WindowEvent e) {
              System.exit(0);
            }
     });

    //显示窗体
    setVisible(true);
  }

  //事件处理
  public void actionPerformed(ActionEvent evt){
    Object source=evt.getSource();
    if(source == lst){
      t.setText("");
      String[] items = lst.getSelectedItems();
      for(int i=0;i<items.length;i++)
        t.append(items[i]+"\n");
    } else if(source == b){
      if(count<listname.length)
        lst.add(listname[count++],0);
    }
```

```
    }

    //main方法
    public static void main(String[] args){
      new MyList();
    }
}
```

4.3.5　滚动条（Scrollbar）

滚动条是用来体现显示区域外的不可见部分的工具，可以根据方向分为上下滚动条和左右滚动条。

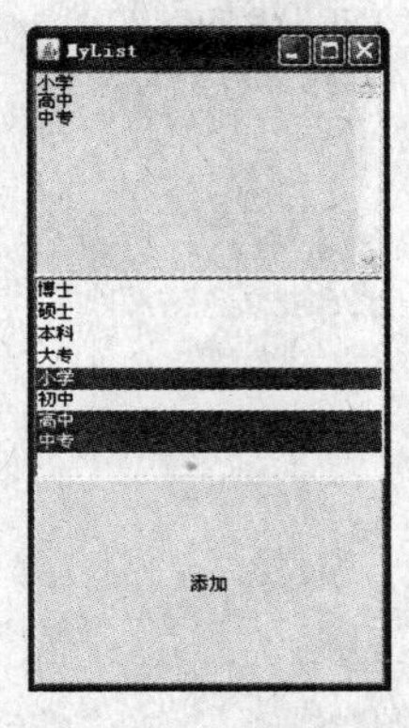

图 4-11　列表窗体

Scrollbar 类的常用方法如下：

- public Scrollbar()　创建一个上下方向的滚动条，初始位置为最上方，可见分辨率为 10，最小值为 0，最大值为 100。
- public Scrollbar(int orientation)　创建一个指定方向的滚动条，int orientation 指定方向。orientation 值可为 horizontal（左右）或 vertical（上下）。
- public Scrollbar(int orientation,int value,int visible,int minimum, int maximum)　创建一个指定的滚动条，int orientation 指定方向，int value 指定当前位置，int visible 指定滑块长度，int minimum 指定最小值，int maximum 指定最大值。
- public void setMaximum(int newMaximum)　设置滚动条最大值。
- public void setOrientation(int orientation)　设置滚动条方向。
- public void setBlockIncrement(int v)　设置滚动条的单次移动量。
- public int getVisibleAmoumt()　返回滚动条的可见部分值。
- public int getValue()　得到滚动条的位置坐标。
- public void setValue(int newValue)　设置滚动条的位置。

实例 4-14 演示了创建滚动条，继承 Applet，需要编写 HTML 文件，用 AppletViewer 查看窗体如图 4-12 所示。

实例 4-14　滚动条演示程序

```
//文件名：MyScrollbar.java
```

```
//滚动条演示
import java.applet.*;
import java.awt.*;
import java.awt.event.*;

public class MyScrollbar extends Applet implements AdjustmentListener{
  //定义滚动条
  public Scrollbar scrollbar1,scrollbar2;
  //事件处理
  public void adjustmentValueChanged(AdjustmentEvent e) {
    //左右滚动条
    if(e.getSource()==scrollbar1){
     System.out.println("=="+e.getValue());
    }

    //上下滚动条
    if(e.getSource()==scrollbar2){
     System.out.println("---"+e.getValue());
    }
  }

  //初始化窗体
  public void init(){
    setBackground(Color.lightGray);
    setForeground(Color.black);
    setLayout(new BorderLayout());
    scrollbar1 = new Scrollbar(Scrollbar.HORIZONTAL,0,10,0,100);
    scrollbar1.addAdjustmentListener(this);
    scrollbar2 = new Scrollbar(Scrollbar.VERTICAL,0,10,0,100);
    scrollbar2.addAdjustmentListener(this);
    add(scrollbar1,"South");//左右滚动条
    add(scrollbar2,"East");//向下滚动条
    setVisible(true);
  }
}
```

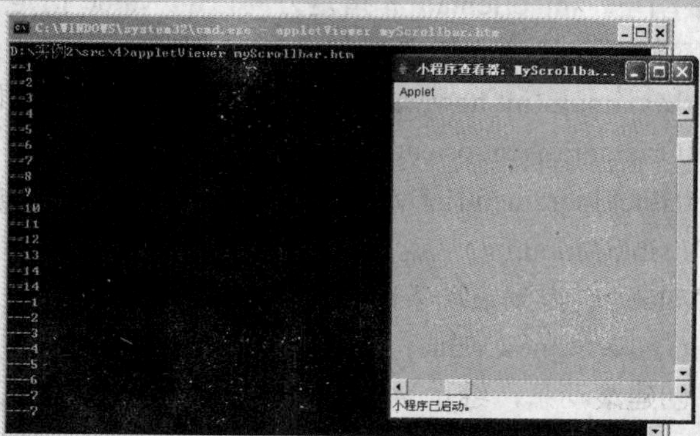

图 4-12　滚动条演示

4.3.6　标签（Label）

标签用来显示静态文本，不能进行编辑，一般起提示或注视的作用；默认标签的文本是左对齐。

Label 类的常用方法如下：

- public Label()　创建一个空标签，以后可用 setText()方法设置显示文本。
- public Label(String text)　创建一个指定文本的标签，String text 为显示文本。
- public Label(String text,int alignment)　创建一个指定标签，String text 指定显示文本，int alignment 对齐方式。alignment 值可为 left（左对齐）、right（右对齐）、center（居中）等。
- public synchronized void setText(String text)　设置标签显示文本。
- public String getText()　获取标签文本。

4.3.7　文本字段（TextField）

文本字段允许用户输入和编辑一个单行文本，继承自文本组件类。

TextField 类的主要方法如下：

- public TextField()　创建一个默认文本字段，初始值为空。
- public TextField(int columns)　创建指定显示宽度的文本字段，int columns 指定显示宽度。
- public TextField(String text,int columns)　创建一个指定文本，指定显示宽度的文本字段。String text 指定文本，int columns 指定宽度。
- public synchronized void setColumns(int columns)　设置显示宽度。若数字为复数，则抛出 IllegalArgumentException 异常。
- public void setEchoChar(char c)　设置输入文本的显示字符，该方法常用来隐蔽输入的情况，例如密码。
- public void getEchoChar()　返回输入文本的显示字符，常与 setEchoChar(char c)方法配合使用。

4.3.8　文本域（TextArea）

文本域是多行文本编辑组件，对处理大量的文本编辑使用。默认会有一个上下滚动条和左右滚动条，文本域继承自文本组件类。

TextArea 类的主要方法如下：

- public TextArea(int row,int columns)　创建指定行数和列数的多行文本域，初始化文本为空，int row 指定行数，int columns 指定列数。
- public TextArea(String text,int rows,int columns)　创建一个指定的文本域。String text 指定文本内容，int rows 指定行数，int columns 指定列数。
- public TextArea(String text,int rows,int columns,int scrollbar)　创建指定的文本域，String text 指定文本，int rows 指定行数，int columns 指定列数，int scrollbar 指定滚动条类型，scrollbar 值可为 scrollbars_both（双向）、scrollbars_ horizontal_only

（水平）、scrollbars_vertical_only（垂直）或 scrollbars_neither（取消）等。

- public void append(String str)　向文本末尾追加文本，String str 为追加的文本。
- public void insert(String str,int pos)　指定位置插入文本，int pos 指定位置。
- public void replaceText(String str,int start,int end)　指定将矩形文本替换成行文本。

由于文本域和文本字段都继承自文本组件，所以文本域中的 set 和 get 方法与文本字段基本相同，这里不再讲述。

4.4 容器

4.4.1 框架（Frame）

框架就是带有标题和边框的顶级窗口，框架的默认布局管理器为 BorderLayout。

Frame 类中常用的方法如下：

- public Frame()　创建一个没有标题的默认布局管理器的框架。
- public Frame(String title)　创建一个指定标题的框架，String title 指定标题。
- public void dispose()　销毁创建的框架，并释放其所占的资源。
- public synchronized void setResizable(Boolean resizable)　设置框架是否可以被改变其外观尺寸。
- public synchronized void setTitle(String title)　重新设置框架标题，String title 为指定的框架标题。
- public void setSize(int width,int herght) 改变框架的外观尺寸，int width 指定宽度，int herght 指定高度。

值得说明的是，使用 Frame 的两个方法创建的窗口都是不可见窗口，只有使用 Frame 类的父类 windows 中的 show 和 pack 之一后，才能在屏幕上显示出窗口来。

4.4.2 面板（panel）

面板是一个简单的容器类。一个面板提供装载其他组件的空间，包括装载其他面板，面板的默认布局控制器是 FlowLayout。

Panel 的主要方法如下：

- public Panel()　创建一个默认布局管理器的面板。
- public Panel(LayoutManager layout)　创建一个指定布局管理器的面板，LayoutManager layout 为指定的布局管理器。

4.5 布局管理器

容器仅仅记录其包含的控件，而布局管理器则指明了容器中控件的位置和尺寸大小。通过布局管理器，只需要告知放置的控件同其他控件的相对位置即可，这有助于用户实现软件的平台无关性。AWT 提供了 5 种类型的布局管理器。

4.5.1 流控制（FlowLayout）

将组件按从左到右而后从上到下的顺序依次排列，一行不能放完则折到下一行继续放置。根据对齐方式不同，类控制分为：居中、左对齐和右对齐 3 种，和 Word 软件的对齐方式一样。

FlowLayout 类常用的方法如下：

- public FlowLayout()　创建一个流控制，对齐方式默认为居中，水平和垂直方向均为五格。
- public FlowLayout(int align)　创建一个指定对齐方式的流控制，int align 可定义值为 left（左对齐）、right（右对齐）和 center（居中）。
- public FlowLayout(int align,int hgap,int vgap)　创建一个新指定的流管理器，int align 指定对齐方式，int hgap 指定水平和垂直间隔距离。
- public int getAlignment()　返回该流控制器的对齐方式。
- public void setHgap(int hgap)　设置水平间隔距离。
- public void setVgap(int vgap)　设置垂直间隔距离。

4.5.2 栅格控制（GridLayout）

类似于一个无框线的表格，每个单元格中放一个组件。将控件安放的位置如同矩阵一样，主要用来等间隔布局各控件。

GridLayout 类的常用方法如下：

- public GridLayout(int rows,int cols)　创建一个指定行数的栅格控制，int rows 和 int cols 分别指定行数及列数。
- public GridLayout(int rows,int cols,int hgap,int vgap)　创建一个指定行列数和间隔距离的栅格控制。
- public Gridlayout()　创建一个默认栅格控制，默认为单行单列，间隔为零。

4.5.3 栅格包控制（GridBagLayout）

栅格包非常灵活，在将容器划分成网格的基础上，可指定组件放置的具体位置以及占用网格数目。栅格非常复杂，栅格包管理每个控件都有一个相应的约束（GridBagConstraints）对象，栅格包用这个对象来布局控件的位置。使用栅格包之前都要实例化一个约束对象，并对每个控件设置实例变量，这些变量代表约束条件，其变量定义如下：

- 显示区域的初始化坐标　gridx，gridy 设置放置控件的网格单元的初始坐标，起始值为零。如果使用系统缺省值 GridBagConstraintsRELATIVE，那么这个控件将被添加到刚才放置控件的正右边或正下边。
- 显示区域大小　gridwidth，gridheight 以网格单元为单位设置控件显示的宽度和高度，缺省值为 1。使用 GridBagConstraints.remainder 可以设置这个控件是本行（相对 gridwidth）或本列（相对 gridheight）中最后一个。使用 GridBagConstraints.relative

将控件放置在本行或本列的倒数第二个。

- 填充方式　当显示区域大于控件实际尺寸时，fill 使之如何重新安排控件的大小。可使用的值有 GridBagConstints.none（不扩展）、GridBagConstraints.horizontal（水平方向扩展）、GridBagConstraints.vertical（垂直方向扩展）和 GridBagConstraints.both（四周完全扩展）。
- 间隔设置　ipadx，ipady 设置控件之间的间隔，控件之间横向的间隔为 ipadx×2 像素，纵向之间的间隔为 ipadx×2 像素。insets 设置容器边缘与控件之间的间隔。
- 放置方式　当控件的尺寸比显示区域小时，anchor 设置放置控件的位置，其值有 GridBagConstraints.north、GridBagConstraints.south、GridBagConstraints.west、GridBagConstraints.east、GridBagConstraints.northwest、GridBagConstraints.northeast、GridBagConstraints.southwest、GridBagConstraints.southeast 和 GridBagConstraints.center。
- 占用方式　当屏幕大小改变时，weightx 和 weighty 用来设置怎样分配空白空间。缺省为 0，即所有控件都集中在容器中央。

GridBagLayout 类的常用方法如下：

- public GridBagLayout()　创建一个栅格包控制管理器。
- public void setConstraints(Component comp,GridBagConstraints constrainsts)　设置控件的约束对象。

实例 4-15 演示了使用栅格包创建窗体，实例在窗体上放置了 10 个按钮，并使用不同的约束条件，运行窗体为图 4-13 所示。

实例 4-15　栅格包控制演示程序

```
//文件名：GridBagEx.java
//栅格包控制器演示程序；继承Applet。提供main方法，可以直接运行
import java.awt.*;
import java.util.*;
import java.applet.Applet;

public class GridBagEx extends Applet {
    //添加按钮
    protected void makebutton(String name,
                              GridBagLayout gridbag,
                              GridBagConstraints c) {
        Button button = new Button(name);
        gridbag.setConstraints(button, c);
        add(button);
    }

    //初始化
    public void init() {
        GridBagLayout gridbag = new GridBagLayout();
        GridBagConstraints c = new GridBagConstraints();
        setFont(new Font("Helvetica", Font.PLAIN, 14));
        setLayout(gridbag);
```

```
        c.fill = GridBagConstraints.BOTH;
        c.weightx = 1.0;
        makebutton("Button1", gridbag, c);
        makebutton("Button2", gridbag, c);
        makebutton("Button3", gridbag, c);

        c.gridwidth = GridBagConstraints.REMAINDER; //结束一行
        makebutton("Button4", gridbag, c);
        c.weightx = 0.0;       //重新设置为默认值
        makebutton("Button5", gridbag, c); //另起一行
        c.gridwidth = GridBagConstraints.RELATIVE; //倒数第二个
        makebutton("Button6", gridbag, c);

        c.gridwidth = GridBagConstraints.REMAINDER; //结束一行
        makebutton("Button7", gridbag, c);
        c.gridwidth = 1;
        c.gridheight = 2;
        c.weighty = 1.0;
        makebutton("Button8", gridbag, c);
        c.weighty = 0.0;
        c.gridwidth = GridBagConstraints.REMAINDER; //结束一行
        c.gridheight = 1;
        makebutton("Button9", gridbag, c);
        makebutton("Button10", gridbag, c);
        setSize(300, 100);
    }

    /**
    *主函数，程序入口
    **/

    public static void main(String args[]) {
     //窗体类
      Frame f = new Frame("GridBag Layout Example");
     GridBagEx ex1 = new GridBagEx();
     ex1.init();
     f.add("Center", ex1);
     f.pack();
     f.setSize(f.getPreferredSize());
     f.setVisible(true);
    }
}
```

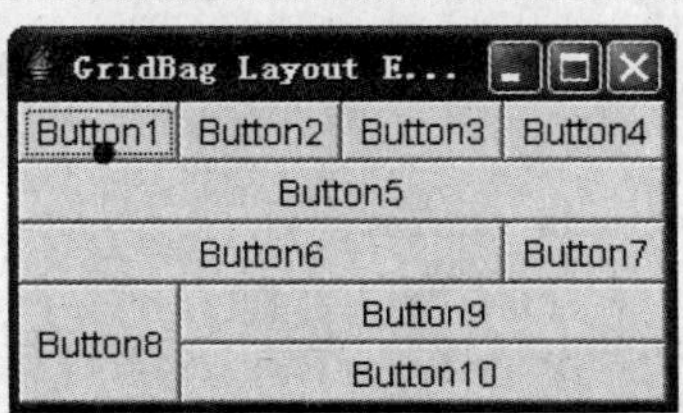

图 4-13　栅格包演示窗体

4.5.4 边界控制（BorderLayout）

将组件按东、南、西、北、中 5 个区域放置，每个方向最多只能放置一个组件，通过使用静态变量可以识别其方位：north、south、east、west 和 center。也就是说，该布局控制器只能安放 5 个控件，因此多数和面板嵌套使用。

BorderLayout 类的常用方法如下：

- public BorderLayout()　创建一个默认边界控制器，控件间隔为零。
- public BorderLayout(int hgap,int vgap)　创建一个指定间隔的边框控制器，int hgap 为水平间隔，int vgap 为垂直间隔。
- public float getLayoutAlignmentX(Container parent)　返回父容器的水平方向的对齐方式。
- public float getLayoutAlignmentY(Container parent)　返回父容器的垂直方向的对齐方式。
- public void setHgap(int hgap)　设置水平间隔。
- public void setVgap(int vgap)　设置垂直间隔。

实例 4-16 是一个边框控制演示，它将 5 个按钮分别安放在边框控制的 5 个区域。使用 Applet，运行后窗体为图 4-14 所示。

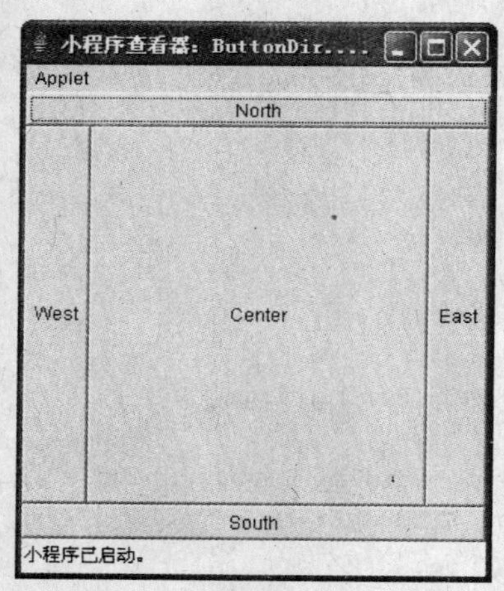

图 4-14　边框控制器演示输出窗体

实例 4-16　边框控制演示程序

```
//文件名：ButtonDir.java
//边框控制器演示程序；继承Applet。
import java.awt.*;
import java.applet.Applet;

public class ButtonDir extends Applet {
  public void init() {
    setLayout(new BorderLayout());
    add(new Button("North"), BorderLayout.NORTH);
    add(new Button("South"), BorderLayout.SOUTH);
```

```
    add(new Button("East"), BorderLayout.EAST);
    add(new Button("West"), BorderLayout.WEST);
    add(new Button("Center"), BorderLayout.CENTER);
  }
}
```

4.5.5 卡片控制 (CardLayout)

卡片控制将控件放置在容器里面，并将容器看成是一个卡片。可以通过点击卡片标签来显示不同的容器。

CardLayout 类的常用方法如下：

- public CardLayout()　创建一个默认的卡片控制器。
- public CardLayout(int hgap,int vgap)　创建一个指定间隔的卡片控制器，int hgap 及 int vgap 指定的水平和垂直间隔距离。
- public void frist(Container parent)　在指定的容器中显示第一张卡片，Container parent 是指定容器。
- public void next(Container parent)　在指定的容器中显示下一张卡片。
- public void last(Container parent)　在指定的容器中显示最后一张卡片。
- public show(Container parent,String name)　显示指定的卡片，String name 为指定卡片名。
- public void addLayoutComponent(String name,Component comp)　向指定的容器中添加卡片，String name 为添加卡片的名字。

实例 4-17 演示了一个卡片控制器，按不同的按钮显示不同的面板。程序执行窗体如图 4-15 所示。

实例 4-17　选项卡程序

```
//文件名：CardlayoutEx.java
//卡片控制演示程序
import java.awt.*;
import java.applet.Applet;
import java.awt.event.*;

class AddButton extends Panel{
  AddButton(String s){
   setLayout(new BorderLayout());
   add("Center",new Button(s));
  }
 }

public class CardlayoutEx extends Applet implements ActionListener{
  Button first = new Button("first"),
  second = new Button("second"),
  third = new Button("third");
  Panel cards = new Panel();
  CardLayout cl = new CardLayout();
```

```
    //初始化界面
    public void init(){
      setLayout(new BorderLayout());
      Panel p = new Panel();
      p.setLayout(new FlowLayout());
      p.add(first);
      first.addActionListener(this);
      p.add(second);
      second.addActionListener(this);
      p.add(third);
      third.addActionListener(this);
      add("North",p);
      cards.setLayout(cl);

      cards.add("First card",new AddButton("the frist one"));
      cards.add("second card",new AddButton("the second one"));
      cards.add("third card",new AddButton("the third one"));
      add("Center",cards);
    }

    public  void actionPerformed(ActionEvent evt)  {
      if(evt.getSource()==first){
        cl.first(cards);
      }
      else if(evt.getSource()==second){
        cl.first(cards);
        cl.next(cards);
      }
      else if(evt.getSource()==third){
        cl.last(cards);
      }
    }
}
```

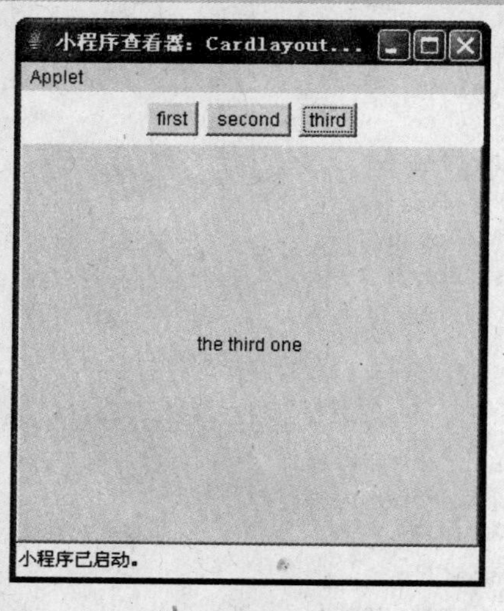

图 4-15　选项卡演示输出窗体

4.6　小结

本章介绍图形的基本知识。AWT 是图形界面的基础，充分了解 AWT 是做好图形界面的保证。

AWT 分为很多部分，主要有容器、基本组件、绘图和容器管理器。每个部分完成相应的功能。容器是装载其他组件或容器的元素，常见的容器包括 Frame、window、Plane 等。从继承关系上看，传统的 Applet 也是一个容器。

基本组件是实现图形界面的必备构建，每个组件有其触发的事件，这些组件包括按钮、标签、单行文本域、多行文本域和列表框等。有了容器和组件，如何将组件安放到容器中就是容器管理器的任务。

4.7　练习

1．填空题

（1）AWT 相当复杂而且非常大，以至被编制为一个主包（java.awt）和 4 个辅助包（________、________、________和________）。

（2）当用户按下或松开按键时，java.awt.Event 对象都会产生键盘事件。对应的处理方法是________和________。两种方法调用的方式相同。

（3）鼠标事件可分为点击、移动、进入窗口和离开窗口等。鼠标的点击又分为鼠标按下和释放两种，这些事件可以通过实现________或________　方法来完成。

（4）JDK 1.5 中有很多的事件监听，例如：________、________、________等。

（5）布局管理器分为________、________、________、________、________五类。

（6）容器是装载其他组件或容器的元素。常见的容器包括______、______、______等。

（7）如果一个 Java 程序实现了监听接口 ActionListener，则该程序的最开头必须引用类包________。

（8）假若一个按钮产生了一个 ActionEvent 事件，则事件监听器会将该事件传递给______方法来进行事件处理。

（9）Frame 窗体的默认布局方式是________。

（10）________类把容器划分成东、西、南、北、中 5 个区域。

2. 选择题

（1）激活按钮的方法是:

A. setEnabled(Boolean b)　　B. setVisible(boolean b)
C. setLabel(String label)　　D. setEnabled()

（2）获取检查盒状态的方法是:

A. setState()　　B. getState()　　C. getVisible()　　D. setLayout ( )

（3）包含可单击按钮的类的 Java 类库是哪个?

A. AWT　　B. Swing　　C. 二者都有　　D. 二者都没有

（4）容器被重新设置大小后，哪种布局管理器的容器中的组件大小不随容器大小的变化而改变?

A. CardLayout　　B. FlowLayout　　C. BorderLayout　　D. GridLayout

（5）如果希望所有控件在界面上均匀排列，应使用下列哪种布局管理器

A. BoxLayout　　B. GridLayout　　C. BorderLayout　　D. FlowLayout

3. 思考题

（1）是否可以将一个 panel 放入另一个 panel 中?

（2）边界管理器最多能放几个控件?

4. 上机题

（1）编写一个图形绘制程序，实现以下功能:

A. 可以绘制各种类型的图形。
B. 当键盘按下 L 键时托动鼠标绘制直线。
C. 当键盘按下 C 键时托动鼠标绘制圆。

（2）使用 Frame 创建一个图形界面，包括以下功能:

A. 使用 BorderLayout 布局管理器。
B. 在 BorderLayout.WEST 添加列表表框。
C. 在 BorderLayout. CENTER 位置添加一个多行文本域。

第 5 章 Java 异常处理范例

本章学习目标

- ◆ 理解异常的概念
- ◆ 掌握异常的处理
- ◆ 创建自己的违例

任何程序员都无法保证自己的程序能一次性通过编译和运行，而且不会在运行时出现许多没有想到的错误。在以往的程序设计中，程序员常常利用返回值来处理错误。例如程序执行出错返回-1，然后再执行相应的处理程序，或输出一些错误信息。很显然，这里存在一个问题。

在调用的程序模块中到底哪行命令出错，出了什么错，都不得而知。Java 语言提供了强大的错误处理功能。在 Java 中把错误称为异常或违例。Java 中的异常是事件驱动，使得 Java 能实时地监测异常的产生。为实现违例，Java 专门编写了一个类 java.lang.Throwable。

5.1 处理异常

5.1.1 异常分类

异常类可分为两大类型：Error 类代表编译和系统的错误，不许捕获；Exception 类代表标准 Java 库方法所激发的异常。Exception 还包含运行异常类 Runtime_Exception 和非运行异常 Non_RuntimeException 两个直接的子类。

运行异常对应于编程错误，指 Java 程序在运行时产生的由解释器引发的各种异常。运行异常可能出现在任何地方，而且出现的频率很高。为了避免巨大开销，编译器不对异常进行检查，所以 Java 语言中运行异常不一定被捕获。运行异常包括算数异常（比如被 0 除）、下标异常（比如数组越界）等。出现运行错误往往意味着代码有错误。

下面列出 Java 语言中定义的运行异常：

- ■ ArithmeticException 程序中出现了除零等算数异常。
- ■ ArrayIndexOutOfBoundException 访问数组元素的下标越界。
- ■ ClassCastException 试图把某个对象强制成类 A，而该对象不是 A 类的实例，也不是类 A 的子类的实例。
- ■ NagativeArraysizeException 程序试图访问一个空数组中的元素，或访问一个空对象中的方法或变量。

- NullPointerException 传给方法的参数非法或引用了不合适的对象，该异常类包含两个子类。
- a. IllegalThreadStatementException 线程被请求了当前状态不允许的操作。
- b. NumberFormatExcrption 试图将字符串转化为数值类型，但字符串并没有合适的格式。
- IllegalMonitorStateException 一个线程试图等待或通知没有被封装的线程现象。
- IndexOutOfBoundsException 数组或字符串的索引超出了允许范围。
- SecurityException 违反了安全限制。
- IncompatibleClassChangeError 当一个类的定义被改变时，引用该类的其他类没有被从新编译。
- InternalError 在运行失败做一致性检查时引发的异常。
- OutOfMemoryError 当 Java 虚拟机给新的对象可分配内存时，超出了内存范围，并且不能够通过垃圾收集器获得新的内存。
- UnsatisfiedLinkError 一个被说明的本机方法在运行时不能与某个例程体相连接，则会产生异常。
- 非运行异常是 Non_RuntimeException 及子类的实例，又称为可检测异常。Java 编译器通过分析方法或构造方法中可能产生的结果，检测 Java 程序中是否含有被检测到异常的处理程序，对于每个可能的可检测异常，方法或构造方法的 throws 子句必须列出该异常对应的类。在 Java 的标准包 java.lang、java.uitl 和 java.net 中定义的异常都是非运行异常。

在 java.lang 包中：

- ClassNotFoundException 找不到指定名字的类或界面。
- CloneNotSupportedException 对象引用 Object 类的 Clone()方法，但该类对象并没有实现 Cloneable。
- IllegalAccessException 试图访问另一个包中的类的方法时，该方法在类中并没有被定义为 public。
- InstantiationException 使用 Class 类的 newInstance()方法试图创建类的实例时，由于指定的类为界面、抽象类、数组而不能创建。
- InterruptedException 当一个线程正在等待时，另一个线程中断了这个线程。

在 java.io 包中：

- EOFException：在正常的输入操作完成之前遇到了文件结束。
- FileNotFoundException 找不到指定的文件。
- UTFDataFormatException 不能完成 Java 定义的 UTF 格式的字符串转换。

在 java.net 包中：

- ProtocolException 网络协议有错。
- SocketException 不能正常完成 socket 操作。

- UnknownHostException 网络 host 名字不能转换成网络 IP 地址。
- UnknownServiceException 网络连接不能支持请求的服务。

5.1.2 触发异常

若某个地方发生异常，那么必须保证该异常被捕获，并正确处理。若位于方法内部，并抛出一个异常，那么这个方法会在异常产生过程中退出。若不想一个 throw 离开方法，可在那个方法内部设置一个 try 块来捕获异常。try 块代码如下：

```
try{
  //可能产生异常的代码
}
```

方法本身的异常可以不在方法中直接捕获，而用 throw 语句将它们抛给上层的调用者处理，但是异常必须是 java.lang 包中的可抛出类或其子类的实例。请看演示程序实例 5-1，屏幕输出如图 5-1 所示。

实例 5-1　直接抛出异常演示程序

```
//文件名：DemoThrow.java
public class DemoThrow{
    static void demoException() {
       try{
          //抛出异常
          throw new NullPointerException("haha! ");
       }catch(NullPointerException e){
          //这里捕获了异常
          System.out.println("caught inside demoException!");
          //再抛异常
          throw e;
       }
    }
     public static void main(String[] args){
    try{
      demoException();
    }catch(NullPointerException e){
       System.out.println("in main e="+e);
    }
     }
}
```

Java 提供了一个可以捕获所有异常的异常类 Exception，它可以将所有在 try 块中发生的异常都捕获到。在实际使用中，可将它置于捕获异常的最外层，以防止其他特殊的异常捕获器失效。

对于程序员常用的异常类来说，由于 Exception 类是它们的基类，所以不会捕获太多的信息，但是可以调用来自它的基础类 Throwable 的方法：

- String getMessage()　获取详细信息。
- String toString()　返回对 Throwable 的一段简要说明，其中包括详细的消息（如果有的话）。

- void printStackTrace()　打印出 Throwable。
- void printStackTrace(PrintStream)　打印出 Throwable 和 Throwable 的调用堆栈路径，调用堆栈显示出异常发生的地点的方法调用的顺序。

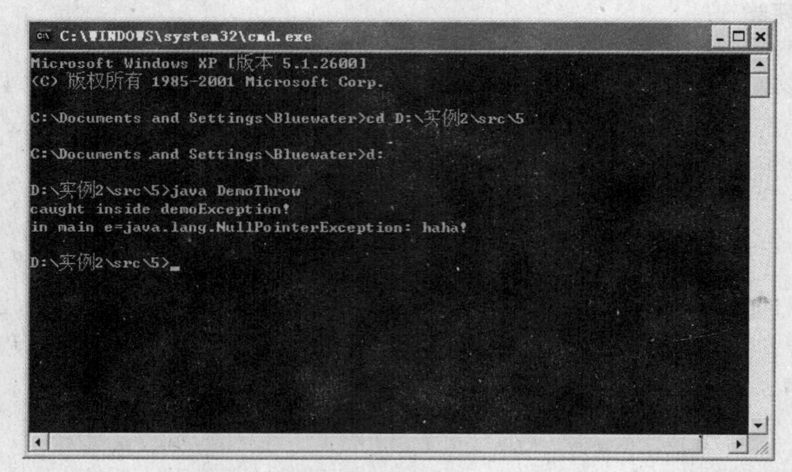

图 5-1　直接抛出异常演示

实例 5-2 调用了上面的方法，图 5-2 为程序输出。

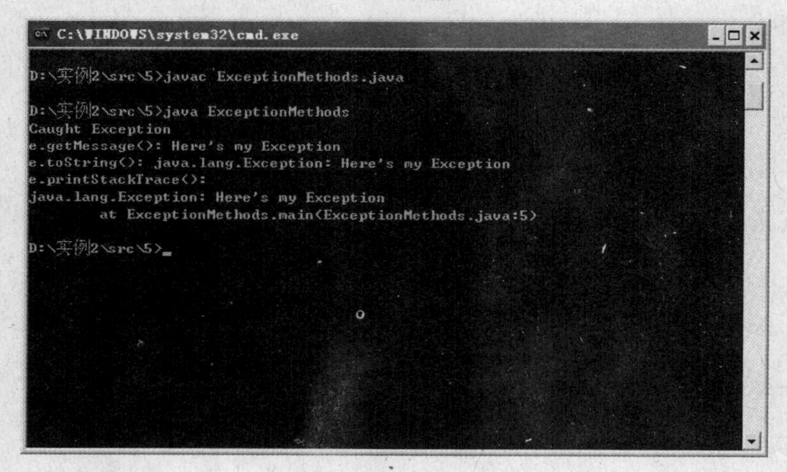

图 5-2　抛出异常获取输出

实例 5-2　获取抛出异常程序

```
//文件名: ExceptionMethods.java
public class ExceptionMethods {
  public static void main(String[] args) {
    try {
      throw new Exception("Here's my Exception");
    } catch(Exception e) {
      System.out.println("Caught Exception");
      System.out.println(
        "e.getMessage(): " + e.getMessage());
      System.out.println(
```

```
        "e.toString(): " + e.toString());
      System.out.println("e.printStackTrace():");
      e.printStackTrace();
    }
  }
}
```

可以看出，该方法连续提供了大量信息，而且每条信息都是前类信息的子集。

5.1.3 创建违例类

当 Java 程序员违例提供一些特定的功能来用 Java 类时，往往需要保证类之间有良好的关系，而且类之间的接口易于理解和实现，此时通常需要定义新的异常类。

为创建自己的违例类，必须从一个现有的违例类型继承。继承一个违例相当的简单，实例 5-3 创建了一个自己的违例类 MyException，输出如图 5-3 所示。

实例 5-3　创建自己的违例程序

```
//文件名：MyOneException.java
//这是自建的违例，通过继承Exception实现。放在这里是为了阅读方便
class MyException extends Exception {
  public MyException() {}
  public MyException(String msg) {
    super(msg);
  }
}

//违例类使用演示程序
public class MyOneException {
  public static void f() throws MyException {
    System.out.println("Throwing MyException from f()");
    throw new MyException();
  }
  public static void g() throws MyException {
    System.out.println("Throwing MyException from g()");
    throw new MyException("Originated in g()");
  }

  public static void main(String[] args) {
    try {
      f();
    } catch(MyException e) {
      e.printStackTrace();
    }
    try {
      g();
    } catch(MyException e) {
      e.printStackTrace();
    }
  }
}
```

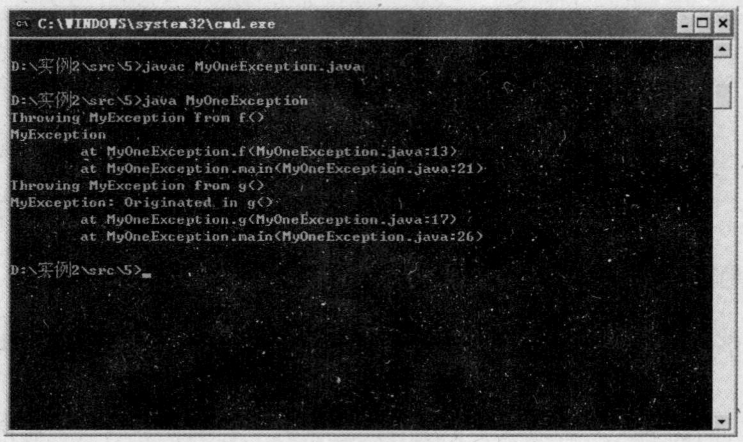

```
C:\WINDOWS\system32\cmd.exe
D:\实例2\src\5>javac MyOneException.java

D:\实例2\src\5>java MyOneException
Throwing MyException from f()
MyException
        at MyOneException.f(MyOneException.java:13)
        at MyOneException.main(MyOneException.java:21)
Throwing MyException from g()
MyException: Originated in g()
        at MyOneException.g(MyOneException.java:17)
        at MyOneException.main(MyOneException.java:26)

D:\实例2\src\5>_
```

图 5-3　创建违例类

5.1.4　finally 从句

很多的情况下，希望在抛出异常之后做一些善后工作，例如释放内存。为实现这个功能 Java 提供了 finally 从句，完整的违例控制是下面的样子：

```
try {
  // 要保卫的区域：
  // 可能掷出A、B或C的危险情况
  } catch (A a1) {
  // 违例控制器 A
  } catch (B b1) {
  // 违例控制器 B
  } catch (C c1) {
  // 违例控制器 C
  } finally {
  // 每次都会发生的情况
}
```

可以通过捕获不同的违例来达到控制的目的。不管抛出的是什么违例，finally 内的代码都将被执行。实例 5-4 是一个数据库连接程序，重点研究 finally 块的功能。

实例 5-4　finally 块演示程序

```
//文件名：DBCon.java
import java.sql.*;
import java.util.Properties;
import java.util.Vector;

/**
*这是一个数据库连接程序
**/
public class DBCon{
/**
*方法说明：数据库连接
* @String m_DBDriver    :数据库驱动
```

```
     * @String url          :数据库URL连接
     * @String user         :数据库用户名
     * @String key          :登录密码
     * 返回:Connection
     */
     protected static Connection getConn(String m_DBDriver,String url,String user,String
key){
         Connection conn=null;
         try{
           Class.forName(m_DBDriver);
           conn=DriverManager.getConnection(url,user,key);
         }catch (Exception e){
           System.out.println("Exception Was Thrown:"+e.getMessage());
           return null;
         }
         return conn;
       }
     /**

     *方法说明：sql语句执行操作
     *输入参数：String sql 执行的sql语句,Connection getConn 数据连接
     *返回类型：Object
     **/
     protected static Object execute(String sql,Connection getConn) throws SQLException,
Exception {
       java.sql.ResultSet rs = null;
       java.util.Vector vResult = null;
       Connection conn = getConn;
       Statement Stm = conn.createStatement();
       try{
      sql = sql.trim().toUpperCase();
        //select
        rs =Stm.executeQuery(sql);
        int columnCount = rs.getMetaData().getColumnCount();
        vResult = new Vector();
        while(rs.next())
         {
          java.util.Vector vTemp = new Vector();
          for(int i = 0;i< columnCount;i++)
           {
          String sTemp = rs.getString(i+1);
          vTemp.addElement(sTemp== null ? "" : sTemp.trim());
           }
          vResult.addElement(vTemp);
         }
        rs.close();
        }catch(Exception e1){
            System.out.println("select error;"+e1);
            throw e1;
       }
```

```
        //在执行失败后释放数据连接资源
        finally{
        if(conn!=null)
           conn.close();
        }
        return vResult;
      }

      //主方法，用来测试本类使用
        public static void main(String[] args){
           System.out.println("Hello World!");
           String m_DBdriver = "oracle.jdbc.driver.OracleDriver";
           String dURL = "jdbc:oracle:thin:@127.0.0.1:1521:ORCL";
           String USR = "test";
           String PWD = "test";
           try{
                  //创建连接
             Connection conn = getConn(m_DBdriver,dURL,USR,PWD);
                 //执行数据库操作
             Vector rs = (Vector)execute("SELECT * FROM tab",conn);
                 System.out.println("rs成功!: "+rs);
           }catch (Exception e){
             System.out.println("Exception Was Thrown:"+e.getMessage());
           }
        }
      }
```

实例的 execute 方法建立了一个数据库连接，并执行 select 操作。如果在执行 select 操作中出现违例，则数据库连接将会一直打开，所以必须使用 finally 块来关闭这个连接。

5.2 使用违例的建议

为了写出健壮的代码，Java 语言要求，当一个方法在栈（即它已经被调用）上发生 Exception（它与 Error 或 RuntimeException 不同）时，该方法必须决定：如果出现问题，该采取什么措施。

程序员可以做满足该要求的两件事：

（1）通过将 try{} … catch(){}块纳入代码中。在捕获器被命名为属于某个超类的异常，并调用方法处理它。即使 catch 块是空的，也算是处理情况。

（2）让被调用的方法表示它将不处理异常，而且该异常将被抛回到它所遇到的调用方法中。它使用 throws 子句来标记被调用方法，例如：

```
public void troublesome()  throws IOException
```

关键字 throws 之后是所有异常的列表，方法可以抛回到它的调用程序中。尽管这里只显示了一个异常，如果有成倍可能的异常出现，则可以通过该方法被抛出；多个异常可以使用逗号分开。

是选择处理还是选择声明一个异常取决于是否给你自己或你的调用程序一个更合适的候选的办法来处理异常。

5.3 小结

本章简述了 Java 中违例的类型和产生违例的方法，讲解了如何获取违例。通过继承，可以创建自己的违例。

通过先进的错误纠正和恢复机制，可以有效地增强代码的健壮程度。对于每个程序员来说，违例处理是必须重视的。

5.4 习题

1. 填空题

(1)在 Java 中把错误称为________或________。Java 中的异常是事件驱动，这使得 Java 能实时地监测异常的产生。为实现违例，Java 专门编写了一个类________。

(2) 异常类可分为两大类型：__________、__________。

(3) Exception 还包含______________和______________两个直接的子类。

(4) 在 Java 语言中，异常捕获包括那三部分：__________、________、_________。

(5) _________代表了编译和系统的错误，不许捕获。

(6) __________异常类是指传给方法的参数非法或引用了不合适的对象。

(7) 为创建自己的违例类，必须从一个现有的____________继承。

(8) 在异常处理过程中，一个 try 程序块可以对应________个 catch 块。

2. 选择题

(1) 下面创建异常类的正确方法是：

A. class MyException extends Exception

B. class MyException extends NullPointerException

C. class MyException extends Panl

D. class MyException extends Exception

(2) 打印异常的堆栈方法为：

A. print()　　B. getMessage()　　C. printStackTrace()　　D. toString()

（3）下面程序块是必须会运行的？

A. try　　B. catch　　C. finally　　D. main(){　}

（4）下面哪种方法声明必须对其进行违例捕获？

A. public void main(){　}

B. public void test() throws Exception{ }

C. public static void test() {　}

D. public static void test() extends Exception{ }

（5）创建自己的异常类，需要继承下面哪个类？

A. String　　B. Exception　　C. Throwable　　D. Panl

（6）要创建异常类，可以实现的接口是：

A. String　　B. Exception　　C. Throwable　　D. Panl

3．思考题

（1）获取多个违例时，Exception 违例安放的位置？

（2）如何看待违例处理的重要性？

4．上机题

创建一个自己的违例，当发生违例时，产生一个违例代码，并且通过代码查询到具体的信息。

第 6 章　Java 图形开发范例

本章学习目标

- 了解 Swing 基本元素的实现
- 掌握 Swing 各组件间的搭配和图形设计
- 掌握创建跨平台的图形界面
- 掌握事件处理机制

很多初学者会问，Java 中不是有 AWT 类来完成图形工作吗，为什么还要创建创建一个 Swing 呢？对这个问题最直接的回答是，AWT 在夸平台时不好用，会出现大量的错误，致使一度出现了第三方图形组件。因此，SUN 重新书写了 AWT，并发布到 Java 1.1 中，使得 AWT 有了很大的改进，但仍然有许多问题。于是，在 Netscape 的 IFC 基础上，结合 AWT 的优点，编写出完善而稳定的 Swing，并且发布于 Java 1.2 中。

Swing 包含 250 多个类，是组件和支持类的集合。Swing 提供了 40 多个组件，是 AWT 组件的 4 倍。除提供替代 AWT 重量组件的轻量组件外，Swing 还提供了大量有助于开发图形用户界面的附加组件。Swing 相当深奥，本章无法让读者完全理解，但将介绍如何使用 Swing 进行图形开发。

6.1　SWING 图形

下由于 SWING 不是为了替代 AWT 而产生的，因此很多情况下还要使用 AWT 的类，比如容器管理，在 SWING 中没有重写这部分。

以前 AWT 开发的图形界面很容易修改，只要简单地放一个 J 到 AWT 组件的每个类名即可。

6.1.1　SWING 容器

容器在 SWING 中得到了很好的扩展，而且添加了许多的容器类，例如 JRootPane、JLayeredPane、JTabbedPane、JSplitPane 等。

本节将介绍常用的几个容器。

1. JWindow（窗口）类

窗口是最基本的组件。事实上，java.awt.Window 是 Frame 和 Dialog 的超类。窗口没有边框、标题栏或菜单栏，而且不能调整其大小。

窗口最好的应用是在其他组件上的一个无边矩形区域内显示某些内容。像 Office 系列软件，启动时都会显示一个版本信息窗口。

实例 6-1 创建一个窗口程序

```
//文件名: MyWindows.java
import javax.Swing.*;
import java.awt.*;

public class MyWindows {
   JWindow window = new JWindow();
   MyWindows(String sText){
    Dimension dim = Toolkit.getDefaultToolkit().getScreenSize();
    //定义标记显示信息
    JLabel jb = new JLabel(sText,JLabel.CENTER);
    //添加组件到窗口
    window.getContentPane().add(jb, BorderLayout.CENTER);
    // 设置窗口尺寸
    window.setSize(300, 100);
     //设置窗口显示位置
    int w = window.getSize().width;
    int h = window.getSize().height;
    int x = (dim.width-w)/2;
    int y = (dim.height-h)/2;
    //移动窗口到X,Y坐标
    window.setLocation(x, y);
  }

  //隐藏窗体
  public void hidden(){
    window.setVisible(false);
  }

  //显示窗体
  public void show(){
    window.setVisible(true);
  }

  public static void main(String[] args){
    MyWindows JW = new MyWindows("RIVERWIND 制造 V1.00");
    JW.show();
    //显示延时
    Thread td = new Thread();
    try{
     td.sleep(10000);
    }catch(InterruptedException ie){
      System.out.println("sleep error!!");
    }
    JW.hidden();
  }
}
```

实例 6-1 创建了一个窗口，使用构造器方法将版本信息输出到窗体的标签上，并且使用了一个线程来让窗体显示一段时间后再自动消失。具体应用时完全可以使用其他控制方式来隐藏或显示这个窗口，比如应用软件的初始化结束，图 6-1 是实例 6-1 执行显示。

图 6-1 一个简单的窗口

2. JFame（窗体）类

窗体是一个带有边框、标题栏、菜单的图形容器，它也是图形开发时不可缺少的容器之一。JFrame 继承了 AWT 中的 Frame 类，但是和 Frame 不同，JFrame 在响应客户关闭窗体时，默认的简单方式是隐藏这个窗体，要改变这种方式可以调用方法 setDefaultCloseOperation(int)来实现。

实例 6-2 创建窗体程序

```
//文件名: MainFrame.java
import javax.Swing.*;
import java.awt.*;

public class MainFrame{
  public static void main(String[] args){
    // 创建一个frame
    JFrame frame = new JFrame("MyEditer");
    // 创建一个面板
    JPanel panel = new JPanel();
    panel.add( new JLabel("Field 1:"));
    // 添加面板到窗体
    frame.getContentPane().add( "Center", panel );
    // 得到默认操作
    int op = frame.getDefaultCloseOperation();
    System.out.println("op="+op);
    // 设置关闭窗体
    frame.setDefaultCloseOperation(JFrame.EXIT_ON_CLOSE);
    frame.pack();
    //显示窗体
    frame.setVisible( true );
  }
}
```

实例 6-2 简单地创建了一个窗体，只在窗体面板中添加了一个标签，作为演示使用。从实例 6-2 看出，JFrame 的使用方法和 Frame 基本相似，只是添加组件到窗体要调用 getContentPane，而不是直接添加到窗体上。

3. JInternalFrame/JDesktopPane（内部窗体和桌面）

和许多图形开发语言一样，Swing 提供了实现多文档界面（MDI）应用程序的一系列组件。MDI 应用程序是用一个窗口实现的，这个窗口是应用程序中创建的文档桌面，这里所说的桌面和操作系统所指的桌面不是一个对象。

Swing 提供了带桌面的 MDI 功能和内部窗体，其中桌面由 JDesktopPane 类实现，内部窗体由 JInternalFrame 类实现。内部窗体在桌面上，并且可以在桌面内打开、关闭、最大化和图标化。Swing 提供了一个 DesktopManager 类，可以用这个类来实现桌面上的内部窗体的特定界面样式行为。

实例 6-3 在桌面内创建内部窗体程序

```
//文件名: Desktop.java
import java.awt.*;
import javax.Swing.*;

public class Desktop{
  public static void main(String[] args){
    //创建内部窗体
    boolean resizable = true;
    boolean closeable = true;
    boolean maximizable  = true;
    boolean iconifiable = true;
    String title = "Frame Title";
    JInternalFrame  iframe  =  new  JInternalFrame(title,  resizable,  closeable,
maximizable, iconifiable);

    // 初始化尺寸
    int width = 200;
    int height = 50;
    iframe.setSize(width, height);

    // 显示内部窗体
    iframe.setVisible(true);
    // 添加一个文本域到窗体
    iframe.getContentPane().add(new JTextArea());

    // 添加内部窗体到桌面
    JDesktopPane desktop = new JDesktopPane();
    desktop.add(iframe);

    // 显示桌面
    JFrame frame = new JFrame();
    frame.getContentPane().add(desktop, BorderLayout.CENTER);

    //关闭窗口
    frame.setDefaultCloseOperation(JFrame.EXIT_ON_CLOSE);
    frame.setTitle("myEdit V1.00");
    frame.setSize(300, 300);
    frame.setVisible(true);
  }
}
```

实例 6-3 演示了如何创建一个内部窗体。首先定义内部窗体的属性，然后在窗体中添加了一个文本域，接着将内部窗体添加到桌面上。再定义一个 Frame，并将桌面添加到 Frame 中。运行这个实例，图 6-2 为运行结构窗体，可以看出这个实例已经有点编辑器的雏形了。

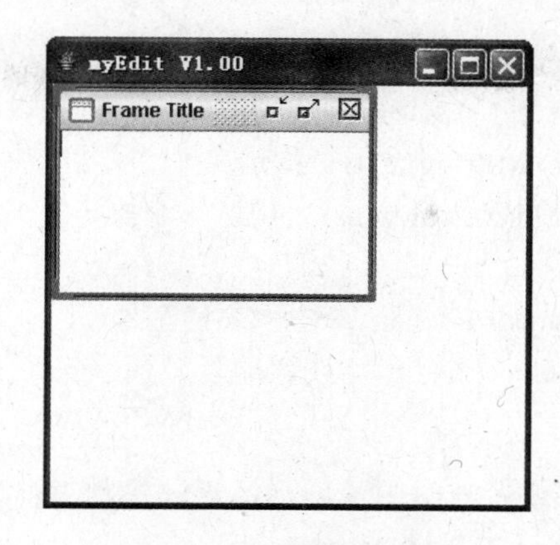

图 6-2　内部窗体和桌面

6.1.2 文字输入

1．单行文本域

单行文本域是一个可编辑一行文本的轻量级组件，它使用了 JTextField 类，提供对单行文本的编辑操作。

JTextField 类的常用构造器和方法如下：

- public JTextField()　构造一个新的单行文本域。
- public JTextField(String text)　构造一个有初始文字的单行文本域。
- public JTextField(int columns)　构造一个空的单行文本域，且指定长度。
- public void setDocument(Document doc)　设置输入文本内容。
- public void setFont(Font f)　设置文本显示字体。

2．多行文本域

多行文本域用来编辑多行文本，以便进行大量的文字编辑处理。这类文本域常用作编辑器的主窗口，和 AWT 中的多行文本域使用基本一样。

JTextArea 类使用的主要方法如下：

- public void append(String str)　向文本域追加文字。
- public void replaceRange(String str,int start,int end)　替换指定开始字节到结束字节之间的文字，str 为要替换的文本。
- public void setColumns(int columns)　设置文本域列宽。
- public void setFont(Font f)　设置文本域内显示字体。
- public void setRows(int rows)　设置文本域显示行数。

3．密码域

密码域自然是用来输入密码的文本域。密码域继承自单行文本域，所以密码域只显示单行输入框。但是，和单行文本域不同的是密码域输入的文字不会正常地显示出来，而是使用其他字符代替，例如在 Windows XP 系统中默认使用●来替代。可以通过调用 setEchoChar(char c)来更改显示字符，密码域的作用是防止别人观看你输入的文字信息。

JPasswordField 类常用的构造器和方法如下：

- public JPasswordField()　构造一个默认的密码域。
- public JPasswordField(String text)　构造一个指定的密码域，text 为初始文本。
- public JPasswordField(int columns)　构造一个指定列数的密码域，columns 为指定列宽。
- public char[] getPassword()　获取密码域字节。
- public void setEchoChar(char c)　设置显示替代字符。

4. 标签

标签用来显示一段文字或者一个图片，标签无法接收键盘的信息输入，只能作为其他元件的提示，和 AWT 的使用基本相同。

JLabel 类常用构造器和方法如下：

- public JLabel()　构造一个空白的 JLabel 组件。
- public JLabel(Icon image)　构造一个含有 Icon 的 JLabel 组件，Icon 的默认排列方式是 CENTER。
- public JLabel(Icon image,int horizontalAlignment)　构造一个含有 Icon 的 JLabel 组件，并指定其排列方式。
- public JLabel(String text)　构造一个含有文字的 JLabel 组件，文字的默认排列方式是 LEFT。
- public JLabel(String text,int horizontalAlignment)　构造一个含有文字的 JLabel 组件，并指定其排列方式。
- public JLabel(String text,Icon icon,int horizontalAlignment)　构造一个含有文字与 Icon 的 JLabel 组件，并指定其排列方式，文字与 Icon 的间距的默认值是 4 个像素。
- public void setHorizontalAlignment(int alignment)　设置标签内部组件（包括文字和图标）水平对齐方式。
- public void setVerticalAlignment(int alignment)　设置标签内部组件的垂直方向的对齐方式。
- public void setHorizontalTextPosition(int textPosition)　设置标签内部文字与图标间的水平间距。
- public void setHorizontalTextPosition(int textPosition)　设置标签内部文字与图标间的垂直间距。
- public void setText(String text)　设置标签的文字。
- public void setIcon(Icon icon)　设置标签的图标。

实例 6-4　文本域输入界面程序

```
//文件名：MyTextFieldDome.java
import java.awt.*;
import javax.Swing.*;
import java.awt.event.*;

public class MyTextFieldDome {
```

```
    public static void main(String[] agrs) {
      //构造Frame，设置布局管理器为栅格管理器
      JFrame jF = new JFrame("Test TextField dome");
      jF.getContentPane().setLayout(new GridLayout(3,3));

      //实例使用构件
      JLabel label_Note = new JLabel("max 10 chars");
      JLabel label_User = new JLabel("User Name:");
      JLabel label_PWD = new JLabel("Pass Word:");
      JPasswordField jPD = new JPasswordField();
      JTextField textfield1 = new JTextField(15);
      JLabel label_area = new JLabel("note:");
      JTextArea jta = new JTextArea();

      //添加构件到窗体
      jF.getContentPane().add(label_User);
      jF.getContentPane().add(textfield1);
      jF.getContentPane().add(label_Note);
      jF.getContentPane().add(label_PWD);
      jF.getContentPane().add(jPD);
      jF.getContentPane().add(new JLabel(""));
      jF.getContentPane().add(label_area);
      jF.getContentPane().add(jta);

      //设置单行文本域最大输入长度为10字节
      textfield1.setDocument(new JTFLimitLen(10));
      //关闭窗体
      jF.setDefaultCloseOperation(JFrame.EXIT_ON_CLOSE);
      jF.setSize(300, 500);
      //显示窗体
      jF.pack();
      jF.setVisible(true);
      }
  }
```

实例 6-5　文本域输入内容限制程序

```
//文件名：JTFLinitLen.java
import javax.Swing.text.*;

public class JTFLimitLen extends PlainDocument {
  private int limit;
  // 设置是否大小写转换
  private boolean toUppercase = true;
  //构造器
  JTFLimitLen(int limit) {
    super();
    this.limit = limit;
  }
  //构造器
  JTFLimitLen(int limit, boolean upper) {
```

```
        super();
        this.limit = limit;
        toUppercase = upper;
      }

      //输入字符处理
      public void insertString
        (int offset, String  str, AttributeSet attr)
         throws BadLocationException {
        if (str == null) return;
        if ((getLength() + str.length()) <= limit) {
          if (toUppercase) str = str.toUpperCase();
          super.insertString(offset, str, attr);
        }
      }
    }
```

实例 6-4 和实例 6-5 都是完整的输入文本过滤程序。JTFLimitLen.java 继承自 PlainDocument 类，并定义了文本域使用的 Document 对象，这里构造了限制长度和是否进行大小写的转换。主要程序 jTextFieldDome.java 相当简单，它实例化标签、单行文本域、密码文本域和多行文本域。

图 6-3　内部窗体和桌面

6.1.3 单选与多选

1. 复选框

JCheckBox 类继承自 JToggleButton 类，而 JToggleButton 类是实现一个反选按键，如同以前的机械按键一样，只有按下和放开两种状态。复选框也类似这种功能，只有选择和不选择这两种状态，而且复选框是多个按钮组成一个组列。

JCheckbox 类构造器方法如下：

- public JCheckBox()　构造一个新的 JChcekBox。
- public JCheckBox(Icon icon)　构造一个有图像但没有文字的 JCheckBox。
- public JCheckBox(Icon icon,boolean selected)　构造一个有图像但没有文字的 JcheckBox，且设置其初始状态（有无被选取）。
- public JCheckBox(String text)　构造一个有文字的 JCheckBox。
- public JCheckBox(String text,boolean selected)　构造一个有文字的 JcheckBox，且设置其初始状态（有无被选取）。
- public JCheckBox(String text,Icon icon)　构造一个有文字且有图像的 JCheckBox，

初始状态为不被选取。

- public JCheckBox(String text,Icon icon,boolean selected)　构造一个有文字且有图像的 JCheckBox，且设置其初始状态（是否被选取）。

作为 JToggleButton 的子类，它可以使用 AbstractButton 抽象类里面许多好用的方法，例如 addItemListener()、setText()、isSelected()等。

2. **单选按钮**

- 单选按钮和复选框有所不同，单选按钮只能在其组群内选择一个。在 AWT 中没有单独描述单选按钮的类，而是使用复选框组。在 Swing 中出现了 JRadioButton 类，使用这个类可以定义单选按钮。
- public JRadioButton()　构造一个默认的单选按钮。
- public JRadioButton(Icon icon)　构造一个指定图标的按钮。
- public JRadioButton(Icon icon,boolean selected)　构造一个指定图标的按钮，并且初始化为被选择。
- public JRadioButton(String text)　构造一个指定标题的单选按钮。
- public JRadioButton(String text,Icon icon)　构造一个具有指定标题、指定图标的单选按钮。

很多的情况下，需要为单选按钮分组，必须用到 ButtonGroup 类。这个类位于 javax.Swing 这个包下，ButtonGroup 类的主要功能是：同一时间内只会有一个组件的状态为 on，其他皆为 off，也就是同一时间只有一个组件会被选取。而 ButtonGroup 类可被 AbstractButton 下面的子类所使用，最常被使用的就是 JRadioButton、JradioButtonMenu、Item 与 JtoggleButton 等组件。

3. **列表框**

列表框可以选择一个也可以选择多个，和 AWT 中工作一样，而且应添加一个 String 数组的构造器，但不能自动提供滚动特性。如果要添加滚动功能，实现也相当简单。

Jlist 类的主要构造器和方法如下：

- public JList()　构造一个默认的列表框。
- public JList(Object[] listData)　使用对象数组构造一个指定的列表框，listData 为指定的元素数组。
- public JList(Vector listData)　使用矢量构造一个指定的列表框，listData 为指定的元素。
- public Object getSelectedValue()　获取第一个选择值，如果没有选择则返回 null。
- public Object[] getSelectedValues()　获取选择数据数组。
- public void setListData(Object[] listData)　使用对象数组设置列表元素。
- public void setListData(Vector listData)　使用矢量设置列表元素。

实例 6-6　列表框演示程序

```
//文件名：JListDemo.java
import javax.Swing.*;
import java.awt.event.*;
```

```
import java.awt.*;
import java.util.*;

public class JListDemo extends JPanel  implements ActionListener{
 JButton jb1, jb2;
 JList list;
 int i = 1;

//过载默认构造器
 public JListDemo(){
   Vector data;
   setLayout(new BorderLayout());
   list = new JList();
   list.setModel(new DefaultListModel());
   add(new JScrollPane(list),"Center");//为列表添加一个滚动条
   add(jb1 = new JButton("Add List"), "South");
   add(jb2 = new JButton("Clear All"), "North");
   jb1.addActionListener(this);
   jb2.addActionListener(this);
 }

 public Dimension getPreferredSize(){
   return new Dimension(50, 50);
 }

 public void actionPerformed(ActionEvent ae) {
  if (ae.getSource() == jb1) {
    // 添加对象
    DefaultListModel dlm = (DefaultListModel)list.getModel();
    dlm.addElement((Object) "Item["+Integer.toString(i++)+"]");
  } else {
    // 清除对象
   list.setModel(new DefaultListModel());
  }
 }

 public static void main(String s[]) {
  JFrame frame = new JFrame("JList Dome");
  JListDemo panel = new JListDemo();
  frame.setDefaultCloseOperation(JFrame.DO_NOTHING_ON_CLOSE);
  frame.getContentPane().add(panel,"Center");
  frame.setDefaultCloseOperation(JFrame.EXIT_ON_CLOSE);
  frame.setSize(200,200);
  frame.setVisible(true);
 }
}
```

实例 6-6 演示了列表框。实例中添加了两个按钮：一个是用来给列表添加元素，每按一下会添加一个元素代列表框中。另一个用来清除所有元素，按下后将清除列表框中的所有元素。

6.1.4 滚动条

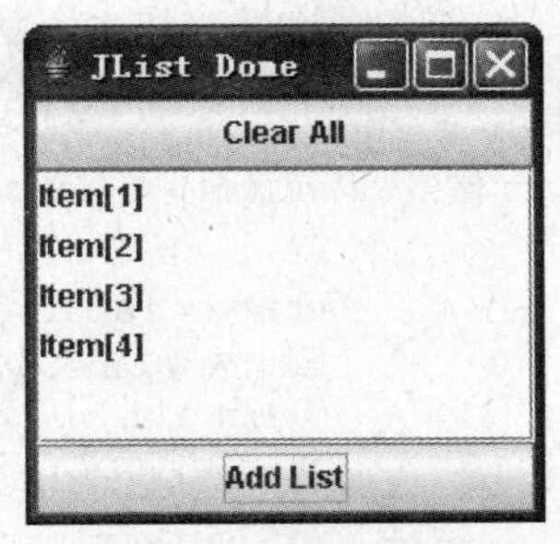

图 6-4　Swing 列表框

JScrollBar 在 Swing 中的滚动条和 AWT 中工作一样。JScrollBar 组件是一个用来实现手动滚动的滚动条。

虽然 Swing 的 JScrollPane 组件提供了文本滚动功能，而且在大多数滚动情况下已经足够用，但是为了性能或资源考虑，还必须实现手动滚动。在这种情况下，可以用 JScrollBar 组件来滚动容器的内容。

实例 6-7　滚动条演示程序

```
//文件名: JScrollBarDemo.java
import java.awt.*;
import java.awt.event.*;
import javax.Swing.*;

/**
*滚动条通过实现AdjustmentListener接口完成滚动条的事件监听
**/
public class JScrollBarDemo implements AdjustmentListener{
  JScrollBar VsclBar;//定义垂直滚动条
  JScrollBar HsclBar;//定义水平滚动条
  JPanel panel1;//定义面版
  JLabel labelV=new JLabel("垂直滚动条刻度: ",JLabel.LEFT);
  JLabel labelH=new JLabel("水平滚动条刻度: ",JLabel.LEFT);

  public JScrollBarDemo(){
    JFrame jf=new JFrame("JScrollBar 演示");
    Container contentPane=jf.getContentPane();
    panel1=new JPanel(new GridLayout(5,1));
    panel1.setBorder(BorderFactory.createTitledBorder("捕捉滚动条位置"));
    panel1.add(labelV);
    panel1.add(labelH);
    /*产生一个垂直滚动轴，默认滚动轴位置在10刻度的地方，extent值设10，minimum值为0，
     *maximan值为100，因此滚动轴一开始在刻度10的位置上，可滚动的区域大小为100-10-0=90
     *刻度，滚动范围在0~90中。
     */
    VsclBar=new JScrollBar(JScrollBar.VERTICAL,10,10,0,100);
    VsclBar.setUnitIncrement(1);//设置拖曳滚动轴时，滚动轴刻度一次的变化量
    VsclBar.setBlockIncrement(10);//设置当鼠标在滚动轴列上按一下是，滚动轴一次所跳的区块大小
    VsclBar.addAdjustmentListener(this);//添加监听
    /*产生一个水平滚动轴，默认滚动轴位置在0刻度的地方，extent值设20，minimum值为10，
     *maximan值为60，因此滚动轴一开始在刻度0的位置上，可滚动的区域大小为60-20-10=30
     *刻度，滚动范围在10~40中。
     */
    HsclBar=new JScrollBar();//建立一个空的JScrollBar
    HsclBar.setOrientation(JScrollBar.HORIZONTAL);//设置滚动轴方向为水平方向
    HsclBar.setValue(0);//设置默认滚动轴位置在0刻度的地方。
    HsclBar.setVisibleAmount(20);//extent值设为20
    HsclBar.setMinimum(10);//minmum值设为10
```

```
        HsclBar.setMaximum(60);
        HsclBar.setBlockIncrement(5);//鼠标在滚动轴上按一下，滚动轴一次所跳的区块大小为5个刻度
        HsclBar.addAdjustmentListener(this);
        //添加组件到窗体
        contentPane.add(panel1,BorderLayout.CENTER);
        contentPane.add(VsclBar,BorderLayout.EAST);
        contentPane.add(HsclBar,BorderLayout.SOUTH);
        //设置窗体大小和显示窗体
         jf.setSize(new Dimension(200,200));
         jf.setVisible(true);
         //关闭窗口事件
         jf.addWindowListener(new WindowAdapter(){
             public void windowClosing(WindowEvent e){
                System.exit(0);
             }
           }
         );
      }

      //实现adjustmentValueChanged方法。当用户改变转轴位置时，会将目前的滚动轴刻度写在labe2上
      public void adjustmentValueChanged(AdjustmentEvent e){
         if ((JScrollBar)e.getSource()==VsclBar)
            labelV.setText("垂直滚动条刻度: "+e.getValue());//e.getValue()所得的值与
VsclBar.getValue()所得的值一样
         if ((JScrollBar)e.getSource()==HsclBar)
            labelH.setText("水平滚动条刻度: "+e.getValue());
    }
     public static void main(String[] args){
       new JScrollBarDemo();
    }
    }
```

实例 6-7 是一个滚动条演示程序，采用了两种不同的方式来构建水平和垂直滚动条。构建垂直滚动条使用了传参方式，基本数据在构造时已经传入滚动条内。水平滚动条采用的是默认构造器，通过 setXXX 方法设置滚动条的属性。

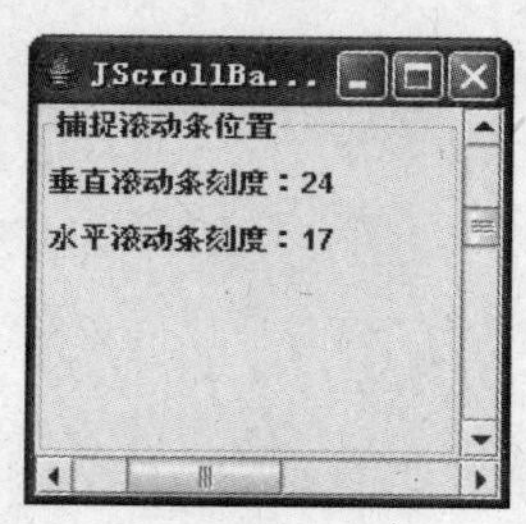

图 6-5　滚动条

6.1.5 菜单

菜单是应用程序中最常用的组件。一个设计好的图形应用程序的菜单一定设计得非常有特色。在 Swing 中，菜单的使用是非常简单。

1. 构建菜单

构建一个菜单在 Swing 中非常简单，JMenu 类提供 4 个构造器来实现菜单的构建。使用构造器建立菜单后还可以使用 Add 方法添加菜单元素。简单的菜单构建如下：

```
JMenu j = new JMenu("File");
```

2. 菜单事件

当用户选择一个菜单后，即触发菜单事件。获取菜单事件可以使用 getActionCommand()方法。

3. 菜单助记符和快捷键

所谓助记符就是快速让用户认识菜单，通常使用大写字母表示。同时，可以使用 ALT＋助记符来调用菜单，但只能是在菜单层被激活的情况下有效。

快捷键是为了加快应用程序的操作速度而使用的一种技术，例如 Windows 操作系统中最常使用的 Ctrl＋C（拷贝）组合快捷键和 Ctrl＋V（粘贴）快捷键。

4. 弹出式菜单

在 Windows 操作系统中最好的操作就是引进了右键。右键弹出菜单使得应用程序将一些常用的功能组合到一起，操作快捷、方便。

实例 6-8　菜单演示主程序

```
//文件名: JMenuDemo.java
import java.awt.*;
import java.awt.event.*;
import javax.Swing.*;

public class JMenuDemo extends JMenuBar {
   //定义菜单名称
   String[ ] fileItems = new String[ ] { "新建", "打开", "保存", "退出" };
   String[ ] editItems = new String[ ] { "撤销", "剪切", "拷贝", "粘贴" };
   //定义快捷键字母
   char[ ] fileShortcuts = { 'N','O','S','X' };
   char[ ] editShortcuts = { 'Z','X','C','V' };

   public JMenuDemo( ) {
      //构造菜单
      JMenu fileMenu = new JMenu("文件");
      JMenu editMenu = new JMenu("编辑");
      JMenu otherMenu = new JMenu("其他");
      JMenu subMenu = new JMenu("子菜单");
      JMenu subMenu2 = new JMenu("子菜单2");
      //监听菜单的选择
      ActionListener printListener = new ActionListener( ) {
         public void actionPerformed(ActionEvent event) {
            System.out.println("菜单 对象 [" + event.getActionCommand( ) +
                             "] 被点击.");
         } };
      //添加文件菜单和添加快捷键
      for (int i=0; i < fileItems.length; i++) {
         JMenuItem item = new JMenuItem(fileItems[i]);
         item.setAccelerator(KeyStroke.getKeyStroke(fileShortcuts[i],
             Toolkit.getDefaultToolkit( ).getMenuShortcutKeyMask( ), false));
         item.addActionListener(printListener);
         fileMenu.add(item);
```

```
        }
        //在退出的上面添加横条
        fileMenu.insertSeparator(3);
        //添加编辑菜单和快捷键
        for (int i=0; i < editItems.length; i++) {
          JMenuItem item = new JMenuItem(editItems[i]);
          item.setAccelerator(KeyStroke.getKeyStroke(editShortcuts[i],
              Toolkit.getDefaultToolkit( ).getMenuShortcutKeyMask( ), false));
          item.addActionListener(printListener);
          editMenu.add(item);
        }

        //插入在"撤销"下面一条横条
        editMenu.insertSeparator(1);
        //装载"其他"子菜单
        char[ ] subShortcuts = { 'E','F' };
        JMenuItem item;
        subMenu2.add(item = new JMenuItem("E扩展 2",subShortcuts[0]));
        item.addActionListener(printListener);
        subMenu.add(item = new JMenuItem("F扩展 1",subShortcuts[1]));
        item.addActionListener(printListener);
        subMenu.add(subMenu2);
        //装载"其他"菜单
        otherMenu.add(subMenu);
        item.addActionListener(printListener);
        //添加菜单到菜单条
        add(fileMenu);
        add(editMenu);
        add(otherMenu);
    }

    public static void main(String s[ ]) {
        JFrame frame = new JFrame("简单的菜单例程");
        frame.setDefaultCloseOperation(JFrame.EXIT_ON_CLOSE);
        frame.setJMenuBar(new JMenuDemo( ));
        frame.setContentPane(new PopupMenuDemo( ));
        //frame.pack( );
        frame.setSize(500,300);
        frame.setVisible(true);
    }
}
```

实例 6-9 菜单演示菜单弹出程序

```
// 文件名: PopupMenuDemo.java
import java.awt.*;
import java.awt.event.*;
import javax.Swing.*;
import javax.Swing.border.*;
import javax.Swing.event.*;
```

```
public class PopupMenuDemo extends JPanel {
    public JPopupMenu popup;
    //构造事件监听器
    public PopupMenuDemo( ) {
        popup = new JPopupMenu( );
        ActionListener menuListener = new ActionListener( ) {
            public void actionPerformed(ActionEvent event) {
                System.out.println("Popup menu item [" +
                    event.getActionCommand( ) + "] was pressed.");
            } };
        //构建弹出菜单
        JMenuItem item;
        popup.add(item = new JMenuItem("打开", new ImageIcon("img/start_doc.gif")));
        item.setHorizontalTextPosition(JMenuItem.RIGHT);
        item.addActionListener(menuListener);
        popup.add(item=new JMenuItem("搜索", new ImageIcon("img/start_find.gif")));
        item.setHorizontalTextPosition(JMenuItem.RIGHT);
        item.addActionListener(menuListener);
        popup.add(item = new JMenuItem("运行", new ImageIcon("img/start_run.gif")));
        item.setHorizontalTextPosition(JMenuItem.RIGHT);
        item.addActionListener(menuListener);
        popup.add(item = new JMenuItem("设置", new ImageIcon("img/start_set.gif")));
        item.setHorizontalTextPosition(JMenuItem.RIGHT);
        item.addActionListener(menuListener);
        popup.addSeparator( );
        popup.add(item=new JMenuItem("退出", new ImageIcon("img/start_shut.gif")));
        item.addActionListener(menuListener);
        //设置弹出菜单的样式
        popup.setBorder(new BevelBorder(BevelBorder.RAISED));
        popup.addPopupMenuListener(new PopupPrintListener( ));
        addMouseListener(new MousePopupListener( ));
    }

    //使用内部类来监听鼠标事件
    class MousePopupListener extends MouseAdapter {
        public void mousePressed(MouseEvent e) { checkPopup(e); }
        public void mouseClicked(MouseEvent e) { checkPopup(e); }
        public void mouseReleased(MouseEvent e) { checkPopup(e); }
        private void checkPopup(MouseEvent e) {
            if (e.isPopupTrigger( )) {
                popup.show(PopupMenuDemo.this, e.getX( ), e.getY( ));
            }
        }
    }

    //使用内部类来显示弹出菜单
    class PopupPrintListener implements PopupMenuListener {
        public void popupMenuWillBecomeVisible(PopupMenuEvent e) {
            System.out.println("Popup menu will be visible!");
        }
```

```
        public void popupMenuWillBecomeInvisible(PopupMenuEvent e) {
            System.out.println("Popup menu will be invisible!");
        }
        public void popupMenuCanceled(PopupMenuEvent e) {
            System.out.println("Popup menu is hidden!");
        }
    }

//主方法，调试使用。
    public static void main(String s[ ]) {
        JFrame frame = new JFrame("Popup Menu Example");
        frame.setDefaultCloseOperation(JFrame.EXIT_ON_CLOSE);
        frame.setContentPane(new PopupMenuDemo(  ));
        frame.setSize(300, 300);
        frame.setVisible(true);
    }
}
```

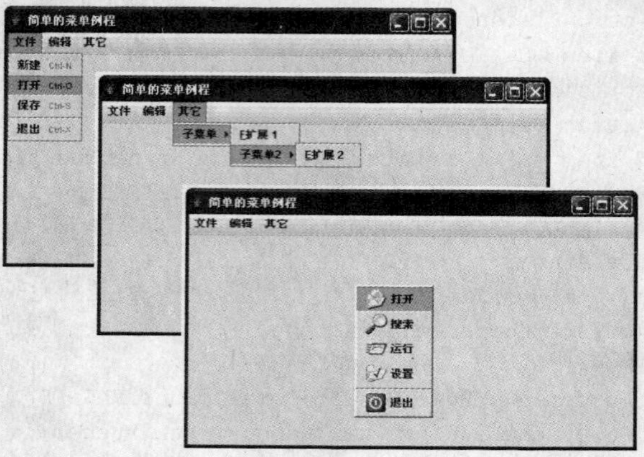

图 6-6　窗体菜单

实例 6-8 是菜单演示主程序。通过 JMenu 构造器实现了菜单的建造。PopupMenuDemo 类实现了弹出菜单，可以使用下面代码将处理弹出菜单添加到 JMenuDemo 类的窗体中。

```
    frame.setContentPane(new PopupMenuDemo(  ));
```

技巧： 从实例 6-8 可以得到一个好的启示，在开发图形界面时，将不同的部分书写成一个类，对功能和模块进行分组，这对团队开发非常的有利，也便于对不同的部分进行测试。最后将各部分组合到一个窗体里，就像搭积木一样。

6.1.6 对话框

1. 创建对话框

Swing 对话框扩展了 AWT 中的 Dialog 类的重型组件。对话框通常是提示用户或接收用户的输入，它是一个从其他窗口弹出的窗口。

和窗体不同，对话框不能有菜单条，也不能改变光标，但除此之外基本相似。一个对话框同样拥有布局管理器（默认的布局管理器为 BorderLayout）。

JDialog 类的主要构造器和方法如下：

- JDialog()　构造一个 non-modal 的对话框，没有 title 也不属于任何事件窗口组件。
- JDialog(Dialog owner)　构造一个属于 Dialog 组件的对话框，为 non-modal 形式，但没有 title。
- JDialog(Dialog owner,Boolean modal)　构造一个属于 Dialog 组件的对话框，可决定 modal 形式，但没有 title。
- JDialog(Dialog owner,String title)　构造一个属于 Dialog 组件的对话框，为 non-modal 形式，对话框上有 title。
- JDialog(Dialog owner,String title,Boolean modal)　构造一个属于 Dialog 组件的对话框，可决定 modal 形式，且对话框上有 title。
- JDialog(Frame owner)　构造一个属于 Frame 组件的对话框，为 non-modal 形式，但没有 title。
- JDialog(Frame owner,Boolean modal)　构造一个属于 Frame 组件的对话框，可决定 modal 形式，但没有 title。
- JDialog(Frame owner,String title)　建立一个属于 Frame 组件的对话框，为 non-modal 形式，对话框上有 title。
- JDialog(Frame owner,String title,Boolean modal)　建立一个属于 Frame 组件的对话框，可决定 modal 形式，且对话框上有 title。

实例 6-10　对话框程序

```
//文件名: JDialogDemo.java
import javax.Swing.*;
import javax.Swing.border.*;
import java.awt.*;
import java.awt.event.*;
import java.util.*;

/*
为了获取监听事件而采用实现ActionListener接口
*/
public class JDialogDemo implements ActionListener{
  JFrame jf=null;
  //处理按钮事件
  public void actionPerformed(ActionEvent e){
     String cmd=e.getActionCommand();
     if (cmd.equals("登录系统")){
       new inputUserInfo(jf);
     }else if (cmd.equals("退出系统")){
        System.exit(0);
     }
  }

  //默认构造器，实现窗体的构建
  public JDialogDemo(){
```

```
        jf=new JFrame("JDialog Example");
        Container contentPane=jf.getContentPane();
        JPanel buttonPanel=new JPanel();
        JButton b=new JButton("登录系统");
        b.addActionListener(this);
        buttonPanel.add(b);
        b=new JButton("退出系统");
        b.addActionListener(this);
        buttonPanel.add(b);
        //构造了一个带有边框和标题的面版

buttonPanel.setBorder(BorderFactory.createTitledBorder(BorderFactory.createLineBorde
r(Color.blue,2),
                        "用户登录",TitledBorder.CENTER,TitledBorder.TOP));
        contentPane.add(buttonPanel,BorderLayout.CENTER);
        jf.pack();
        jf.setVisible(true);
        //添加一个监听关闭窗体事件
        jf.addWindowListener(new WindowAdapter(){
            public  void windowClosing(WindowEvent e){
              System.exit(0);
            }
          });
      }

      public static void main(String[] args){
        new JDialogDemo();
      }
    }
    /*
    一个输入用户名和密码的对话框;
    许多的用法和JFrame一样，只是关闭对话框使用dispose()方法。
    */
    class inputUserInfo implements ActionListener{
      JDialog dialog;
      //处理按钮事件
      public void actionPerformed(ActionEvent e){
          String cmd=e.getActionCommand();
          if (cmd.equals("确定")){
            System.out.println("ok");
          }else if (cmd.equals("取消")){
            dialog.dispose();
          }
      }

      //构造器，初始化对话框界面
      inputUserInfo(JFrame jf){
        dialog = new JDialog(jf,"用户登录",true);
        JPanel jp = new JPanel();
        //设置面版的显示效果，带有边框和标题
```

```
    jp.setLayout(new GridBagLayout());
    GridBagConstraints gbc = new GridBagConstraints();
    gbc.anchor = GridBagConstraints.CENTER; //设定Layout的位置
    gbc.insets = new Insets(2,2,2,2); //设定与边界的距离(上,左,下,右)
    jp.setBorder(BorderFactory.createTitledBorder("登录系统"));

    //构造面版上使用的组件
    JLabel userLabel = new JLabel("用户名: ");
    JLabel pwdLabel = new JLabel("密  码: ");
    JTextField userField = new JTextField(10);
    JPasswordField pwdField = new JPasswordField(10);

    //添加"用户名"标签
    gbc.gridy=1;
     gbc.gridx=0;
    jp.add(userLabel,gbc);
    //添加"用户名"文本输入域
    gbc.gridy=1;
    gbc.gridx=1;
     jp.add(userField,gbc);

     //添加"密码"标签
     gbc.gridy=2;
     gbc.gridx=0;
     jp.add(pwdLabel,gbc);
     //添加"密码"输入的密码域
     gbc.gridy=2;
     gbc.gridx=1;
     jp.add(pwdField,gbc);
    //将面版添加到对话框
    dialog.getContentPane().add(jp,BorderLayout.CENTER);

     //构建新的面版, 包容"确定"和"取消"按钮
     JPanel buttonPanel = new JPanel();
     buttonPanel.setLayout(new GridLayout(1,2));
     JButton b = new JButton("确定");
     b.addActionListener(this);
     buttonPanel.add(b);
     b = new JButton("取消");
     b.addActionListener(this);
     buttonPanel.add(b);
    dialog.getContentPane().add(buttonPanel,BorderLayout.SOUTH);
    dialog.pack();
     dialog.show();
  }
}
```

实例 6-10 是使用对话框的演示程序。主程序 JDialog.java 在面版上添加了两个按钮，当点击“登录系统”按钮后程序将调用 inputUserInfo.java 类，这个类使用 JDialog 作为顶级容器。和 JFrame 一样，使用 show()方法来显示这个对话框。

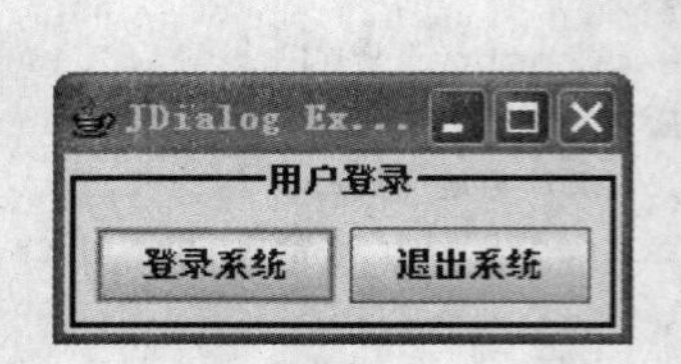

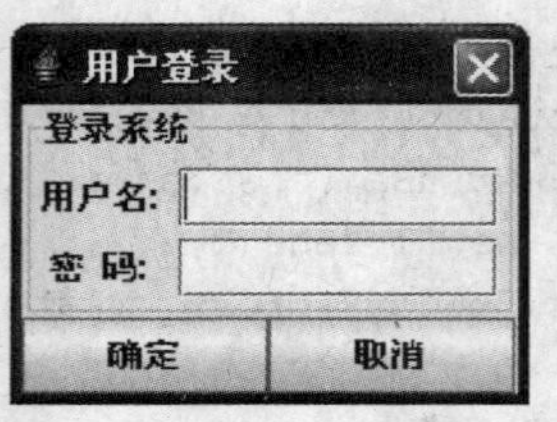

图 6-7　对话框

2. 文件对话框

在操作系统中，由许多特殊的内建对话框去处理选择的事件，例如打印机、设置字体等类似的事件。几乎所有操作系统都支持打开和保存文件。在 Java 中这些操作都可以由 JFileChoose 组件来达成，这个组件提供了打开文件存盘的窗口功能，也提供了显示特定类型文件图标的功能，亦能针对某些文件类型做过滤操作。如果应用系统需要对某些文件或文件做操作，那么 JFileChooser 组件可以过滤掉不必要的文件。要注意的是，JFileChooser 本身不提供读文件或存盘功能，这些功能必须由程序自行实现。事实上，JFileChooser 本身只是一个对话框模型，它依附在 JDialog 结构上，因此只是一个针对文件操作的对话框，当然它本身不会有读文件或存盘功能。

以下是 JFileChooser 的构造器：

- public JFileChooser()　建立一个 JFileChooser 对象，默认文件对话框路径是用户目录(Home Directory)，例如在 Windows XP 中的 Administrator 目录是在 C:\Documents and Settings\Administrator 中。
- public JFileChooser(File currentDirectory)　建立一个 JFileChooser 对象，并以 File 所在位置为文件对话框的打开路径。
- public JFileChooser(File currentDirectory, FileSystemView fsv)　建立一个 JFileChooser 对象，以 File 所在位置为文件对话框的打开路径并设置文件图标为查看方式。
- public JFileChooser(FileSystemView fsv)　建立一个 JFileChooser 对象，并设置文件图标为查看方式。
- public JFileChooser(String currentDirectoryPath)　建立一个 JFileChooser 对象，并设置文件对话框的打开路径。
- public JFileChooser(String currentDirectoryPath, FileSystemView fsv)　建立一个 JFileChooser 对象，并设置文件对话框的打开路径与文件图标为查看方式。

实例 6-11　文件对话框程序

```
//文件名: FileChooserDemo.java
import javax.Swing.*;
import java.awt.*;
import java.awt.event.*;
import java.io.*;

class FileChooserDemo implements ActionListener{
   JFrame jf = null;
```

```
    JLabel label = null;
    JTextArea textarea = null;
    JFileChooser fileChooser = null;
    //默认构造器，初始化图形界面
    public FileChooserDemo() {
        jf = new JFrame("FileChooser Example");
        Container contentPane = jf.getContentPane();
        textarea = new JTextArea();
        JScrollPane scrollPane = new JScrollPane(textarea);
        scrollPane.setPreferredSize(new Dimension(350,300));
        //添加一个标签，用来显示一些信息
        label = new JLabel(" ",JLabel.CENTER);
        //建立一个FileChooser对象,并指定当前的目录为默认文件对话框路径.、
        fileChooser = new JFileChooser(".");
        //添加菜单
        JMenuBar MBar = new JMenuBar();
        JMenu mfile = buildFileMenu();
         MBar.add(mfile);
        jf.setJMenuBar(MBar);
        contentPane.add(label,BorderLayout.NORTH);
        contentPane.add(scrollPane,BorderLayout.CENTER);
        //显示窗体
        jf.pack();
        jf.setVisible(true);
        //点击关闭按钮事件监听
        jf.addWindowListener(new WindowAdapter() {
            public void windowClosing(WindowEvent e) {
                System.exit(0);
            }
        });
    }

    //构建一个简单菜单，添加了事件监视器
    public JMenu buildFileMenu() {
        JMenu thefile = new JMenu("文件");
        JMenuItem open=new JMenuItem("打开");
        JMenuItem save=new JMenuItem("保存");
        JMenuItem exit=new JMenuItem("退出");
      thefile.add(open);
      thefile.add(save);
      thefile.addSeparator();//分隔线
      thefile.add(exit);
      //给菜单添加快捷键
      open.setAccelerator(KeyStroke.getKeyStroke('O',
              Toolkit.getDefaultToolkit().getMenuShortcutKeyMask(), false));
      save.setAccelerator(KeyStroke.getKeyStroke('S',
              Toolkit.getDefaultToolkit().getMenuShortcutKeyMask(), false));
      exit.setAccelerator(KeyStroke.getKeyStroke('E',
              Toolkit.getDefaultToolkit().getMenuShortcutKeyMask(), false));
```

```
        //给菜单添加事件监听
        open.addActionListener(this);
        save.addActionListener(this);
        exit.addActionListener(this);
          return thefile;
        }

    public static void main(String[] args) {
        new FileChooserDemo();
    }

    //获取监听事件
    public void actionPerformed(ActionEvent e) {
        File file = null;
        int result;
        /*当用户按下"打开文件"按钮时,JFileChooser的showOpenDialog()方法会输出文件对话框,
         *并利用setApproveButtonText()方法取代按钮上"Open"文字;以setDialogTitle()方法
         *设置打开文件对话框Title名称。当使用选择完后,会将选择结果存到result变量中。
         */
         if (e.getActionCommand().equals("打开")) {
            fileChooser.setApproveButtonText("确定");
            fileChooser.setDialogTitle("打开文件");
            result = fileChooser.showOpenDialog(jf);
            textarea.setText("");
            /*当用户按下打开文件对话框的"确定"钮后,我们就可以利用getSelectedFile()方法取得
             *文件对象.若是用户按下打开文件对话框的"Cancel"钮,则将在label上显示"你没有选择
             *任何文件"字样。
             */
            if (result == JFileChooser.APPROVE_OPTION) {
                file = fileChooser.getSelectedFile();
                label.setText("您选择打开的文件名称为: "+file.getName());
            } else if(result == JFileChooser.CANCEL_OPTION) {
                label.setText("您没有选择任何文件");
            }
            FileInputStream fileInStream = null;
            if(file != null) {
                try{
                    //利用FileInputStream将文件内容放入此数据流中以便读取
                    fileInStream = new FileInputStream(file);
                }catch(FileNotFoundException fe){
                    label.setText("File Not Found");
                    return;
                }
                int readbyte;
              try{
                    //以read()方法读取FileInputStream对象内容,当返回值为-1时代表读完此
                    //数据流,将所读到的字符显示在textarea中
                    while( (readbyte = fileInStream.read()) != -1) {
                        textarea.append(String.valueOf((char)readbyte));
                    }
```

```
            }catch(IOException ioe){
                label.setText("读取文件错误");
            }
            finally{//回收FileInputStream对象,避免资源的浪费
                try{
                    if(fileInStream != null)
                        fileInStream.close();
                }catch(IOException ioe2){}
            }
        }
    }
    //实现写入文件的功能
    if (e.getActionCommand().equals("保存")) {
        result = fileChooser.showSaveDialog(jf);
        file = null;
        String fileName;
        //当用户没有选择文件,而是自己键入文件名称时,系统会自动以此文件名建立新文件
        if (result == JFileChooser.APPROVE_OPTION) {
            file = fileChooser.getSelectedFile();
            label.setText("您选择存储的文件名称为: "+file.getName());
        }
        else if(result == JFileChooser.CANCEL_OPTION) {
            label.setText("您没有选择任何文件");
        }
        //写入文件我们使用FileOutputStream,在这个范例中,我们写入文件的方式是将之前内容
        //清除并重新写入。若你想把新增的内容加在原有的文件内容后面,你可以
        //使用FileOutputStream(String name,Boolean append)这个构造函数
        FileOutputStream fileOutStream = null;
        if(file != null) {
            try{
                fileOutStream = new FileOutputStream(file);
            }catch(FileNotFoundException fe){
                label.setText("File Not Found");
                return;
            }
            String content = textarea.getText();
            try{
                fileOutStream.write(content.getBytes());
            }catch(IOException ioe){
                label.setText("写入文件错误");
            }
            finally{
                try{
                    if(fileOutStream != null)
                        fileOutStream.close();
                }catch(IOException ioe2){}
            }
        }
    }
    //当选择退出菜单
```

```
            if (e.getActionCommand().equals("退出")) {
                System.exit(0);
            }
        }
    }
```

实例 6-11 演示了一个文件对话框。通过选择“打开”菜单事件调用一个“打开文件”的对话框。当用户选择文件并点击“确定”后程序将使用文件流读取文件内容，并显示到文本域中。同样，当用户选择了“保存”菜单后也将打开一个“保存文件”对话框，并将文件保存。文件的读取和保存都是用程序完成的，如图 6-8 所示。

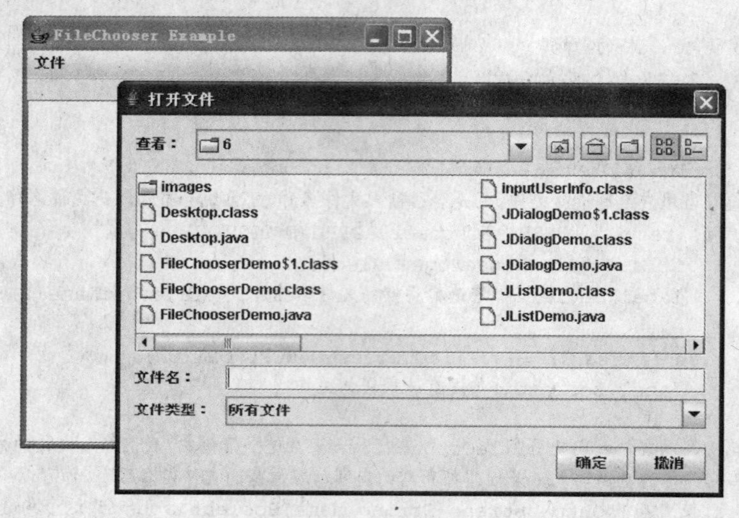

图 6-8 文件对话框

6.2 事件控制

在 Java 程序中响应用户的事件需要使用一个或多个 EventListener 接口。添加一个 EventListener 接口需要做两件事：首先，由于监听类使用了 java.awt.event 类中的一部分，因此使用事件监听必须先导入 java.awt.event。其次，使用一个或多个监听接口，必须使用 implements 语句来声明类。

6.2.1 窗口事件

窗口是每个图形应用程序所必须的，窗口事件主要处理对窗口的所有操作，包括窗口的激活、钝化、最小化、最大化、关闭、打开等事件。在 Java 中使用 WindowListener 接口。

WindowListener 的主要方法如下：

- public void windowOpened(WindowEvent e) 当一个窗口被打开后调用这个方法。
- public void windowActivated(WindowEvent e) 当窗口被激活是调用。
- public void windowClosing(WindowEvent e) 当关闭窗口时调用。

■ public void windowDeactivated (WindowEvent e) 但窗口无效时调用。

实例 6-12 窗口事件程序

```
//文件名: WindowDemo.java
import javax.Swing.*;
import java.awt.event.*;

public class WindowDemo{
  public static void main(String[] arges){
    JFrame jf = new JFrame("JDialog Demo");
    jf.setSize(300,300);
    jf.setVisible(true);
    //窗体监听
    jf.addWindowListener( new WindowAdapter(){
                //当关闭窗体时
                public void windowClosing(WindowEvent e){
                  System.out.println("window closeing...");
                  System.exit(0);
                }
                //当激活窗体时
                public void windowActivated(WindowEvent e){
                  System.out.println("window activad");
                }
                //当窗体无效，即不在激活状态
                public void windowDeactivated(WindowEvent e){
                  System.out.println("window Deactivated");
                }
                //打开窗体时
                public void windowOpened(WindowEvent e){
                  System.out.println("window Opened");
                }
            }
      );
  }
}
```

实例 6-12 演示了一个窗体的基本事件，包括打开窗体、关闭窗体、激活窗体和窗体失效，如图 6-9 所示。

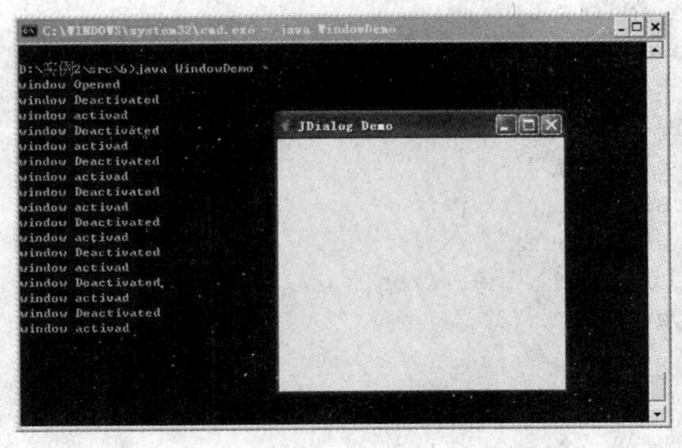

图 6-9 窗口事件

6.2.2 键盘事件

键盘是标准输入设备，响应键盘输入是图形程序重要的事件。键盘监听可通过 keyListener 接口来处理。

首先，通过调用 addKeyLidtener()方法来注册接收按钮的组件，此方法的参数应该是实现 KeyListener 接口的对象。

处理一个键盘事件的对象必须实现以下方法：

- public void keyPressed(KeyEvent)　当按下一个键时调用此方法。
- public void keyReeases(KeyEvent)　当放开一个键时调用此方法。
- public void keyTyped(KeyEvent)　当按下一个键后再放开此键时调用此方法。

实例 6-13　键盘事件演示程序

```
//文件名: KeyDemo.java
import java.awt.*;
import java.awt.event.*;
import javax.Swing.*;

public class KeyDemo extends KeyAdapter implements ActionListener{
   JFrame f=null;
   JLabel label=null;
   JTextField tField=null;
   String keyString="";

   //构造器
   public KeyDemo(){
      f=new JFrame("键盘事件演示");
      Container contentPane=f.getContentPane();
      contentPane.setLayout(new GridLayout(3,1));
      label=new JLabel();
      tField=new JTextField();
      tField.requestFocus();
      tField.addKeyListener(this);
      JButton b=new JButton("清除");
      b.addActionListener(this);
      contentPane.add(label);
      contentPane.add(tField);
      contentPane.add(b);
      f.pack();
      f.setVisible(true);
      //窗口监听，处理关闭窗口
      f.addWindowListener(
          new WindowAdapter(){
              public void windowClosing(WindowEvent e){
                System.exit(0);
              }
          }
      );
   }
```

```
    public void actionPerformed(ActionEvent e){
      keyString="";
      label.setText("");
      tField.setText("");
      tField.requestFocus();
    }

/*输入字母"."之后，会产生新窗口*/
    public void keyTyped(KeyEvent e){
      char c=e.getKeyChar();/*注意getKeyChar()的用法*/
      if (c=='.'){
         this.Windows();
      }
      keyString=keyString+c;
      label.setText(keyString);
    }

  //显示新的窗口，作为命令提示
    public void Windows(){
     //命令列表
      String[] dic = {"A","B"};
      JWindow window = new JWindow();
      JLabel jb = new JLabel("-------command-------",JLabel.CENTER);
      JList list = new JList();
      list.setModel(new DefaultListModel());
      DefaultListModel dlm = (DefaultListModel)list.getModel();
      //添加命令列表元素
      for(int i=0;i<dic.length;i++){
        dlm.addElement((Object) dic[i]);
      }
      window.getContentPane().add(jb, BorderLayout.NORTH);
      window.getContentPane().add(list, BorderLayout.CENTER);
      window.setSize(200,200);
      window.setVisible(true);
    }
    public static void main(String[] args){
       new KeyDemo();
    }
}
```

实例 6-13 在窗体中创建了一个标签、一个文本输入域和一个“清除”按钮。每按一下键标签内容也将跟着显示输入的内容。但在按下.按钮时，程序将弹出一个提示窗口，提示窗口的列表框中列示了许多命令。

图 6-10 键盘事件

6.2.3 鼠标事件

鼠标是图形界面输入不可缺少的设备，对鼠标事件的处理在图形应用中使用得最平凡。鼠标事件包括鼠标的点击、拖动、按下、释放、进入组件或离开组件。鼠标监听使用 MouseListener 接口，对应的方法如下：

- public void mouseClicked(MouseEvent e)　当鼠标点击一个组件时调用。
- public void mousePressed(MouseEvent e)　当鼠标在一个组件上按下时调用。
- public void mouseReleased(MouseEvent e)　当鼠标在组件上释放时调用。
- public void mouseEntered(MouseEvent　)　当鼠标进入一个组件时调用。
- public void mouseExited(MouseEvent e)　当鼠标离开一个组件时调用。

实例 6-14　鼠标事件程序

```
//文件名: MouseDemo1.java
import java.awt.*;
import java.awt.event.*;
import javax.Swing.*;

public class MouseDemo1 extends WindowAdapter implements MouseListener{
    JFrame frame=null;
    JButton jb=null;
    JLabel label=null;
    public MouseDemo1(){
       frame=new JFrame("鼠标事件演示一");
       Container contentPane=frame.getContentPane();
       contentPane.setLayout(new GridLayout(2,1));
       jb=new JButton("按钮控件");
       label=new JLabel("起始状态，还没有鼠标事件",JLabel.CENTER);
       //添加鼠标监听
       jb.addMouseListener(this);
       contentPane.add(label);
       contentPane.add(jb);
       frame.pack();
       frame.show();
       //添加窗口监听
       frame.addWindowListener(this);
    }

    //鼠标按下触发事件，将信息显示到标签
    public void mousePressed(MouseEvent e){
       label.setText("你已经压下鼠标按钮");
    }

    //鼠标放开触发事件，将信息显示到标签
    public void mouseReleased(MouseEvent e){
       label.setText("你已经放开鼠标按钮");
    }

    //鼠标进入控件触发事件，将信息显示到标签
```

```
    public void mouseEntered(MouseEvent e){
        label.setText("鼠标光标进入按钮");
    }

    //鼠标离开控件触发事件，将信息显示到标签
    public void mouseExited(MouseEvent e){
        label.setText("鼠标光标离开按钮");
    }

    //鼠标点击触发事件，将信息显示到标签
    public void mouseClicked(MouseEvent e){
        label.setText("你已经按下按钮");
    }

    //关闭窗体触发事件，将信息显示到标签
    public void windowClosing(WindowEvent e){
        System.exit(0);
    }

    public static void main(String[] args){
       new MouseDemo1();
    }
}
```

实例 6-14 通过继承 WindowAdapter 抽象类实现了 MouseListener 接口，因此必须把 MouseListener 中的 5 个方法都实现，如果不想实现，则可用匿名内部类的方法来编写处理程序。程序执行几个状态如图 6-11 所示。

图 6-11 鼠标事件 1

获取鼠标坐标也是鼠标事件不可缺少的应用，Java 中使用 MouseMotionListener 接口来实现，但必须实现下列方法：

- public void mouseDragged(MouseEvent e) 当鼠标点击一个组件并拖动时调用。
- public void mouseMoved(MouseEvent e) 当鼠标没有按下只是移动时调用。

实例 6-15 鼠标坐标演示程序

```
//文件名：MouseDemo2.java
import java.awt.*;
import java.awt.event.*;
import javax.Swing.*;

public class MouseDemo2 extends JFrame implements MouseListener,MouseMotionListener{
     int flag;//flag=1代表Mouse Moved,flag=2代表Mouse Dragged
     int x=0;
     int y=0;
     int startx,starty,endx,endy;//起始坐标与终点坐标
```

```
    //构造器，实现窗体的构造
    public MouseDemo2(){
      Container cttPane=getContentPane();
      cttPane.addMouseListener(this);
      cttPane.addMouseMotionListener(this);
      setSize(300,300);
      setVisible(true);
      addWindowListener(
          new WindowAdapter(){
            public void windowClosing(WindowEvent e){
              System.exit(0);
            }
          }
      );
    }

    //由mousePressed(),mouseReleased()取得出拖曳的开始与结束坐标
    public void mousePressed(MouseEvent e){
      startx=e.getX();//获取鼠标X坐标
      starty=e.getY();//获取鼠标Y坐标
    }

    public void mouseReleased(MouseEvent e){
      endx=e.getX();
      endy=e.getY();
    }

    public void mouseEntered(MouseEvent e){
    }

    public void mouseExited(MouseEvent e){
    }

    public void mouseClicked(MouseEvent e){
    }

    //取得鼠标移动的每一个坐标，并调用repaint()方法
    public void mouseMoved(MouseEvent e){
       flag=1;
       x=e.getX();
       y=e.getY();
       repaint();
    }

    //获取鼠标移动的每个坐标，并调用repaint()方法
    public void mouseDragged(MouseEvent e){
       flag=2;
       x=e.getX();
       y=e.getY();
```

```
            repaint();
        }

        public void update(Graphics g){
            g.setColor(this.getBackground());
            g.fillRect(0,0,getWidth(),getHeight());
            paint(g);
        }

        //绘制线条
        public void paint(Graphics g){
            g.setColor(Color.black);
            if (flag==1){
                g.drawString("鼠标坐标: ("+x+","+y+")",10,50);
                g.drawLine(startx,starty,endx,endy);
            }
            if (flag==2){
                g.drawString("拖曳鼠标价坐标: ("+x+","+y+")",10,50);
                g.drawLine(startx,starty,x,y);
            }
        }

        public static void main(String[] args){
            new MouseDemo2();
        }
    }
```

实例 6-15 通过 MouseMotionListener 的使用时机提供的移动和拖拽的两个方法，可以随时掌握鼠标的坐标，并处理拖曳鼠标事件。程序执行界面如图 6-12 所示。

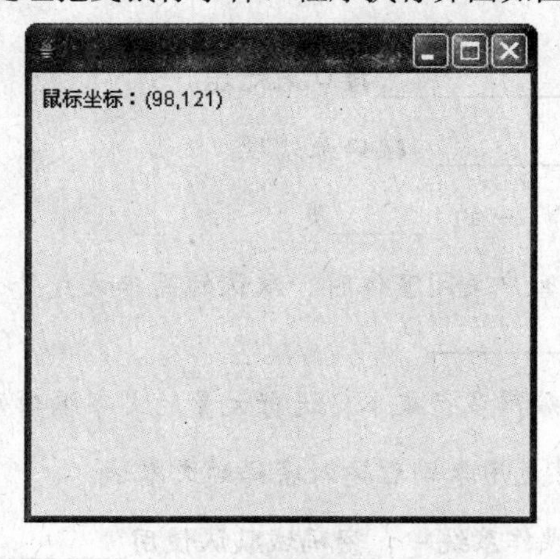

图 6-12　获取鼠标坐标

6.3 小结

本章简要地讲述了 Swing 组件知识。Swing 和 AWT 的关系不是取代而是继承与改进。

Swing 使用纯 Java 编写，所以其跨平台方法表现比 AWT 好。

构造一个图形界面首先要使用窗体容器，容器是用来转载其他组件和其他容器。作为其他组件的顶级容器，窗体的实现是相当简单。窗口通常是用来显示软件版本信息，当然还可以用于其他方面，比如构造一个特型窗口，因为窗口只是一个没有标题栏和边框的窗体。

Swing 同样提供了众多的组件。文本输入可以实现单行文本和多行文本编辑，以及对密码域的输入。选择框可以是单选，也可以实现多选。

处理事件是图形开发不可缺少的部分。

6.4 习题

1. 填空题

（1）Swing 包含_____多个类，是______和__________的集合。

（2）窗口是______________________________________。

（3）窗体是____。

（4）Swing 提供带桌面的 MDI 功能和内部窗体，其中桌面由_______________类实现，内部窗体由________________类实现。

（5）单行文本域是____________________________________。

（6）和窗体不同，对话框是不能有_____________，也不能_______________，但除此之外基本相似。

（7）键盘监听通过______________接口来处理。

（8）鼠标监听使用___________ 接口来处理。

（9）JFrame 继承了 AWT 中的_______类。

（10）JFrame 在响应客户关闭窗体时，默认的简单方式是__________窗体，要改变这种方式可用调用________。

（11）_________用来编辑多行文本，进行大量的文字编辑处理。

（12）___________自然是用来助理输入密码的文本域。

（13）在 Windows XP 操作系统中，密码域默认使用___________来替代字符显示。可以通过调用___________来更改显示字符。

（14）标签_____________设置标签的文字。

（15）列表________________使用对象数组设置列表元素。

（16）助记符是____。

2. 选择题

（1）如何获取一个窗口的实例？

A. JWindow window = new Window();

B. JWindow window = new JWindow();

C. Window window = new Window();

D. Window window = new JWindow();

（2）JFrame 的父类是？

A. Frame　　B. JWindows　　C. JPanle　　D. Applet

（3）进行大量的文字编辑处理时，需要使用哪个部件？

A. JTextField　　B. JTextArea　　C. JPasswordField　　D. JLabel

（4）在多个答案中选择其中一个，需要使用哪个选择部件？

A. JCheckBox　　B. JList　　C. JRadioButton　　D. JScrollBar

（5）弹出菜单使用下面哪个类？

A. JMenu　　B. JMenuBar　　C. JPopupMenu　　D. PopupMenuDemo

（6）Swing 中哪个组件提供了打开文件存盘的窗口功能？

A. JFileChooser　　B. JButton　　C. JDialog　　D. JFrame

（7）在 Java 中使用哪个接口来捕获处理窗口的所有操作？

A. WindowListener　　B. EventListener　　C. Listener　　D. Windows

3. 思考题

（1）文件对话框是用来读取文件的窗体？

（2）Swing 与 AWT 的差别？

4. 上机题

（1）改写实例 6-1，在窗口上显示图标和版本信息。

（2）将实例 6-11 的文件对话框主窗体添加上自己的版本号。

第 7 章 Java 多线程范例

本章学习目标

- ◆ 了解线程的概念
- ◆ Java 线程的创建
- ◆ 线程状态与线程的控制
- ◆ 线程同步和死锁

任何电脑操作人员都讨厌由于一个小程序无反应而宕机，这在以前的 Windows 9x 时代是经常发生的事。多任务操作系统出现之后，这个问题得到了很好的解决。线程是多任务操作系统的支柱技术，本章将学习 Java 中多线程的知识。

7.1 线程的基本概念

在讲解线程之前，必须先了解操作系统中进程的概念。进程是指一种自包容的运行程序，有自己的地址空间。多任务操作系统能够同时运行多个进程，由于 CUP 分时机制的作用，使每个进程都能循环获得自己的 CUP 时间片。由于循环非常快，就像所有程序都在同时运行一样。线程是进程中单个顺序控制流，一个进程能够容纳多个线程。

多线程程序允许单一程序创建多个并行的线程来完成各自的任务。程序不会因为等待用户输入而耗费太多的 CPU 执行时间。相对于单线程来说，多线程在设计上由于要管理多个并行的线程而困难得多，所以必须考虑线程的同步和死锁问题。Java 的设计思想是建立在当前大多数操作系统都实现了线程调度这一基础上。

Java 虚拟机的很多任务都依赖线程调度，而且所有的类库都是为多线程设计的。实时上，Java 支持 Macintosh 和 MS-DOS 平台，所以迟迟未出来就是因为这两个平台都不支持多线程。Java 利用多线程实现了整个执行环境是异步的。

7.1.1 生活中的线程

生活中的线程无处不在，可以将一台机器、一个台灯甚至一个人看成是线程，线程的概念就是相同的时间不同的线程处理不同的事件。从这点来说，人类世界就是由线程构成的。人出生是一个线程的建立，死亡是线程的销毁。当然，这个例子并不确切，因为人的生死是时间事件，而线程并不完全依靠时间，而且线程有死锁和阻塞现象。

在 Java 程序中使用线程有许多原因，例如事件驱动的 UI 工具箱（比如 AWT 和 Swing）

有一个事件线程，它处理 UI 事件（比如击键或鼠标点击）。

7.1.2　一个例子

在 Java 中，创建一个线程十分简单，只要继承 Thread 类。Thread 类是一个具体的类，即不是抽象类，该类封装了线程的行为。要创建一个线程，程序员必须创建一个从 Thread 类导出的新类，而且必须覆盖 Thread 的 run()方法来完成有用的工作。用户并不直接调用此方法，而是调用 Thread 的 start()方法，该方法再调用 run()。实例 7-1 先后创建了 5 个线程，每个线程计数到 5 后自动退出线程。

实例 7-1　一个简单的线程程序

```
//文件名：MyThread.java
public class MyThread extends Thread {
 int count= 6, number;
//构造器，使用不同的序列号构造多个线程。
public MyThread(int num) {
   number = num;
   System.out.println("创建线程 " + number);
 }
//线程运行方法
 public void run() {
  while(true) {
   System.out.println("线程 " + number + ":计数 " + count);
   if(--count== 0)   return;
  }
 }
//主方法
 public static void main(String args[]) {
   for(int i = 0; i < 5; i++) new MyThread(i+1).start();
 }
}
```

程序运行结果如图 7-1 所示。

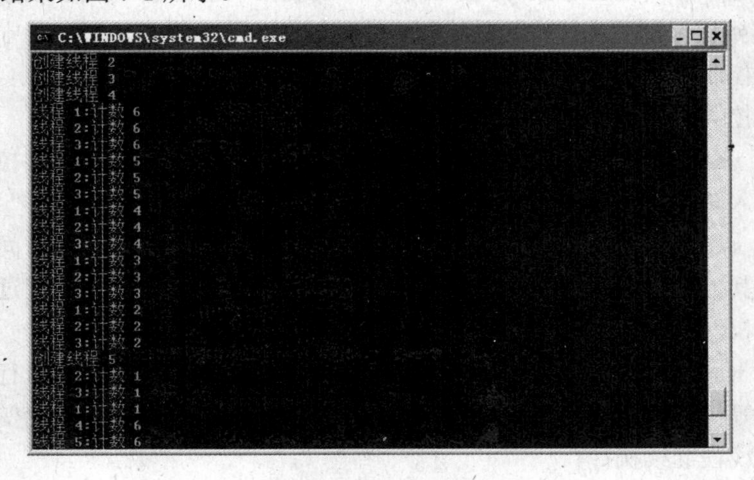

图 7-1　多个线程

注意：在使用 Thread 类中的 Run()方法时，必须有一个循环机制，请务必提供退出循环的条件，以免线程进入死循环。

7.2 线程的生命周期

从线程的创建到死亡，整个过程分为 5 个阶段。在整个过程中，对线程可以进行启动、运行、终止、挂起、恢复、休眠等操作。

7.2.1 创建（Newborn）阶段

当一个线程被创建但还没有运行时，它处于一种特殊的状态，即新生时期。此时系统为其分配了内存，并初始化了专有的数据，但是并没有得到运行的许可。

在这种情况下，线程只要被 start()方法调用，它就能进入 CPU 的进程列队。

7.2.2 准备运行（Runnable）阶段

在这个阶段，线程被加载到 CPU 的进程队列，等待 CPU 的执行。被加载的线程将按优先级排列，同一级别将按顺序被 CPU 执行。

如果加载的线程具有比现有线程都高的执行优先级，则将被加载到队列的最前面，并且抢占现有线程的 CPU 控制权。

一般没有必要特意创建一个高优先级的线程，这可能会给设计的多线程控制带来麻烦。在同一级别的线程中，可以调用 yield()方法来转让 CPU 控制权，从而让同级的线程得到执行控制权。

7.2.3 运行（Running）阶段

这个阶段意味着线程已经获得执行控制权，线程代码正在被 CPU 执行，它将一直占用 CPU 资源，直到被级别更高优先级的线程剥夺其控制权为止。当然，运行中的线程也可以自己主动放弃控制权，使自己进入就绪状态。

线程放弃控制权有 3 种方式：

- 调用 yield()方法主动放弃控制权。这个方法将使其无法直接收回控制权，只能重新加入队列，进入轮回。
- 调用 sleep()方法进入休眠状态。这个方法使线程进入一段指定时间的休眠状态，允许其他线程在其休眠状态期内运行，当该线程从休眠状态苏醒过来，它将回收控制权。
- 调用 wait()方法，等待另一个线程调用 notify()方法通知它继续执行，通常该线程是在等待共享内存变量的变化，而另一个线程是用来配合改变此变量，并负责通知该线程继续执行。

7.2.4　阻塞（Blocked）阶段

这个阶段意味着线程被剥夺了控制权，由于某种原因使线程受阻而暂时无法进入 Runnable 或 Running 状态。受阻的线程有必要等待另一个线程的运行事件发生，从而使其重新进入队列。当然，这个运行事件取决于引起该线程阻塞的原因。

- 调用 suspend()方法使线程挂起，当另一个线程调用 resume()方法时才能进入 Runnable 状态。
- 调用 sleep()方法将线程休眠，当休眠时间一到，该线程将自动解除受阻并进入 Runnable 状态。
- 调用 wait()方法而处于等待状态，当另一个线程调用 notify()或 notify()方法释放该条件变量时，则此线程进入 Runnable 状态。
- 如果线程是受阻于 I/O 输入，那么在指定的 I/O 命令完成以后自动恢复为 Runnable 状态。

7.2.5　死亡（Dead）阶段

当一个线程完成其任务时，或者被其他线程调用 stop()方法后，该线程都将被杀死，同时释放其占用的资源。

7.3　多线程实现机制

7.3.1　线程构造函数：创造的力量

线程有 8 个构造器，以满足不同情况下创建线程。

- Thread()　用缺省名称创建一个线程对象。
- Thread(Runnable target)　创建一个指定标记的线程，target 是被调用的标记。
- Thread(Runnable target,String name)　创建一个指定线程，target 指定标记，name 指定参数名称。
- Thread(String name)　用指定的 name 参数名称创建一个线程对象。
- Thread(ThreadGroup group,Runnable target)　创建一个线程，并指定所属组和标记。
- Thread(ThreadGroup group,Runnable target,String name)　创建一个线程，指定所属线程组、调用标记和参数名称。
- Thread(ThreadGroup group,Runnable target,String name,long stackSize)　创建一个线程，指定其所属线程组、调用标记、参数名称以及堆栈尺寸。
- Thread(ThreadGroup group,String name)　创建一个线程，指定其所属线程组及其参数名。

在创建多线程时，这些构造器是非常有用的。实例 7-2 就是使用构造器来创建了 50 个线程，这个实例可用在那些线程任务相同、有大量请求的情况下。

实例 7-2　使用构造器 Thread 类程序

```
//文件名：CsttThreadDemo.java
public class CsttThreadDemo {
 public static void main (String [] args){
   new CsttThreadDemo();
  }

  CsttThreadDemo(){
    for (int i = 0; i < 50; i++){
     System.out.println("Creating thread "+i);
     innThread mt = new innThread (i);
     mt.start ();
    }
  }

 //内部类通过继承Thread实现线程
 class innThread extends Thread  {
  int count;
  innThread(int i){
     count=i;
  }

  public void run ()  {
    System.out.println("now "+count+"thread is printing..... ");
    for (int count = 1, row = 1; row < 20; row++, count++)  {
    for (int i = 0; i < count; i++)
      System.out.print ('*');
    System.out.print ('\n');
    }
    System.out.println(count+" thread is end!");
  }
 }
}
```

7.3.2 Thread 的方法

Thread 类是一个具体的类，即不是抽象类，该类封装了线程的行为。在先前的例子中，使用过继承 Thread 类来创建线程，这是一个非常简单的方法，也很符合程序员的书写格式。

实例 7-3 中的类 innThread 使用了继承自 Thread 类的方法来实现线程。ThreadDemo 类通过调用 start()启动线程。

实例 7-3　继承 Thread 类程序

```
// ThreadDemo.java
class ThreadDemo {
public static void main (String [] args){
  innThread mt = new innThread ();
  mt.start ();
  for (int i = 0; i < 50; i++)
```

```
    System.out.println ("i = " + i);
  }
}

//通过继承Thread实现线程
class innThread extends Thread {
  public void run ()   {
    for (int count = 1, row = 1; row < 20; row++, count++)    {
    for (int i = 0; i < count; i++)
      System.out.print ('*');
    System.out.print ('\n');
    }
  }
}
```

这种方法简单明了，创建一个新的类来提供线程。但是，如果不想建立一个新的类，应该怎么办？Java 是不能多重继承的，如果类已经从一个类继承（比如小程序必须继承自 Applet 类），则无法再继承 Thread 类，这是很伤脑筋的事。

不妨探索一种新的方法：在不创建 Thread 类的子类的情况下，直接使用它，那么只能将方法作为参数传递给 Thread 类的实例，有点类似回调函数。但是 Java 没有指针，只能传递一个包含这个方法的类的实例，如何限制这个类必须包含这一方法呢？当然是使用接口！虽然抽象类也可满足，但是需要继承，之所以采用这种方法，不就是为了避免继承带来的限制吗？

7.3.3　实现 Runnable 接口

Runnable 是在 java.lang 包中定义的接口，其代码如下：

```
package java.lang;
public interface Runnabel{
  public abstract void run();
}
```

可以看出，Runnable 接口只有一个方法 run()，该类实现 Runnable 接口并提供这一方法，将类的线程代码写入其中，就完成了这一部分的任务。但是 Runnable 接口并没有任何对线程的支持，实现类还必须创建 Thread 类的实例，这一点可以通过 Thread 类的构造函数 public Thread(Runnable target)来实现。实例 7-4 是实例 7-1 的改版，它放弃了继承 Thread 的方法，而直接实现 Runnable 类。

实例 7-4　实现 Runnable 接口程序

```
//文件名：MyThread2.java
import java.util.*;

public class MyThread2 implements Runnable {
 int count= 6, number;
 public MyThread2(int num) {
  number = num;
  System.out.println("创建线程 " + number);
```

```
    }

    public void run() {
     while(true) {
       System.out.println("线程 " + number + ":计数 " + count);
     if(--count== 0) return;
     }
    }

    public static void main(String args[]) {
     for(int i = 0; i < 5; i++) new Thread(new MyThread2(i+1)).start();
    }
}
```

使用 Runnable 接口来实现多线程，能够在一个类中包容所有的代码，有利于封装。缺点在于：只能使用一套代码，若想创建多个线程并使各个线程执行不同的代码，则必须额外创建类。大多数情况下，还不如直接用多个类分别继承 Thread 类来得紧凑。

7.4 线程基本控制

7.4.1 终止一个线程

终止一个线程就是让线程停止工作，不让线程再运行。可以用一个指示 run()方法必须退出的标识来停止一个线程脱离 Running 状态。

实例 7-5 停止线程程序

```
//文件名：StopThreasDemo.java
import java.util.*;

public class StopThreasDemo extends Thread{
   private  boolean flag = true;
   public void run(){
     while(flag){
       System.out.println("my flag:"+flag);
     }
   }

   /*
   *方法说明：这个方法提供给其他类使用，以停止这个线程
   */
   public void stopRunning() {
     flag=false;
   }
}
```

实例 7-5 使用了一个标识符来控制线程。当有其他类调用 stopRuning()方法时，标识 flag 的值将被改为 false，于是线程停止。

7.4.2 测试一个线程

有时线程可处于一个未知的状态。isAlive()方法用来确定一个线程是否仍是活的，活着的线程并不意味着该线程正在运行。对于一个已开始运行但还没有完成任务的线程，这个方法返回 true。

7.4.3 线程的阻塞

为了解决对共享存储区的访问冲突，Java 引入了同步机制，现在来考察多个线程对共享资源的访问，显然同步机制已经不够了，因为任意时刻所要求的资源不一定已经准备就绪；而且，同一时刻准备好的资源也可能不止一个。为了解决这种情况下的访问控制问题，Java 引入了对阻塞机制的支持。

阻塞指的是暂停一个线程的执行以等待某个条件发生（比如某资源就绪）。Java 提供了大量方法来支持阻塞，下面逐一分析。

- sleep()方法　允许指定以毫秒为单位的一段时间作为参数，使线程在指定时间内进入阻塞状态，不能得到 CPU 时间。指定的时间一过，线程重新进入可执行状态，典型地 sleep()被用在等待某个资源就绪的情形，待测试发现条件不满足后，让线程阻塞一段时间后重新测试，直到条件满足为止。
- suspend()和 resume()方法　两个方法配套使用，suspend()使得线程进入阻塞状态，并且不会自动恢复，必须其对应的 resume() 被调用，才能使该线程重新进入可执行状态。典型地，suspend() 和 resume() 被用在等待另一个线程产生的结果的情形，待测试发现结果还没有产生后，让线程阻塞，另一个线程产生了结果后，调用 resume()使其恢复。
- yield()方法　使线程放弃当前分得的 CPU 时间，但不使线程阻塞，即线程仍处于可执行状态，随时可能再次分得 CPU 时间。调用 yield()的效果等价于调度程序认为该线程已执行了足够的时间从而转到另一个线程。
- wait()和 notify()方法　两个方法应该配合使用，wait()使线程进入阻塞状态，它有两种形式，一种允许指定以毫秒为单位的一段时间作为参数。另一种没有参数。前者当对应的 notify()被调用或者超出指定时间时，线程重新进入可执行状态，后者则必须等待对应的 notify()被调用。

初看起来，waite()和 notify()与 suspend()和 resume()方法对似乎没有什么分别。事实上，它们是截然不同的。区别的核心在于，阻塞时 suspend()和 resume()都不会释放占用的锁（如果占用了的话），而 wait()和 notify()方法则相反。

上述的核心区别导致了一系列的细节上的区别。

首先，suspend()和 resume()方法都隶属于 Thread 类，但 waite()和 notify()方法却直接隶属于 Object 类。也就是说，所有对象都拥有这一对方法。初看起来这不可思议，但实际上却是很自然的，因为这一对方法阻塞时要释放占用的锁，而锁是任何对象都具有的，调用任意对象的 wait()方法导致线程阻塞，并且该对象上的锁被释放。而调用任意对象的 notify()

方法则导致因调用该对象的 wait() 方法而阻塞线程中随机选择的一个解除阻塞（等到获得锁后才真正可执行）。

其次，suspend()和 resume()方法都可在任何位置被调用，但 waite()和 notify()方法却必须在 synchronized 方法或块中被调用。理由很简单，只有在 synchronized 方法或块中的当前线程才占有锁，才有锁可以释放。同样的道理，调用 waite()和 notify()方法的对象上的锁必须为当前线程所拥有，这样才有锁可以释放。因此，waite()和 notify()方法必须放置在这样的 synchronized 方法或块中调用，该方法或块的上锁对象就是调用 waite()和 notify()方法的对象。不满足这一条件，虽然程序仍能编译，但在运行时会出现 IllegalMonitorState Exception 异常。

wait()和 notify()方法的上述特性决定了它们经常和 synchronized 方法或块一起使用，将它们和操作系统的进程间通信机制作一个比较就会发现其相似性：synchronized 方法或块提供了类似于操作系统原语的功能，它们的执行不会受到多线程机制的干扰，而 wait()和 notify()方法（均声明为 synchronized）则相当于 block 和 wakeup 原语。它们的结合使我们可以实现操作系统上一系列精妙的进程间通信的算法（比如信号量算法），并用于解决各种复杂的线程间通信问题。

最后关于 wait()和 notify()方法，再说明两点：

（1）调用 notify()方法导致解除阻塞的线程是从因调用该对象的 wait()方法而阻塞的线程中随机选取的，我们无法预料哪一个线程将被选择，所以编程时要特别小心，应避免因这种不确定性而产生问题。

（2）除了 notify()方法，还有一个方法 notifyAll()也可起到类似作用，唯一区别在于，调用 notifyAll()方法将把因调用该对象的 wait()方法而阻塞的所有线程一次性全部解除阻塞。当然，只有获得锁的那个线程才能进入可执行状态。

谈到阻塞就不能不谈一谈死锁，略一分析就能发现：suspend()方法和不指定超时期限的 wait()方法的调用都可能产生死锁。遗憾的是，Java 并不在语言级别上支持死锁的避免，这在编程中必须小心地避免死锁。

7.5 线程组

所有的线程都隶属于一个线程组，如果创建时没有指定组，那么所创建的线程将自动隶属于创建它的线程所在的组。Java 首次启动时，系统自动创建一个称为 main 线程组，以后的线程默认 main 线程组。线程一旦被创建，将无法从一个组转移到另一个组中。

线程组也必须从属其他线程组，而且必须在构造器里指定新线程组从属于哪个线程组。如果在创建时没有指定其所属的线程组，则缺省地隶属于系统线程组。这样，所有线程组便组成了一棵以系统线程组为根的树。

线程组的引进为控制大量的线程提供了方便，只要使用一条命令就可以完成对整个组的操作。

实例 7-6 演示了一个线程组，它创建了两个线程组，而且在每个组中添加了两个线程实体。主线程休眠 5 秒后将 tgB 线程组杀死，线程组 tgB 下的所有线程都被停止了。

实例 7-6　线程组程序

```
//文件名: demoThreadgroup.java
import java.util.*;

public class demoThreadgroup extends Thread {
  public static int flag=1;
  ThreadGroup tgA;
  ThreadGroup tgB ;

  public static void main(String[] args){
    demoThreadgroup dt = new demoThreadgroup();
    dt.tgA = new ThreadGroup("A");
    dt.tgB = new ThreadGroup("B");

    for(int i=1;i<3;i++)
      new thread1(dt.tgA,i*1000,"one"+i);
    for(int i=1;i<3;i++)
      new thread1(dt.tgB,1000,"two"+i);
    dt.start();
  }

  //覆盖run方法
  public void run(){
    try{
     Thread.sleep(5000);
     this.tgB.checkAccess();
     this.tgB.stop();
     System.out.println("**************tgB stop!***********************");
    }catch(SecurityException es){
      System.out.println("**"+es);
    }catch(Exception e){
      System.out.println("::"+e);
    }
  }
}

class thread1 extends Thread {
    int pauseTime;
    String name;

    public thread1(ThreadGroup g,int x, String n) {
        super(g,n);
        pauseTime = x;
        name = n;
        start();
    }
```

```
    public void run ()  {
      while(true) {
       try {
           System.out.print(name+"::::");
           this.getThreadGroup().list();//获取线程组信息
           Thread.sleep(pauseTime);
       } catch(Exception e) {
           System.out.println(e);
       }
      }
    }
}
```

注意：本实例中使用了 stop()方法来终止线程群，此方法已经被抛弃，但作为线程群来说是比较理想的方式。

7.6 优先级和线程调度

线程的优先级决定了线程的执行次序，每个线程在创建时都会指定一个级别，同一级别的线程遵循先来先服务的原则。如果有一个高级别的线程产生，那么它将夺取 CPU 的控制权而抢先执行。

为了支持多线程的执行，Java 运行系统自己实现了一个用于调度线程执行的线程调度器，由它管理当前运行的线程。如果 Java 运行系统所在的 OS 平台支持多线程，那么它将利用平台本身所提供的线程执行。

Java 使用了几个常量来定义优先级，它们是 MAX_PRIORITY（最大优先级）、MIN_PRIORITY（最小优先级）和 NORM_PRIORITY（普通优先级）。

也可以使用数字来表示优先级，数字范围是 1～10，MAX_PRIORITY 对应 10，MIN_PRIORITY 对应 1，NORM_PRIORITY 对应 5。级别 5 是系统默认的级别，当某个线程被创建后，可以使用 setPriority()方法来改变线程的优先级。

Java 规定，一个正在执行的线程可以通过调用 yield()方法主动放弃执行权力，但只能将 CPU 控制权交给同优先级的线程。如果队列中可执行状态的线程的优先级都比当前线程的优先级都低，那么 yield()方法将被忽略。

实例 7-7 线程优先级程序

```
//文件名: MyPriority.java
import java.util.*;

public class MyPriority {

  //主方法
```

```
    public static void main(String[] args) throws Exception {
     Thread1 t1 = new Thread1();
     t1.start();
     Thread2 t2 = new Thread2();
     t2.start();

     int min = Thread.MIN_PRIORITY;
     int max = Thread.MAX_PRIORITY;

     for(int i=min;i<=max;i++){
       t2.setPriority(i);
       new Thread().sleep(105);
     }
    }

    //类说明：线程1，不会被改变优先级
    static class Thread1 extends Thread {
     public void run(){
      while(true){
       try {
        this.sleep(100);
        }
       catch (Exception e){
        e.printStackTrace();
        }

        System.out.println("我是线程111");
       }
      }
     }

    //类说明：线程2，被不停的提高优先级
    static class Thread2 extends Thread {
     public void run(){
      while(true){
       try {
         System.out.println("Priority::"+this.getPriority());
        this.sleep(100);
        } catch (Exception e){
        e.printStackTrace();
        }

        System.out.println("我是线程222");
       }
      }
    }
}
```

实例 7-7 使用了 setPriority()方法来改变线程 222 的优先级。从屏幕上看出，线程 2 被执行了两次。线程 222 获取了 CUP 的控制权，所以抢在线程 111 之前执行了，如图 7-2 所示。

图 7-2　线程优先级

7.7　线程同步和锁

有时开发者创建的多线程程序会生成错误值或产生其他奇怪的行为，古怪行为一般出现在一个多线程程序没有使用同步连载线程访问关键代码部分的时候。由于同一进程的多个线程共享同一片存储空间，在带来方便的同时，也带来了访问冲突这个严重问题。Java 中提供了一个同步机制以阻止多个线程在时间的任意一点执行一个或多个关键代码部分，这种机制将自己建立在监视器和锁的概念基础上。一个监视器被作为包裹在关键代码部份周围的保护，一个锁被作为监视器用来防止多重线程进入监视器的软件实体。

要和监视器/锁一起工作，JVM 提供了 monitorenter 和 monitorexit 指令。幸运的是，不需要程序员在如此低级别地工作。取而代之，能够在 synchronized 声明和同步方法中使用 Java 的 synchronized 关键字，该关键字使监视器能和这个标识的交互，即允许独占存取对象。当线程运行到 synchronized 语句时，将检查作为参数传递的对象，并在继续执行之前试图从对象获得锁标识。

如果程序中有多个线程竞争多个资源，就可能会产生死锁。当一个线程等待由另一个线程持有的锁时，而后者正在等待已被第一个线程持有的锁，此时就会发生死锁。在这种情况下，除非另一个已经执行到 synchronized 块的末尾，否则没有一个线程能继续执行。由于没有一个线程可能继续执行，所以没有一个线程能执行到块的末尾。

Java 技术不监测也不试图避免这种情况，因而保证不发生死锁就成了程序员的责任。避免死锁的一个通用的经验法则是，决定获取锁的次序并始终遵照这个次序。可以按照与获取相反的次序来释放锁。

实例 7-8　线程同步程序

```
//文件名：RW.java
```

```
import java.util.*;

public class RW {
 //操作的对象
 private static Vector data = new Vector();
 public static void main(String[] args) throws Exception {
   new Producer().start();
   new Consumer().start();
 }

 //类说明：提取数据线程
 static class Consumer extends Thread {
  Consumer(){
  super("Consumer");
  }

  public void run(){
   while(true){
    try {
        Thread.sleep(1);
    } catch (Exception e){
        e.printStackTrace();
    }

    synchronized(data){
     Iterator it = data.iterator();
     while (it.hasNext()) it.next();
     }
    }
   }
  }

 //类说明：给data添加数据
 static class Producer extends Thread {
  Producer(){
   super("Producer");
  }

  public void run(){
   while(true){
    try {
      Thread.sleep(1);
    } catch (Exception e){
      e.printStackTrace();
    }

    data.addElement(new Object());
    if (data.size() > 1000) data.removeAllElements();
    }
   }
```

```
    }
  }
```

实例 7-8 使用 synchronized 给 Data 加锁，使添加数据和获取同步。

7.8 线程在动画中的应用

将线程应用到动画中，这是非常激动人心的应用。想像在软件操作中，旁边一直在播放动画是多么吸引人。或者在一个游戏中，把每个人物创建成一个线程，人物在不停地走动，这个技巧在游戏中经常被应用。这很符合实际，也不会影响用户的输入。

实例 7-9 创建了一个线程动画，在不停地显示图片，看起来就像在变脸一样。同时，不停地移动位置，像一个皮球那样碰壁而回。

实例 7-9 线程动画程序

```
//文件名：Atest3.java
import java.awt.*;
import java.awt.image.ImageProducer;
import java.applet.Applet;

public class Atest3 extends Applet implements Runnable {
 Image images[];
 MediaTracker tracker;
 int index = 0;
 Thread animator;
 boolean maxX = false;
 boolean maxY = false;
 int setX = 0;
 int setY = 0;
 int maxWidth,maxHeight;
 Image offScrImage;
 Graphics offScrGC;
 boolean loaded = false;

  //初始化applet和加载图片
 public void init() {
   //设置图片监视器
   tracker = new MediaTracker(this);
   //设置applet的宽度和高度
   maxWidth = 300;
   maxHeight =200;
   images = new Image[9]; //设置图片缓存尺寸
   try {
      offScrImage = createImage(maxWidth,maxHeight);
      offScrGC = offScrImage.getGraphics();
      offScrGC.setColor(Color.lightGray);
      offScrGC.fillRect(0,0,maxWidth,maxHeight);
      resize(maxWidth,maxHeight);
```

```
        }catch (Exception e) {
          e.printStackTrace();
        }
        //转载图片
        for (int i=0;i<9;i++) {
          String imageFile = new String ("images/T" +String.valueOf(i+1) +".gif");
          images[i] = getImage(getDocumentBase(),imageFile);
          //添加图片到tracker
          tracker.addImage(images[i],i);
        }
        try {
          //确定图片正常加载
          tracker.waitForAll();
        } catch (InterruptedException e) {}
          loaded = true;
        }

        //绘制图片
        public void paint (Graphics g) {
          if (loaded) {
            g.drawImage(offScrImage,0,0,this);
          }
        }

        //启动绘制图片
        public void start() {
           if (tracker.checkID (index)) {
              offScrGC.drawImage (images[index],setX,setY,this);
           }
           animator = new Thread(this);
           animator.start();
        }

        //运行
        public void run() {
          //得到线程
          Thread me = Thread.currentThread();
          //如果线程存在，并且是当前的线程
          while ((animator!= null) && (animator==me)) {
            if ( tracker.checkID (index)) {
            //清楚图片并绘制下一张图片
            offScrGC.fillRect(0,0,maxWidth,maxHeight);
            offScrGC.drawImage(images[index],setX,setY,this);
            index++;
            //图片控制
            if (index>= images.length) {
               index = 0;
             }
             if(setX>=maxWidth-13){
               maxX = true;
```

```
            }else if(setY>=maxHeight-13){
               maxY = true;
           }else if(setX<=0){
               maxX = false;
           }else if(setY<=0){
               maxY = false;
           }
            if(maxX){
               setX--;
             }else{
               setX++;
            }
            if(maxY){
               setY--;
             }else{
               setY++;
            }
            try {
              animator.sleep(200);
            }catch (InterruptedException e) {}
             //绘制下一帧
             repaint();
             }
           }
     }
}
```

7.9 小结

本章介绍了什么是线程，可以将线程理解为一个独立的不断运行的程序。其实程序中的 main 方法也可以看成是一个线程，线程在 Java 中无处不在。

线程实现的机制。实现一个线程很容易，只要使用继承 Thread 线程类，再重写 run 方法就能够实现自己的线程。当然，实现 Runnable 抽象类同样可以得到自己的线程。

线程的生命周期。每个线程都有一个活动周期，理解这个周期对理解线程的工作原理有很大的帮助。

7.10 习题

1. 填空题

（1）多任务操作系统能够同时运行多个__________。

（2）“线程”是进程中的单个__________。一个进程能够容纳___________。

（3）从线程的创建到死亡，整个被分为______个阶段。在整个过程中，对线程可以进行________、________、________、________、________、________等操作。

（4）当个线程等待由另一个线程持有的锁，而后者正在等待已被第一个线程持有的锁时，就会发生__________。

（5）在 Java 系统中，线程调度依据优先级基础上的________原则。

（6）Java 线程同步机制提供关键字__________，用于修饰可能引起资源冲突的方法。

（7）优先级低的线程获得 CPU 的机会也比较________。

（8）创建多线程的途径有两种：创建 Thread 类的子类与实现_________接口。

（9）线程是比进程更__________的执行单位。

（10）一个进程在其执行的过程中，可以产生__________个线程。

（11）一个进入阻塞状态的线程，只有当引起阻塞的原因被消除时，线程才可以转入____________状态。

（12）线程的优先级范围用数字 0～10 表示，那么一个线程的默认优先级是______。

（13）进入线程的生命周期的第一个状态是 _________状态。

（14）当一个线程执行完 run() 方法时，线程进入_______状态。

（15）在 sleep(int) 方法中，休眠时间的单位为________。

（16）所有等待的线程将无休止地等待下去，就是所谓的________。

（17）_________ 方法用来确定一个线程是否仍是活的。

（18）在线程同步执行过程中，wait() 与_______方法是匹配使用的，否则容易造成死锁。

2．选择题

（1）程序中的线程必须实现什么接口？

A. Runnable　　B. Thread　　C. Applet　　D. Cloneable

（2）如果我们需要程序同时处理不同的事件，怎么能够实现？

A. 人工参与　　B. 使用多线程　　C. 使用多个进程　　D. 使用多台电脑

（3）假若要实现 Runnable 接口，就必须具体实现接口中的什么方法？

A. run　　B. main　　C. action　　D. load

（4）线程调用什么方法来启动线程？

A. run　　B. load　　C. start　　D. stop

（5）下面哪个不是 Thread 类的方法？

A. yield()　　B. sleep(long msec)　　C. go()　　D. stop()

（6）运行下列程序，会产生什么结果？

```
public class X extends Thread implements Runable{
  public void run(){
    System.out.println("this is run()");
  }
  public static void main(String args[])  {
    Thread t=new Thread(new X());
    t.start();
  }
}
```

A. 第一行会产生编译错误　　B. 第六行会产生编译错误

C. 第六行会产生运行错误　　D. 程序会运行和启动

（7）哪个关键字可以对对象加互斥锁？

A. transient　　B. synchronized　　C. serialize　　D. static

3. 思考题

（1）列举线程的生命周期？

（2）一个类在继承类 Thread 的情况下，是否可以在实现 Runnable 接口呢？

（3）线程与进程的关系？

4. 上机题

（1）编写一个线程程序，实现下列功能：

A. 30 分钟运行一次；

B. 获取系统时间，根据不同的时间显示不同的问候语。

（2）定义类 ThdDemo，实现接口 Runnable，并在主方法中创建一个 ThdDemo 的对象 td，然后使用对象 td 创建一个线程对象，同时启动该线程对象。

第 8 章 J2EE 开发范例

本章学习目标

- 掌握 EJB 的开发思想
- 掌握有状态 EJB 的开发
- 掌握无常态 EJB 的开发
- 掌握实体 Bean 容器管理 EJB 的开发
- 掌握实体 Bean 自管理 EJB 的开发

Java 2 平台中最重要的就是 J2EE 平台，基于层次化的组件模式的 J2EE 平台把业务逻辑和底层网络技术分离出来，具有可伸缩性、可扩展性、易于开发和维护等特点，成为企业级商业分布式网络应用的标准。

J2EE 融合了各种网络技术和应用服务的技术，而且还在不断发展、扩充、完善。本章将重点讲述 J2EE 的核心部分 EJB（Enterprise JavaBean）。

8.1 J2EE 简介

J2EE（Java 2 Platform Enterprise Edition）是一个由 SUN 公司定义的开发分布式企业级应用的规范，它提供了多层次的分布式应用模型和一系列开发技术规范。

所谓多层次应用就是根据功能业务逻辑分成多个层次，每个层次都支持相应的服务器和组件，组件在相应的组件容器中运行（比如 Servlet 组件在 Servlet 容器中运行，EJB 在 EJB 容器中运行）。

容器间通过相关的协议进行通信，实现组件之间的调用。

另外，Java 2 系列还包括 J2SE（Java 2 Standard Edtion，标准 Java 2 平台，用于小型程序开发）以及 J2ME（Java 2 Micro Editon，微电子平台，用于手机、嵌入式应用等智能监控开发），而 J2EE 主要用于大型程序和 Web 程序（比如 JSP，本书也不打算对之进行讨论）开发。这里仅针对后者作介绍，对 J2SE 和 J2ME 感兴趣的读者，请参考相关书籍。

8.1.1 J2EE 组件和层次

1. J2EE 组件

组件与层次之间的关系如图 8-1 所示。

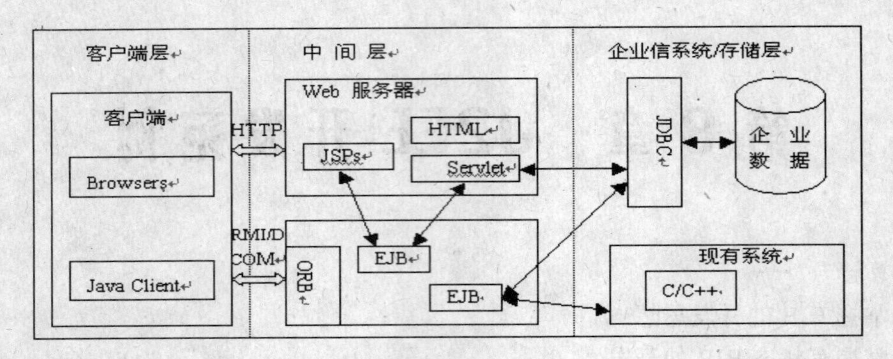

图 8-1 J2EE 组件层次关系

J2EE 规范定义了如下组件：

- 客户端组件。
- Web 组件。
- EJB 组件。

J2EE 规范定义了以下 4 个层次：

- 客户端层　客户端层用来实现企业级应用系统的操作界面和显示层，可分为基于 Web 的和非基于 Web 的客户端两种情况。在基于 Web 的情况下，只服务于企业 Web 服务器的浏览器。非基于 Web 的客户端层是独立的应用程序，可以完成廋客户机无法完成的任务。
- Web 层　为企业提供 Web 服务，包括企业信息发布等。Web 层由 Web 服务器和 Web 组件构成，主要响应客户层基于 Web 的请求，调用相应的逻辑模块，并将结果以动态网页的形式返回到客户端。
- 业务层　也叫应用层或 EJB 层，它由 EJB 容器和 EJB 组件构成。通常，许多发行商将 Web 和 EJB 服务器产品结合起来发布，称之为应用服务器。EJB 层是用来实现企业信息系统的业务逻辑，这也是企业应用的核心，由运行在 EJB 容器中的 Bean 来处理。
- 企业信息系统层　处理企业信息的软件，包括企业数据库和其他信息系统。

业务层和 Web 层共同组成三层 J2EE 结构的中间层。客户层和存储层或企业信息系统层构成了其他二层。

2. J2EE 分布式应用技术

J2EE 主要是为实现多层次分布式应用，为此定义了丰富的技术标准，这些技术标准覆盖了数据库访问、分布式通信、安全等，为分布式开发提供了强大的支持。

- 组件技术　J2EE 的核心思想是基于组件/容器的应用，组件可以重用、共享和分布。
- Servlets 和 JSP　Servlets 用来生成动态的页面和接受客户端的请求，以调用相应的业务逻辑操作。严格的说，JSP 是 Serv6lets 的扩展，通过嵌入到 HTML 中实现动态页面功能。执行 JSP 时 Web 容器将其编译成 Servlets 结构的 class 后，可以使用 Servlets 容器执行。

- EJB 技术　EJB 规范提供了一个开发和部署服务器端组件的方法。每个 EJB 是安功能逻辑划分的，开发时无须关心系统的底层细节问题，只要注意具体的业务逻辑。开发完后按照规范发布到 EJB 容器中，完成相应的事务功能。EJB 支持分布式计算，真正体现了企业级的应用。
- 数据库访问　任何企业信息系统都离不开数据库，开发分布式系统要求数据库访问有良好的可扩展性。JDBC（Java Database Connectivity）是一个独立的强大的数据访问接口，它提供了通用的访问数据库的方法，支持基本的 SQL 功能的通用底层的应用程序接口。
- 分布式通信技术　为分布式开发提供了可能，是连接 J2EE 框架内各技术的桥梁，包括 Java RMI（Remote Method Invoke）、Java IDL（Java Interface Defilation Language）、JNDI（Java Name and Directory Interface）和 JMS（Java Message Server）。

J2EE 的开发、应用都要利用服务器的支持。现在有许多的产品支持 J2EE 规范，比如 WebLogic Server、WebSphere、iPlanet 等。本章所有的实例都在 Weblogic Server 6.1 sp2 上通过。关于 WebLogic Server 6.1 sp2 的测试版的免费获得和产品注册可以参阅 Bea 公司的中国网站 www.bea.com.cn。Weblogic 的安装非常简单，这里不做介绍。

8.1.2 EJB 角色

EJB 是 J2EE 的核心技术，围绕 EJB 的开发，EJB 规范定义了 5 种角色。每种角色承担不同的任务，角色之间通过合约协调工作。

- 服务器提供者　分布式事务管理、分布式对象和其他低级系统级服务方面的专家，主要负责处理分布式对象和低层次系统服务。一个典型的 EJB 服务器提供者，可能是操作系统生产者、中间件生产者或数据库生产者。
- 容器提供者　一般是系统编程方面的专家，由于容器有能力将 EJB 环境与现存应用程序（比如 SAP R/3 和 CICS）桥接起来，因而这些专家可能具备某一应用领域的经验。由于容器为 Bean 提供了安全、可升级和事务性的环境，因而容器提供者必须具备这些领域的经验。数据库和事务服务器厂商也适合这一角色，并可提供标准容器。

在 EJB 的开发和使用中，经常会遇到一个持久性问题。所谓持久性就是通过辅助的永久性设备（比如数据库或文件等），将 Java 对象的状态和对应的存储设备映射起来，当 Java 对象发生变化时，存储的映射也随之改变。即使 Java 对象消失后，存储设备依然保存着 Java 对象的状态。当 Java 对象重新实例化，将取回存储的状态，这就是 Java 的持久性。

- EJB 提供者　为 EJB 应用程序提供积木，他们是典型的以 Bean 的形式编写商务逻辑的专家，而他们不一定是数据库或系统编程方面的专家，也不必考虑程序的事务并发性、安全性、分布性等问题。他们生成包括所有组件在内的 EJB JAR 文件，对象库厂商和多数开发商适合这一角色。
- EJB 应用装配者　应用程序装配者是域专家，他们的工作是把 EJB 装配成更大的可部署的应用单元。通过生产一个或多个 ejb-jar 文件。应用装配者建立 EJB 部署描述符和 EJB 客户端视图合约，这部分工作一般由 EJB 提供者完成。

- EJB 部署者　通常熟悉企业的操作环境，他们利用应用程序包并设置部分或全部应用程序的安全和事务描述符。部署者也有可能使用工具（比如 WebLogic Server 提供的 weblogic.ejbc 工具）来修正 Bean 的商务逻辑；部署者是制定 EJB 的运行环境。

EJB 框架模型的设计思想是让 EJB 开发者全心关注商业逻辑，不必去关系底层的逻辑。作为 EJB 的开发者或提供者，必须完成要完成编写积木的工作，而且必须理解概念 EJB 分为会话 EJB（session bean）和实体 EJB（entity bean）。

会话 EJB 表示调用它的客户端代码需要完成的工作，这是一种商业处理过程对象，它实现商业逻辑，商业规则以及工作流程，例如报价、订单处理、视频压缩、股票交易等。之所以叫会话 EJB 是因为其生命周期与调用它的客户端相同。

会话 EJB 又分为两种：无状态（stateless）和有状态（stateful）,有状态会话 EJB 用于贯穿多个方法请求和事务的商业过程，例如网上商店、用户进入商店后，可以将商品加入再现的购物车，组件必须跟踪用户的状态（比如购物车）；而无状态会话 EJB 用于客户调用方法期间不用维护任何状态信息，例如解决复杂数学运算的视频压缩/解压缩。

实体 EJB 用来代表商业过程中处理的永久性的数据，例如银行出纳员组件完成储蓄等商业过程，其中涉及的数据是银行账户数据。

实体 EJB 用来代表底层的对象，最常用的是用实体 EJB 代表关系库中的数据。一个简单的实体 EJB 则可以定义成代表数据库表的一条记录，也就是每个实例代表一条特殊的记录。更复杂的实体 EJB 则可以代表数据库表间关联视图。在实体 EJB 中，还可以考虑包含厂商的增强功能，比如对象-关系映射的集成。

实体 EJB 最主要的任务是给数据库的访问提供了一个缓冲。在大型分布式应用中，可以大大减小数据库服务器的压力，保障整个应用系统的稳定。

8.2　会话 EJB

会话 EJB 是一种通过 home interface 创建并对客户端连接专有的 EJB。会话 EJB 实例一般不与其他客户端共享，这允许会话 EJB 维护客户端的状态。会话 EJB 的一个例子就是购物车，众多顾客可以同时购物，向自己的购物车中加东西，而不是向一个公共的购物车中加私人的货物。可以通过定义实现 javax.ejb.SessionBean 接口的类来创建一个会话 EJB，该接口定义如下：

```
public interface javax.ejb.SessionBean extends javax.ejb.EnterpriseBean {
public void ejbActivate() throws RemoteException;
public void ejbPassivate() throws RemoteException;
public void ejbRemove() throws RemoteException;
public void setSessionContext(SessionContext context)
                                  throws RemoteException;}
```

javax.ejb.EnterpriseBean 是一个空接口，它是会话 EJB 和实体 EJB 的超类。

容器开发商可以实现把会话 EJB 的实例来从主存移到二级存储中，这种交换机制，可以增加一段时间内实例化会话 EJB 的总数。容器维护一个 EJB 的时间期限，当某个 EJB 的不活动状态时间达到这个阀值时，容器就把这个 EJB 拷贝到二级存储中并从主存中删除。容器可以使用任何机制来实现 EJB 的持久性存储，最常用的方式是通过 bean 的序列化。

为了支持厂商提供会话 bean 的交换，规范定义了钝化和活化，即 ejbPassivate()和 EjbActivate()方法。所谓钝化就是把 bean 从主存转移到二级存储的过程，而活化即把 bean 恢复到主存中去的过程。在会话 EJB 接口中声明的 ejbPassivate()方法，允许容器通知已经被活化的 bean 将它要被钝化。Bean 开发者可以用这些方法来释放和恢复处于钝化状态的 bean 所占有的值、引用和系统资源。一个可能的例子是数据库连接，作为有限的系统资源，它不能被钝化的 bean 使用。

会话 bean 的部署描述符必须声明该 bean 是有状态或无状态的。一个无状态 bean 是在方法调用期间不维护任何状态信息的 bean。通常会话 bean 的优点是代替客户端维护状态。

然而，让会话 bean 无状态也有一个好处。无状态 bean 不能被钝化，因为它不维护状态，所以不需要保存信息。容器可以删除 bean 的实例，客户端永远不会知道无状态 bean 的删除过程。客户端的引用是 EJBObject，如果客户端稍后又调用了一个商业方法，则 EJBObject 通知容器正在实例化一个新的会话 bean。因为没有状态，所以也没有信息需要恢复。

无状态 bean 可以在客户端之间共享，只是某一时刻只能有一个客户端执行一个方法。因为在方法调用期间没有需要维护的状态，所以客户端可使用任何无状态 bean 的实例。这使得容器可以维护一个较小的可复用 bean 的缓冲池，节省主存。因为无状态 bean 在方法调用期间不能维护状态，所以从技术上讲在 home interface 的 create()方法不应有参数。创建时向 bean 传递参数意味着在 ejbCreate()返回时需要维护 bean 的状态，而且经由 EJBObject 调用商业方法的结果使得容器必须能重创建一个无状态的 bean，这时在开始创建 bean 时的参数就不存在了。厂商的安装工具应该能检查 home interface 的无状态对话 bean，以保证其不包含带参数的 create()方法。

8.2.1　无状态的会话 EJB

当客户机和服务器建立连接之后，无状态会话 Bean（Stateless Session Bean）处理单一的用户请求或商务过程。无状态会话 Bean 不需要从以前的请求中提取任何状态。例如，用户的用户密码确认。用户输入密码后，发送请求。组件返回真或假来确认用户，一旦过程完成，无状态会话 Bean 也宣告结束。下面通过实例来讲解无状态会话 EJB 的开发。本实例是一个简化的资金账户操作 EJB，提供了添加资金、提取资金和获得资金等方法。

1．文件结构

```
/stateless
  |—StatelessTrade.java
  |—StatelessTradeHome.java
  —StatelessTradeBean.java
```

/META-INF
  |—ejb-jar.xml
  —weblogic-ejb-jar.xml

2. 程序原代码

实例 8-1　远程接口程序

```
//文件名：StatelessTrade.java
//远程接口
package stateless;
import javax.ejb.*;
import java.util.*;
import java.rmi.*;

/*
*这是StatefulTrade的远程接口定义。远程接口定义了客户端能远程调用的EJB方法。
*这些方法除了抛出异常java.rmi.RemoteException外，和EJB中的定义是一致的。
*但不是由EJB来实现这个接口，而是由容器字典产生的类StatefulTradeBeanE实现。
*/
public interface StatelessTrade extends javax.ejb.EJBObject {
/*
*方法说明：添加资金
* @参数：fund 资金数
* @返回：
* @异常：RemoteException 当系统通信发生故障时
*/
  public void addFunds(double fund) throws Exception, RemoteException;
/*
*方法说明：提取资金
* @参数：fund 资金数
* @返回：
* @异常：RemoteException 当系统通信发生故障时
*/
  public void removeFunds(double fund) throws Exception, RemoteException;
/*
*方法说明：察看资金数目
* @参数：
* @返回：double 资金数
* @异常：RemoteException 当系统通信发生故障时
*/
  public double getBalance() throws RemoteException;
}
```

实例 8-2　主接口程序

```
//文件名：StatelessTradeHome.java
//主接口
package stateless;
import javax.ejb.*;
import java.util.*;
import java.rmi.*;
```

```
public interface StatelessTradeHome extends javax.ejb.EJBHome {
/*
*功能说明：必须实现的方法。与StatefulTradeBean中ejbCreate方法对应。
* @异常：CreateException 创建EJB错误时抛出
* @异常：RemoteException 当系统通信发生故障时抛出
*/
  public statelessTrade create() throws CreateException, RemoteException;
}
```

实例 8-3 实例化 Bean 程序

```
//文件名：StatelessTradeBean.java
//实现类
package stateless;
import javax.ejb.*;
import java.lang.*;

public class StatelessTradeBean implements SessionBean {
  SessionContext sessionContext;
  double baseFunds; //账户资金
/*
*方法说明：这个方法与StatelessTradeHome.java中的主接口中的create()方法相对应，
*两个方法的参数相同。当客户端调用主接口的StatelessTradeHome.create()方法时，
*容器将分配一个EJB实例，并调用它的ejbCreate()方法。本例没有使用这个方法。
* @参数：
* @返回：
* @异常：当系统创建EJB出错时，抛出CreateException异常
*/
  public void ejbCreate() throws CreateException {
  }
/*
*方法说明：本方法必须实现，本例中没有使用到。
*/
  public void ejbRemove() {
  }
/*
*方法说明：本方法必须实现，本例中没有使用到。
*/
  public void ejbActivate() {
  }
/*
*方法说明：本方法必须实现，本例中没有使用到。
*/
  public void ejbPassivate() {
  }

/*
*方法说明：设置会话上下文
* @参数：sessionContext
*/
  public void setSessionContext(SessionContext sessionContext) {
```

```
        this.sessionContext = sessionContext;
    }

  /*
  *方法说明：添加资金
  * @参数：fund 资金数
  * @返回：
  * @异常：Exception 当增加资金为负数时
  */
    public void addFunds(double fund) throws Exception {
      if (fund<0)
          throw new Exception("Invalid fund");
      this.baseFunds+=fund;
    }

  /*
  *方法说明：提取资金
  * @参数：fund 资金数
  * @返回：
  * @异常：Exception 当增加资金为负数和所提取资金超过账户上资金时
  */
    public void removeFunds(double fund) throws Exception {
      if(fund<0)
          throw new Exception("Invalid fund");
      if(this.baseFunds<fund)
          throw new Exception("the balance less than fund");
     this.baseFunds-=fund;
    }

  /*
  *方法说明：查询账户资金数
  * @返回：double 资金数
  */
    public double getBalance() {
      return this.baseFunds;
    }
  }
```

实例 8-4　ejb-jar.xml 文件

```
<?xml version="1.0" encoding="UTF-8"?>
<!DOCTYPE ejb-jar PUBLIC "-//Sun Microsystems, Inc.//DTD Enterprise JavaBeans 2.0//EN" "http://java.sun.com/dtd/ejb-jar_2_0.dtd">
<ejb-jar>
    <enterprise-beans>
        <session>
            <display-name>StatelessTrade</display-name>
            <ejb-name>StatelessTrade</ejb-name>
            <home>Stateless.statelessTradeHome</home>
            <remote>Stateless.StatelessTradeHome</remote>
            <ejb-class>stateless.StatelessTradeBean</ejb-class>
```

```
            <session-type>Stateless</session-type>
            <transaction-type>Container</transaction-type>
        </session>
    </enterprise-beans>
    <assembly-descriptor>
        <container-transaction>
            <method>
                <ejb-name>StatelessTrade</ejb-name>
                <method-name>*</method-name>
            </method>
            <trans-attribute>Required</trans-attribute>
        </container-transaction>
    </assembly-descriptor>
</ejb-jar>
```

ejb-jar.xml 可分为以下几个部分：

- <ejb-name>　定义这个 EJB 的名字，这里是 StatelessTrade。
- <home>　定义主接口，这里是 stateless.StatelessTradeHome。
- < remote>　定义远程接口，这里指定为 stateless.StatelessTrade。
- <ejb-class>　指定 EJB 类，这里是 stateless.StatelessTradeBean。
- <session-type>　定义会话类型，这里定义为 Stateless，无状态。

实例 8-5　weblogic-ejb-jar.xml 文件

```
<?xml version="1.0" encoding="UTF-8"?>
<!DOCTYPE weblogic-ejb-jar PUBLIC '-//BEA Systems, Inc.//DTD WebLogic 6.0.0 EJB//EN'
'http://www.bea.com/servers/wls600/dtd/weblogic-ejb-jar.dtd'>
<weblogic-ejb-jar>
    <weblogic-enterprise-bean>
        <ejb-name>statelessTrade</ejb-name>
        <caching-descriptor>
          <max-beans-in-free-pool>100</max-beans-in-free-pool>
        </caching-descriptor>
        <jndi-name>statelessTrade</jndi-name>
    </weblogic-enterprise-bean>
</weblogic-ejb-jar>
```

weblogic-ejb-jar.xml 文件主要定义了与 EJB 部署相关的信息，主要有：

- <ejb-name>　EJB 的名字，这里是 StatelessTrade
- <caching-descriptor>　定义 EJB 缓冲池，这里定义了 100 个 EJB 的实例。
- <jndi-name>　定义 JNDI 的查询名称。

3. 编译和打包

现在要将以上文件编译并打包成 jar 文件。假设将以上文件存于 d:\study\ejb\less 目录下，打开命令窗口，进入 d:\study\ejb\less 目录，输入以下命令。步骤如下：

（1）设置环境，加载 weblogic.jar 包。

```
d:\study\ejb\less>set classpath=.; %classpath%;
                  G:\bea\wlserver6.1\lib\weblogic.jar
```

（2）编译类文件。

```
d:\study\ejb\less>javac .\stateless\StatelessTradeBean.java .\stateless\StatelessTradeHome.java .\stateless\StatelessTrade.java
```

（3）打包。

```
d:\study\ejb\less>jar cv0f tem_statelessTrade.jar stateless META-INF
d:\study\ejb\less> java weblogic.ejbc -compiler javac tem_statelessTrade.jar statelessTrade.jar
```

若以上步骤成功，将在 d:\study\ejb\less 目录下生成一个 statelessTrade.jar 文件。

4. 部署

EJB 部署非常的简单，有很多工具可以使用。最简单的是使用 WebLogic 的控制中心直接发布到服务器，步骤详见“附录 A 发布 EJB 到 WebLogic Server”。

5. 编写测试程序

编辑 StatelessTradeTestClient.java 文件，并保存到 d:\study\ejb\stateless \client\stateless 目录下，同时将 StatelessTradeHome.class、StatelessTrade.class 拷贝到这个目录，并测试程序代码实例 8-6。

实例 8-6　无状态 EJB 客户端测试程序

```
//文件名：StatelessTradeTestClient.java
//无会话EJB测试客户程序
package stateless;
import javax.naming.*;
import java.util.Properties;
import javax.rmi.PortableRemoteObject;

public class StatelessTradeTestClient {
  private static final String ERROR_NULL_REMOTE = "Remote interface reference is null. It must be created by calling one of the Home interface methods first.";
  private static final int MAX_OUTPUT_LINE_LENGTH = 100;
  private boolean logging = true;
  private statelessTradeHome statelessTradeHomeObject = null;
  private statelessTrade statelessTradeObject = null;

/*
*方法说明：构造器
*/
  public statelessTradeTestClient() {
    log("Initializing bean access.");
    try {
      //得到上下文
      Context ctx = getInitialContext();
      //查询statelessTrade
      Object ref = ctx.lookup("statelessTrade");
      //创建home端口
      statelessTradeHomeObject = (statelessTradeHome) PortableRemoteObject.narrow(ref, statelessTradeHome.class);
      if (logging) {
```

```
        log("Succeeded initializing bean access.");
      }
    } catch(Exception e) {
      if (logging) {
        log("Failed initializing bean access.");
      }
      e.printStackTrace();
    }
  }

  /*
  *方法说明：获取初始化上下文
  */
   private Context getInitialContext() throws Exception {
     String url = "t3://localhost:7001";
     String user = null;
     String password = null;
     Properties properties = null;
     try {
       properties = new Properties();
       properties.put(Context.INITIAL_CONTEXT_FACTORY,
"weblogic.jndi.WLInitialContextFactory");
       properties.put(Context.PROVIDER_URL, url);
       if (user != null) {
         properties.put(Context.SECURITY_PRINCIPAL, user);
         properties.put(Context.SECURITY_CREDENTIALS,  password  ==  null  ?  ""  :
password);
       }
       return new InitialContext(properties);
     } catch(Exception e) {
       log("Unable to connect to WebLogic server at " + url);
       log("Please make sure that the server is running.");
       throw e;
     }
   }

  /*
  *方法说明：使用home端口创建远程接口
  */
   public statelessTrade create() {
     log("Calling create()");
     try {
       statelessTradeObject = statelessTradeHomeObject.create();
       log("Succeeded: create()");
     } catch(Exception e) {
       if (logging) {
         log("Failed: create()");
       }
       e.printStackTrace();
     }
```

```
    if (logging) {
      log("Return value from create(): " + statelessTradeObject + ".");
    }
    return statelessTradeObject;
  }

/*
*方法说明：添加账户资金
*/
  public void addFunds(double fund) {
    if (statelessTradeObject == null) {
      System.out.println("Error in addFunds(): " + ERROR_NULL_REMOTE);
      return ;
    }
    log("Calling addFunds(" + fund + ")");
    try {
      statelessTradeObject.addFunds(fund);
      if (logging) {
        log("Succeeded: addFunds(" + fund + ")");
      }
    }
    catch(Exception e) {
      if (logging) {
        log("Failed: addFunds(" + fund + ")");
      }
      e.printStackTrace();
    }
  }

/*
*方法说明：提取资金
*/
  public void removeFunds(double fund) {
    if (statelessTradeObject == null) {
      System.out.println("Error in removeFunds(): " + ERROR_NULL_REMOTE);
      return ;
    }
    log("Calling removeFunds(" + fund + ")");
    try {
      statelessTradeObject.removeFunds(fund);
      if (logging) {
        log("Succeeded: removeFunds(" + fund + ")");
      }
    } catch(Exception e) {
      if (logging) {
        log("Failed: removeFunds(" + fund + ")");
      }
      e.printStackTrace();
    }
  }
```

```
    /*
    *方法说明：获取账户资金数
    */
     public double getBalance() {
       double returnValue = 0f;
       if (statelessTradeObject == null) {
         System.out.println("Error in getBalance(): " + ERROR_NULL_REMOTE);
         return returnValue;
       }
       log("Calling getBalance()");
       try {
         returnValue = statelessTradeObject.getBalance();
         if (logging) {
           log("Succeeded: getBalance()");
         }
       } catch(Exception e) {
         if (logging) {
           log("Failed: getBalance()");
         }
         e.printStackTrace();
       }
       if (logging) {
         log("Return value from getBalance(): " + returnValue + ".");
       }
       return returnValue;
     }

    /*
    *方法说明：显示信息
    */
     private void log(String message) {
       if (message == null) {
         System.out.println("-- null");
         return ;
       }
       if (message.length() > MAX_OUTPUT_LINE_LENGTH) {
         System.out.println("-- " + message.substring(0, MAX_OUTPUT_LINE_LENGTH) +
" ...");
       } else {
         System.out.println("-- " + message);
       }
     }

     //Main method
     public static void main(String[] args) {
       statelessTradeTestClient client = new statelessTradeTestClient();
       client.create();
       System.out.println("++"+client.getBalance());
       client.addFunds(400.0);
    System.out.println("++"+client.getBalance());
```

```
        client.removeFunds(200);
    System.out.println("++"+client.getBalance());
      }
    }
```

6. 编译客户端代码

进入 d:\study\ejb\stateless\client 目录，在命令窗口中操作如下：

```
d:\study\ejb\stateless\client>javac .\stateless\StatelessTradeTestClient.java
```

7. 运行客户端进行测试

首先启动 WebLogic Server 6.1 服务器。WebLogic 的启动非常简单，这里不做介绍。在命令窗口中输入以下命令：

```
d:\study\ejb\stateless\client> java stateless.StatelessTradeTestClient
```

正确的执行窗口输出如图 8-2 所示。

```
C:\WINNT\System32\cmd.exe
D:\ejb\statelessclient>java stateless.statelessTradeTestClient
-- Initializing bean access.
-- Succeeded initializing bean access.
-- Calling create()
-- Succeeded: create()
-- Return value from create(): ClusterableRemoteRef(192.168.0.1 [192.168.0.1])/2
84.
-- Calling getBalance()
-- Succeeded: getBalance()
-- Return value from getBalance(): 1000.0.
++1000.0
-- Calling addFunds(400.0)
-- Succeeded: addFunds(400.0)
-- Calling getBalance()
-- Succeeded: getBalance()
-- Return value from getBalance(): 1400.0.
++1400.0
-- Calling removeFunds(200.0)
-- Succeeded: removeFunds(200.0)
-- Calling getBalance()
-- Succeeded: getBalance()
-- Return value from getBalance(): 1200.0.
++1200.0

D:\ejb\statelessclient>
```

图 8-2　无状态会话 EJB 客户端输出

8.2.2 有状态的会话 EJB

无状态会话 EJB 其实并不是不保存状态，只是不保存某个客户端的状态。无状态会话 EJB 适合不保存特定客户的状态或状态不随客户端的不同而不同，例如在取得一个系统时间的 EJB 中，不需要考虑客户端的不同。

如果将无状态会话 EJB 的例子运行多次，就会发现，资金数在累加，也就是说账户资金被 EJB 记忆下来了。但是，如果再开一个运行窗口，则会发现拥有原来窗体的资金数。

有状态会话 EJB 则不同，它会保存客户的状态，最直接的例子是网上购物车，每个客户所购买的商品是不一样的，这决定我们要给每个客户保存一个状态。保存每个客户的状态，使得有状态会话 EJB 在资源上的消耗要比无状态会话 EJB 大许多。

接下来将开发一个功能和无状态会话 EJB 实例相同的资金管理 EJB，但这是有状态会话 EJB 的实例。

1. 文件结构

/statefultrade
    |—StatefulTrade.java
    |—StatefulTradeHome.java
    - StatefulTradeBean.java
/META-INF
    |—ejb-jar.xml
    —weblogic-ejb-jar.xml

2. 原码文件

原码文件为实例 8-7、实例 8-8、实例 8-9、实例 8-10 以及实例 8-11。

实例 8-7 远程接口程序

```
//文件名StatefulTrade.java
//定义远程接口
package statefultrade;
import javax.ejb.*;
import java.util.*;
import java.rmi.*;

/*
*这是StatefulTrade的远程接口定义。远程接口定义了客户端能远程调用的EJB方法。
*这些方法除了抛出异常java.rmi.RemoteExceptionw外，和EJB中定义是一致的。
*但不是EJB来实现这个接口，而是由容器字典产生的类StatefulTradeBeanE实现。
*/
public interface StatefulTrade extends javax.ejb.EJBObject {
/*
*方法说明：添加资金
* @参数：fund 资金数
* @返回：
* @异常：RemoteException 当系统通信发生故障时
*/
  public void addFunds(double fund) throws Exception, RemoteException;
/*
*方法说明：提取资金
* @参数：fund 资金数
* @返回：
* @异常：RemoteException 当系统通信发生故障时
*/
  public void removeFunds(double fund) throws Exception, RemoteException;
/*
*方法说明：察看资金数目
* @参数：
* @返回：double 资金数
* @异常：RemoteException 当系统通信发生故障时
*/
  public double getBalance() throws RemoteException;
```

```
}
```

实例 8-8　主接口程序

```
//文件名：StatefulTradeHome.java
//主接口文件
package statefultrade;
import javax.ejb.*;
import java.util.*;
import java.rmi.*;

public interface StatefulTradeHome extends javax.ejb.EJBHome {
/*
*功能说明：必须实现的方法,与StatefulTradeBean中ejbCreate方法对应。
* @异常：CreateException 创建EJB错误时抛出
* @异常：RemoteException 当系统通信发生故障时抛出
*/
  public StatefulTrade create(double fund) throws CreateException, RemoteException;
}
```

实例 8-9　Bean 实体类

```
//文件名StatefulTradeBean.java
//实现接口类
package statefultrade;
import javax.ejb.*;
import java.lang.*;

/*
*本类是一个无状态会话EJB。
*必须实现SessionBean。
*/
public class StatefulTradeBean implements SessionBean {
  SessionContext sessionContext;
  double baseFunds; //账户资金数

/*
*方法说明：这个方法与StatefulTradeHome.java中主接口中的create()方法相对应，
*两个方法的参数相同。当客户端调用主接口的StatefulTradeHome.create()方法时，
*容器将分配一个EJB实例，并调用它的ejbCreate()方法。
* @参数：
* @返回：
* @异常：CreateException 当系统创建EJB出错时抛出
*/
  public void ejbCreate(double fund) throws CreateException {
     if (fund<0)
        throw new CreateException("Invalid fund");
    this.baseFunds=fund;
  }

/*
*方法说明：本方法必须实现，本例中没有使用到。
*/
```

```
    public void ejbRemove() {
    }

  /*
  *方法说明：本方法必须实现，本例中没有使用到。
  */
    public void ejbActivate() {
    }

  /*
  *方法说明：本方法必须实现，本例中没有使用到。
  */
    public void ejbPassivate() {
    }

  /*
  *方法说明：设置会话上下文
  * @参数：sessionContext
  */
    public void setSessionContext(SessionContext sessionContext) {
      this.sessionContext = sessionContext;
    }

  /*
  *方法说明：添加资金
  * @参数：fund 资金数
  * @返回：
  * @异常：Exception 当增加资金为负数时
  */
    public void addFunds(double fund) throws Exception {
      if (fund<0)
          throw new Exception("Invalid fund");
      this.baseFunds+=fund;
    }

  /*
  *方法说明：提取资金
  * @参数：fund 资金数
  * @返回：
  * @异常：Exception 当增加资金为负数和所提取资金超过账户上资金时
  */
    public void removeFunds(double fund) throws Exception {
      if(fund<0)
          throw new Exception("Invalid fund");
      if(this.baseFunds<fund)
          throw new Exception("the balance less than fund");
      this.baseFunds-=fund;
    }

  /*
```

```
    *方法说明：查询账户资金数
    * @返回：double 资金数
    */
     public double getBalance() {
       return this.baseFunds;
     }
    }
```

实例 8-10　ejb-jar 文件

```
<?xml version="1.0" encoding="UTF-8"?>
<!DOCTYPE ejb-jar PUBLIC "-//Sun Microsystems, Inc.//DTD Enterprise JavaBeans 2.0//EN" "http://java.sun.com/dtd/ejb-jar_2_0.dtd">
<ejb-jar>
   <enterprise-beans>
      <session>
         <display-name>StatefulTrade</display-name>
         <ejb-name>StatefulTrade</ejb-name>
         <home>statefultrade.StatefulTradeHome</home>
         <remote>statefultrade.StatefulTrade</remote>
         <ejb-class>statefultrade.StatefulTradeBean</ejb-class>
         <session-type>Stateful</session-type>
         <transaction-type>Container</transaction-type>
      </session>
   </enterprise-beans>
   <assembly-descriptor>
      <container-transaction>
         <method>
            <ejb-name>StatefulTrade</ejb-name>
            <method-name>*</method-name>
         </method>
         <trans-attribute>Required</trans-attribute>
      </container-transaction>
   </assembly-descriptor>
</ejb-jar>
```

和无状态会话 EJB 不同的是，<session-type>被定义为 Stateful。

实例 8-11　weblogic-ejb-jar 文件

```
<?xml version="1.0" encoding="UTF-8"?>
<!DOCTYPE weblogic-ejb-jar PUBLIC '-//BEA Systems, Inc.//DTD WebLogic 6.0.0 EJB//EN' 'http://www.bea.com/servers/wls600/dtd/weblogic-ejb-jar.dtd'>
<weblogic-ejb-jar>
   <weblogic-enterprise-bean>
      <ejb-name>StatefulTrade</ejb-name>
     <jndi-name>StatefulTrade</jndi-name>
   </weblogic-enterprise-bean>
</weblogic-ejb-jar>
```

3. 编译和打包

现在要将以上文件编译并打包成 jar 文件。将以上文件存于 d:\study\ejb\full 目录下，打开命令窗口，进入 d:\study\ejb\full 目录，输入以下命令。步骤如下：

（1）设置环境，加载 weblogic.jar 包。

```
    d:\study\ejb\less>                                              set
classpath=.;%classpath%;G:\bea\wlserver6.1\lib\weblogic.jar
```

（2）编译类文件。

```
    d:\study\ejb\less>javac .\statefultrade\StatefulTradeBean.java .\statefultrade\
StatefulTradeHome. java.\ statefultrade\ StatefulTrade.java
```

（3）打包。

```
    d:\study\ejb\less>jar cv0f tem_StateFullTrade.jar statefull META-INF
    d:\study\ejb\less> java weblogic.ejbc -compiler javac tem_SateFullTrade.jar
StateFullTrade.jar
```

若以上步骤成功，则将在 d:\study\ejb\full 目录下生成一个 StateFullTrade.jar 文件。

4. 部署

步骤详见“附录 A 发布 EJB 到 WebLogic Server”。

5. 编写客户端程序

在 d:\study\ejb\full 目录下创建 client\ statefultrade 目录，将 StatefulTrade.class、StatefulTradeHome.class 拷贝到 statefultrade 目录下面。将客户端程序 StatefulTradeTestClient.java 保存到 d:\study\ejb\full\client\ statefultrade 下。客户端测试程序原码见实例 8-12。

实例 8-12　有会话 EJB 测试程序

```
    //文件名：StatefulTradeTestClient.java
    //有状态会话EJB测试客户端
    package statefultrade;
    import javax.naming.*;
    import java.util.Properties;
    import javax.rmi.PortableRemoteObject;

    public class StatefulTradeTestClient {
      private static final String ERROR_NULL_REMOTE = "Remote interface reference is
null.  It must be created by calling one of the Home interface methods first.";
      private static final int MAX_OUTPUT_LINE_LENGTH = 100;
      private boolean logging = true;
      private StatefulTradeHome statefulTradeHome = null;
      private StatefulTrade statefulTrade = null;

      //构造器
      public StatefulTradeTestClient() {
       log("Initializing bean access.");
        try {
          //得到context上下文
          Context ctx = getInitialContext();
          //查询StatefulTrade
          Object ref = ctx.lookup("StatefulTrade");
          //创建Home主接口
          statefulTradeHome = (StatefulTradeHome) PortableRemoteObject.narrow(ref,
StatefulTradeHome.class);
          log("Succeeded initializing bean access.");
```

```
        } catch(Exception e) {
          if (logging) {
            log("Failed initializing bean access.");
          }
          e.printStackTrace();
        }
      }

    //方法说明：初始化上下文
      private Context getInitialContext() throws Exception {
        String url = "t3://localhost:7001";
        String user = null;
        String password = null;
        Properties properties = null;
        try {
          properties = new Properties();
          properties.put(Context.INITIAL_CONTEXT_FACTORY,
"weblogic.jndi.WLInitialContextFactory");
          properties.put(Context.PROVIDER_URL, url);
          if (user != null) {
            properties.put(Context.SECURITY_PRINCIPAL, user);
            properties.put(Context.SECURITY_CREDENTIALS, password == null ? "" :
password);
          }
          return new InitialContext(properties);
        } catch(Exception e) {
          log("Unable to connect to WebLogic server at " + url);
          log("Please make sure that the server is running.");
          throw e;
        }
      }

    //方法说明：创建EJB实例
    public StatefulTrade create(double fund) {
        log("Calling create()");
        try {
          statefulTrade = statefulTradeHome.create(fund);
          if (logging) {
            log("Succeeded: create("+fund+")");
          }
        } catch(Exception e) {
          if (logging) {
            log("Failed: create("+fund+")");
          }
          e.printStackTrace();
        }
        if (logging) {
          log("Return value from create("+fund+"): " + statefulTrade + ".");
        }
        return statefulTrade;
```

```
  }
//方法说明：添加账户资金
  public void addFunds(double fund) {
    if (statefulTrade == null) {
      System.out.println("Error in addFunds(): " + ERROR_NULL_REMOTE);
      return ;
    }
    log("Calling addFunds(" + fund + ")");
    try {
      statefulTrade.addFunds(fund);
      if (logging) {
        log("Succeeded: addFunds(" + fund + ")");
      }
    }catch(Exception e) {
      if (logging) {
        log("Failed: addFunds(" + fund + ")");
      }
      e.printStackTrace();
    }
  }

//方法说明：提取账户资金
  public void removeFunds(double fund) {
    if (statefulTrade == null) {
      System.out.println("Error in removeFunds(): " + ERROR_NULL_REMOTE);
      return ;
    }
    log("Calling removeFunds(" + fund + ")");
    try {
      statefulTrade.removeFunds(fund);
      if (logging) {
        log("Succeeded: removeFunds(" + fund + ")");
      }
    } catch(Exception e) {
      if (logging) {
        log("Failed: removeFunds(" + fund + ")");
      }
      e.printStackTrace();
    }
  }

//方法说明：获取账户资金数
  public double getBalance() {
    double returnValue = 0f;
    if (statefulTrade == null) {
      System.out.println("Error in getBalance(): " + ERROR_NULL_REMOTE);
      return returnValue;
    }
    log("Calling getBalance()");
    try {
```

```
        returnValue = statefulTrade.getBalance();
        if (logging) {
          log("Succeeded: getBalance()");
        }
      } catch(Exception e) {
        if (logging) {
          log("Failed: getBalance()");
        }
        e.printStackTrace();
      }
      if (logging) {
        log("Return value from getBalance(): " + returnValue + ".");
      }
      return returnValue;
    }

  //方法说明：显示信息
    private void log(String message) {
      if (message == null) {
        System.out.println("-- null");
        return ;
      }
      if (message.length() > MAX_OUTPUT_LINE_LENGTH) {
        System.out.println("-- " + message.substring(0, MAX_OUTPUT_LINE_LENGTH) +
" ...");
      } else {
        System.out.println("-- " + message);
      }
    }

    //Main method
    public static void main(String[] args) {
      StatefulTradeTestClient client = new StatefulTradeTestClient();
      client.create(400);
      client.getBalance();
      client.addFunds(200.00);
      client.log("addFunds:"+client.getBalance());
      client.removeFunds(100);
      client.log("removeFunds:"+client.getBalance());
    }
  }
```

6. 编译客户端

打开命令窗体，进入 d:\study\ejb\full\client 目录，输入以下命令：

```
d:\study\ejb\full\client>javac .\statefultrade\StatefulTradeTestClient.java
```

7. 运行测试

在刚才打开的窗体里输入以下命令：

```
d:\study\ejb\full\client>java statefultrade.StatefulTradeTestClient
```

程序输出如图 8-3 所示。

```
C:\WINNT\System32\cmd.exe
D:\ejb\ful\client>java statefultrade.StatefulTradeTestClient
-- Initializing bean access.
-- Succeeded initializing bean access.
-- Calling create()
-- Succeeded: create(400.0)
-- Return value from create(400.0): weblogic.rmi.internal.LeasedRemoteRef@122 -
jvmid: '-56021067489609 ...
-- Calling getBalance()
-- Succeeded: getBalance()
-- Return value from getBalance(): 400.0.
-- Calling addFunds(200.0)
-- Succeeded: addFunds(200.0)
-- Calling getBalance()
-- Succeeded: getBalance()
-- Return value from getBalance(): 600.0.
-- addFunds:600.0
-- Calling removeFunds(100.0)
-- Succeeded: removeFunds(100.0)
-- Calling getBalance()
-- Succeeded: getBalance()
-- Return value from getBalance(): 500.0.
-- removeFunds:500.0

D:\ejb\ful\client>
```

图 8-3　有状态会话 EJB 客户端输出

8.3　实体 EJB

实体 bean 用来代表底层的对象，最常用的就是用实体 bean 代表关系库中的数据。一个简单的实体 bean 可以定义成代表数据库表的一个记录，也就是说每个实例代表一个特殊的记录。更复杂的实体 bean 可以代表数据库表间关联视图，在实体 bean 中还可以考虑包含厂商的增强功能，例如对象-关系映射的集成。

通常，用实体类代表一个数据库表比代表多个相关联的表更简单、有效。反过来可以轻易地向实体类的定义中增加关联，在分布式应用里可以减少数据库的负载。容器管理的实体 EJB（CMP）由应用服务器厂商提供接口，使开发人员可以全心关注业务逻辑。图 8-4 是一个典型的 CMP 逻辑关系图。

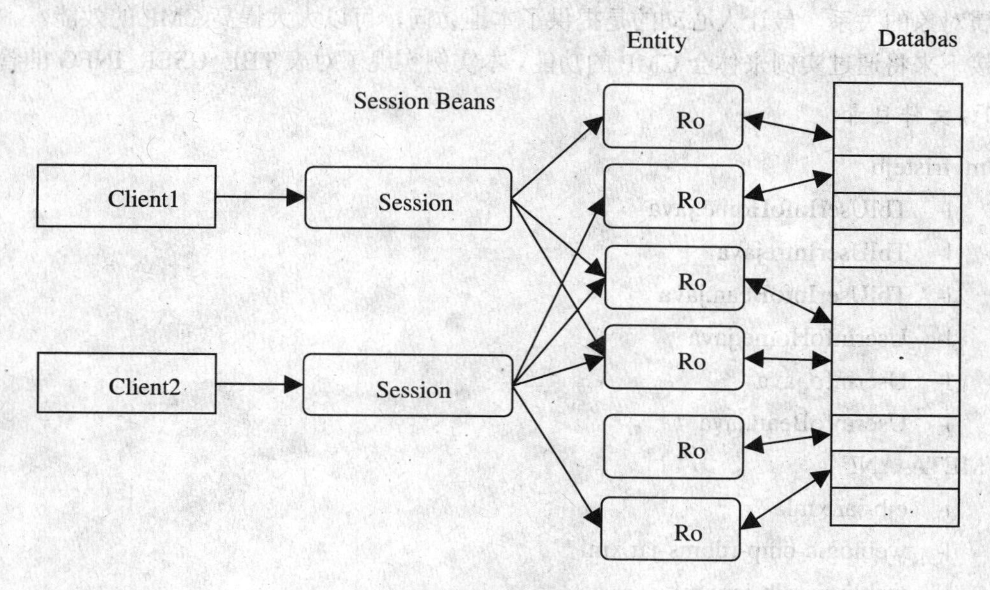

图 8-4　实体 bean 关系

因为实体 bean 代表底层的数据，所以需要把数据从数据从数据库中取出，然后放在 bean 中。当容器第一次把一个实体 bean 的实例与 EJBObject 关联时，它就开始了一个事务并调用这个 bean 的 ejbLoad()方法。在这个方法中，开发者必须提供从数据库中取出正确的数据并把它放在 bean 中。容器要提交一个事务时，首先调用 bean 的 ejbStrore()方法，这个方法负责向数据库中回写数据。我们称之为自管理持久性，因为 bean 方法中的代码提供了这种同步。

当 ejbLoad()方法完成后，bean 有可能与底层数据库不一致。商业方法的调用触发了与 EJBObject 关联的 bean 的分配，在事务中执行的 ejbLoad()必须在部署描述符中声明。根据接收到的方法调用请求，EJBObject 和容器一起建立一个事务上下文。容器分配 EJBObject 的 bean 并调用 bean 的 ejbLoad()方法，这个方法现在运行在事务上下文中。这个事务上下文传递给数据库，根据部署描述符中指定的孤立性级别，这个事务锁定数据库中被访问的数据。只要事务上下文活动，数据库中的数据就一直保持锁定状态。

当客户端或容器提交事务时，容器首先调用 bean 的 ejbStore()方法，把 bean 中的数据回写到数据库中。 相应的数据库记录在 ejbLoad()和 ejbStore()间保持锁定，以保证 bean 和数据库间的同步，其间可以进行不同的商业方法调用，而且 ejbLoad()和 ejbStore()明确地区分了事务边界。事务中可以进行任何商业方法调用，事务的持续时间由部署描述符决定，也可能由客户端决定，但不必使用 ejbActivate()和 ejbPassivate()方法来执行与数据库间的同步。

实体 EJB 分为容器管理的实体 EJB 和 Bean 自管理的 EJB。

8.3.1 容器管理的实体 EJB

在 EJB 2.0 里的 CMP 变化最大，定义了新的组件模型。引入了一个全新的成员，即持久性管理器，并引入了全新的方式来定义容器管理的字段，以及定义这些字段与其他 bean 和从属对象的关系。最让人心动的是提供了本地访问，可以大大提高 CMP 的效能。

接下来将通过实例来体会 CMP 的功能。本实例实现了对表 TBL_USER_INFO 的管理。

1. 文件目录

```
/myfristejb
    |-  TblUserInfoHome.java
    |-  TblUserInfo.java
    |-  TblUserInfoBean.java
    |-  UserinfoHome.java
    |-  Userinfo.java
    |-  UserinfoBean.java
/META-ANF
    |-  ejb-jar.xml
    |-  weblogic-cmp-rdbms-jar.xml
    |-  weblogic-ejb-jar.xml
```

样例采用 Oracle 数据库，数据连接池名定义为 myDB。详细数据结构如下：

```
create table TBL_USER_INFO  (
   id                   INTEGER                          not null,
   name              VARCHAR(100),
   phone             VARCHAR2(1000),
   home            VARCHAR2(1000),
   brithday             DATE,
   constraint PK_User primary key (id)
);
create sequence seq_user_info increment by 1 start with 1;
```

注意：由于 Oracle 的关键字没有自增功能，所以需要定义一个 sequence。本例中定义了 sequence 名为 seq_user_info，不要修改 sequence 的名字，后面将在 CMP 中使用。

2. 程序原代码

实例 8-13　CMP 主接口程序

```
//文件名：TblUserInfoHome.java
// TblUserInfo主接口
package myfristejb;
import javax.ejb.*;
import java.util.*;

/*
*主接口程序，必须继承javax.ejb.EJBLocalHome
*/
public interface TblUserInfoHome extends javax.ejb.EJBLocalHome {
/*功能说明：必须实现的方法，与TblUserInfoBean中ejbCreate方法对应。
* @参数：java.lang.String name 用户名
* @参数：java.lang.String phone 联系电话
* @参数：java.lang.String home 家庭住址
* @参数：java.sql.Date brithday 出生日期
* @异常：CreateException 创建EJB错误时抛出
*/
  public  TblUserInfo  create(java.lang.String  name,  java.lang.String  phone,
java.lang.String home, java.sql.Date brithday) throws CreateException;
/*功能说明：根据主键对象，返回用户信息。
* @参数：java.lang.Integer id 主键id
* @异常：FinderException主键不存在时抛出
*/
  public TblUserInfo findByPrimaryKey(java.lang.Integer id) throws FinderException;
}
```

实例 8-14　CMP 远程接口程序

```
//文件名：TblUserInfo.java
// TblUserInfo远程接口文件
package myfristejb;
import javax.ejb.*;
import java.util.*;
/*
```

```
*远程接口程序，必须继承javax.ejb.EJBLocalObject。
*和表字段相互对应有setXXX()和getXXX()方法。
*/
public interface TblUserInfo extends javax.ejb.EJBLocalObject {
  //获取用户主键
public java.lang.Integer getId();
//设置用户名
  public void setName(java.lang.String name);
  //获取用户名
  public java.lang.String getName();
  //设置电话
  public void setPhone(java.lang.String phone);
  //获取电话
  public java.lang.String getPhone();
  //设置家庭住址
  public void setHome(java.lang.String home);
  //获取家庭住址
  public java.lang.String getHome();
  //设置生日
  public void setBrithday(java.sql.Date brithday);
//获取生日
  public java.sql.Date getBrithday();
}
```

实例 8-15　CMP 实现类程序

```
//文件名：TblUserInfoBean.java
//实现类程序
package myfristejb;
import javax.ejb.*;

/*
*CMP实现类，必须实现EntityBean
*/
public abstract class TblUserInfoBean implements EntityBean {
  EntityContext entityContext;
/*功能说明：必须实现的方法，与TblUserInfoHome中Create方法对应。
*这两个方法参数相同。当客户端调用TblUserInfoHome.create()方法时，
*EJB找到相应的实例并调用ejbCreate方法。
*对于CMP，ejbCreate将返回null，对于bean自管理EJB来说，则返回主键类型。
* @参数：java.lang.String name 用户名
* @参数：java.lang.String phone 联系电话
* @参数：java.lang.String home 家庭住址
* @参数：java.sql.Date brithday 出生日期
* @异常：CreateException 创建EJB错误时抛出
*/
  public java.lang.Integer ejbCreate(java.lang.String name, java.lang.String phone,
java.lang.String home, java.sql.Date brithday) throws CreateException {
    setName(name);
    setPhone(phone);
    setHome(home);
```

```
        setBrithday(brithday);
        return null;
      }

    //EJB必须实现的方法，本例中没有使用
      public void ejbPostCreate(java.lang.String name, java.lang.String phone,
java.lang.String home, java.sql.Date brithday) throws CreateException { }
    //EJB必须实现的方法。实现移除数据。
      public void ejbRemove() throws RemoveException { }
    //setXXX方法，和数据库字段对应，提供对数据的更新
      public abstract void setId(java.lang.Integer id);
      public abstract void setName(java.lang.String name);
      public abstract void setPhone(java.lang.String phone);
      public abstract void setHome(java.lang.String home);
      public abstract void setBrithday(java.sql.Date brithday);
    //getXXX方法，和数据库字段对应，提供数据的提取
      public abstract java.sql.Date getBrithday();
      public abstract java.lang.String getHome();
      public abstract java.lang.String getPhone();
      public abstract java.lang.String getName();
      public abstract java.lang.Integer getId();
    // EJB必须实现的方法。
      public void ejbLoad() { }
    // EJB必须实现的方法。
      public void ejbStore() { }
    // EJB必须实现的方法。
      public void ejbActivate() { }
    // EJB必须实现的方法。
      public void ejbPassivate() { }
    // EJB必须实现的方法。清除实体上下文
      public void unsetEntityContext() {
        this.entityContext = null;
      }
    // EJB必须实现的方法。设置实体上下文
      public void setEntityContext(EntityContext entityContext) {
        this.entityContext = entityContext;
      }
    }
```

在 CMP 中使用了 loaclhost 的接口方法，因此客户端无法直接访问这个实体 bean。为此编写一个无状态 bean 来调用这个 CMP，并且将无状态 bean 和 CMP 放在一个包内，见实例 8-16。

实例 8-16　会话 EJB 主接口程序

```
    //文件名：UserinfoHome.java
    //会话EJB主接口
    package myfristejb;
    import javax.ejb.*;
    import java.util.*;
    import java.rmi.*;
```

```
public interface UserinfoHome extends javax.ejb.EJBHome {
//必须实现的方法，创建EJB时调用。
  public Userinfo create() throws CreateException, RemoteException;
}
```

实例 8-17 会话 EJB 主接口程序

```
//文件名：Userinfo.java
//主接口程序
package myfristejb;
import javax.ejb.*;
import java.util.*;
import java.rmi.*;

public interface Userinfo extends javax.ejb.EJBObject {
/*功能说明：插入一条数据记录
* @参数：java.lang.String name 用户名
* @参数：java.lang.String phone 联系电话
* @参数：java.lang.String home 家庭住址
* @参数：java.sql.Date brithday 出生日期
* @异常：RemoteException当系统通信发生故障时抛出
*/
  public    void   ist_info(java.lang.String   name,   java.lang.String   phone,
java.lang.String home, java.sql.Date brithday) throws RemoteException;
/*功能说明：删除一条记录
* @参数：java.lang.Integer id 主键id
* @异常：RemoteException当系统通信发生故障时抛出
*/
  public  int del_info(java.lang.Integer id) throws RemoteException;
/*功能说明：修改一条记录
* @参数：java.lang.Integer id 主键id
* @参数：java.lang.String name 用户名
* @参数：java.lang.String phone 联系电话
* @参数：java.lang.String home 家庭住址
* @参数：java.sql.Date brithday 出生日期
* @异常：RemoteException当系统通信发生故障时抛出
*/
  public  int up_info(java.lang.Integer id, java.lang.String name, java.lang.String
phone, java.lang.String home, java.sql.Date brithday) throws RemoteException;
/*功能说明：查询一条记录
* @参数：java.lang.Integer id 主键id
* @异常：RemoteException当系统通信发生故障时抛出
*/
  public  Vector find_id(java.lang.Integer id) throws RemoteException;
}
```

实例 8-18 会话 EJB 实例程序

```
//文件名：UserinfoBean.java
//会话ejb的实现类。
package myfristejb;
import javax.ejb.*;
import javax.naming.*;
```

```
import javax.rmi.PortableRemoteObject;

/*
*实例化类。必须实现SessionBean。*
*/
public class UserinfoBean implements SessionBean {
  SessionContext sessionContext;
  TblUserInfoHome TUIHome;
  TblUserInfo  TUI;

/*
*方法说明：这个方法与UserinfoHome.java中的主接口中的create()方法相对应,
*两个方法的参数相同。当客户端调用主接口的UserinfoHome.create()方法时,
*容器将分配一个EJB实例，并调用它的ejbCreate()方法；本例创建CMP的home接口。
* @异常：CreateException 当系统创建EJB出错时抛出
*/
  public void ejbCreate() throws CreateException {
    try{
      Context ctx = new InitialContext();
      Object ref = ctx.lookup("TblUserInfo");
      TUIHome = (TblUserInfoHome)PortableRemoteObject.narrow(ref, TblUserInfoHome.
class);
     }catch(Exception ex){
       System.out.println("create error!");
     }
  }
//ejb必须实现的方法，本例没有使用
  public void ejbRemove() { }
//ejb必须实现的方法，本例没有使用
  public void ejbActivate() { }
//ejb必须实现的方法，本例没有使用
  public void ejbPassivate() { }
//ejb必须实现的方法，设置会话上下文
  public void setSessionContext(SessionContext sessionContext) {
    this.sessionContext = sessionContext;
  }

/*功能说明：添加数据记录
* @参数：java.lang.String name 用户名
* @参数：java.lang.String phone 联系电话
* @参数：java.lang.String home 家庭住址
* @参数：java.sql.Date brithday 出生日期
* @异常：Exception创建CMP的接口时抛出
*/
  public  void ist_info(java.lang.String name, java.lang.String phone, java.lang.
String home, java.sql.Date brithday){
    try{
       TUI=TUIHome.create(name,phone,home,brithday);
    }catch(Exception ex){
       ex.printStackTrace();//打印出错点的堆栈信息
```

```
        }
    }

    /*功能说明：删除一条记录
    * @参数：java.lang.Integer id 主键id
    */
     public  int del_info(java.lang.Integer id){
        try{
            TUI=TUIHome.findByPrimaryKey(id);
            if (TUI.getId() ==null)
            {  System.out.println("没有数据！");
               return 1;
            }else{
             TUI.remove() ;
             return 0;
            }
        }catch(Exception ex){
            ex.printStackTrace();//打印出错点的堆栈信息
            return -1;
        }
     }

    /*功能说明：修改一条记录
    * @参数：java.lang.Integer id 主键id
    * @参数：java.lang.String name 用户名
    * @参数：java.lang.String phone 联系电话
    * @参数：java.lang.String home 家庭住址
    * @参数：java.sql.Date brithday 出生日期
    */
     public  int up_info(java.lang.Integer id, java.lang.String name, java.lang.String
phone, java.lang.String home, java.sql.Date brithday){
        try{
            TUI=TUIHome.findByPrimaryKey(id);
            if (TUI.getId() ==null) {
    System.out.println("没有数据！");
              return 1;
            }else{
             TUI.setName(name) ;
             TUI.setPhone(phone);
             TUI.setHome(home);
             TUI.setBrithday(brithday);
             return 0;
            }
        }catch(Exception ex){
            ex.printStackTrace();//打印出错点的堆栈信息
            return -1;
        }
     }

    /*功能说明：通过id号查询数据信息
```

```
    * @参数：java.lang.Integer id 主键id
    * @返回：Vector 用户信息结果集
    */
     public  java.util.Vector find_id(java.lang.Integer id){
       try{
          TUI=TUIHome.findByPrimaryKey(id);
          if (TUI.getId() ==null)
          {  System.out.println("没有数据！");
             return null;
          }else{
            java.util.Vector vRst = new java.util.Vector();
            vRst.addElement(TUI.getId());
            vRst.addElement(TUI.getName());
            vRst.addElement(TUI.getPhone());
            vRst.addElement(TUI.getHome());
            vRst.addElement(TUI.getBrithday());
            return vRst;
          }
       }catch(Exception ex){
          ex.printStackTrace();//打印出错点的堆栈信息
          return null;
       }
     }
    }
```

编写部署文件，并保存到相应的目录，代码见实例 8-19。

实例 8-19　ejb-jar.xml 部署文件

```
<?xml version="1.0" encoding="UTF-8"?>
<!DOCTYPE ejb-jar PUBLIC "-//Sun Microsystems, Inc.//DTD Enterprise JavaBeans 2.0//EN" "http://java.sun.com/dtd/ejb-jar_2_0.dtd">
<ejb-jar>
   <enterprise-beans>
      <session>
         <display-name>Userinfo</display-name>
         <ejb-name>Userinfo</ejb-name>
         <home>myfristejb.UserinfoHome</home>
         <remote>myfristejb.Userinfo</remote>
         <ejb-class>myfristejb.UserinfoBean</ejb-class>
         <session-type>Stateless</session-type>
         <transaction-type>Container</transaction-type>
         <ejb-local-ref>
            <description />
            <ejb-ref-name>Userinfo</ejb-ref-name>
            <ejb-ref-type>Entity</ejb-ref-type>
            <local-home>myfristejb.TblUserInfoHome</local-home>
            <local>myfristejb.TblUserInfo</local>
            <ejb-link>TblUserInfo</ejb-link>
         </ejb-local-ref>
      </session>
      <entity>
```

```
            <display-name>TblUserInfo</display-name>
            <ejb-name>TblUserInfo</ejb-name>
            <local-home>myfristejb.TblUserInfoHome</local-home>
            <local>myfristejb.TblUserInfo</local>
            <ejb-class>myfristejb.TblUserInfoBean</ejb-class>
            <persistence-type>Container</persistence-type>
            <prim-key-class>java.lang.Integer</prim-key-class>
            <reentrant>False</reentrant>
            <cmp-version>2.x</cmp-version>
            <abstract-schema-name>TblUserInfo</abstract-schema-name>
            <cmp-field>
               <field-name>id</field-name>
            </cmp-field>
            <cmp-field>
               <field-name>name</field-name>
            </cmp-field>
            <cmp-field>
               <field-name>phone</field-name>
            </cmp-field>
            <cmp-field>
               <field-name>home</field-name>
            </cmp-field>
            <cmp-field>
               <field-name>brithday</field-name>
            </cmp-field>
            <primkey-field>id</primkey-field>
         </entity>
      </enterprise-beans>
      <assembly-descriptor>
         <container-transaction>
            <method>
               <ejb-name>TblUserInfo</ejb-name>
               <method-name>*</method-name>
            </method>
            <method>
               <ejb-name>userinfo</ejb-name>
               <method-name>*</method-name>
            </method>
            <trans-attribute>Required</trans-attribute>
         </container-transaction>
      </assembly-descriptor>
   </ejb-jar>
```

编写 EJB 的 CMP 映射文件，注意文件的最后几行，关键字 automatic-key-generation 的代码位置，它定义了一个自增字段，实现了 CMP 自增量的管理，原码见实例 8-20。

实例 8-20 weblogic-rdbms-jar 部署文件

```
   <?xml version="1.0" encoding="UTF-8"?>
   <!DOCTYPE weblogic-rdbms-jar PUBLIC '-//BEA Systems, Inc.//DTD WebLogic 6.0.0 EJB
RDBMS    Persistence//EN'    'http://www.bea.com/servers/wls600/dtd/weblogic-rdbms20-
persistence-600.dtd'>
```

```
<weblogic-rdbms-jar>
   <weblogic-rdbms-bean>
      <ejb-name>TblUserInfo</ejb-name>
      <data-source-name>myDB</data-source-name>
      <table-name>TBL_USER_INFO</table-name>
      <field-map>
         <cmp-field>id</cmp-field>
         <dbms-column>ID</dbms-column>
      </field-map>
      <field-map>
         <cmp-field>name</cmp-field>
         <dbms-column>NAME</dbms-column>
      </field-map>
      <field-map>
         <cmp-field>phone</cmp-field>
         <dbms-column>PHONE</dbms-column>
      </field-map>
      <field-map>
         <cmp-field>home</cmp-field>
         <dbms-column>HOME</dbms-column>
      </field-map>
      <field-map>
         <cmp-field>brithday</cmp-field>
         <dbms-column>BRITHDAY</dbms-column>
      </field-map>
      <automatic-key-generation>
          <generator-type>ORACLE</generator-type>
          <generator-name>seq_user_info</generator-name>
          <key-cache-size>10</key-cache-size>
      </automatic-key-generation>
   </weblogic-rdbms-bean>
</weblogic-rdbms-jar>
```

编辑 EJB 部署文件 weblogic-ejb-jar.xml，原码见实例 8-21。

实例 8-21　weblogic-ejb-jar.xml 部署文件

```
<?xml version="1.0" encoding="UTF-8"?>
<!DOCTYPE weblogic-ejb-jar PUBLIC '-//BEA Systems, Inc.//DTD WebLogic 6.0.0 EJB//EN'
'http://www.bea.com/servers/wls600/dtd/weblogic-ejb-jar.dtd'>
<weblogic-ejb-jar>
   <weblogic-enterprise-bean>
      <ejb-name>Userinfo</ejb-name>
      <reference-descriptor>
         <ejb-local-reference-description>
            <ejb-ref-name>Userinfo</ejb-ref-name>
            <jndi-name>TblUserInfo</jndi-name>
         </ejb-local-reference-description>
      </reference-descriptor>
      <jndi-name>Userinfo</jndi-name>
   </weblogic-enterprise-bean>
   <weblogic-enterprise-bean>
```

```
            <ejb-name>TblUserInfo</ejb-name>
            <entity-descriptor>
                <persistence>
                    <persistence-type>
                        <type-identifier>WebLogic_CMP_RDBMS</type-identifier>
                        <type-version>6.0</type-version>
                        <type-storage>META-INF/weblogic-cmp-rdbms-jar.xml
</type-storage>
                    </persistence-type>
                    <persistence-use>
                        <type-identifier>WebLogic_CMP_RDBMS</type-identifier>
                        <type-version>6.0</type-version>
                    </persistence-use>
                </persistence>
            </entity-descriptor>
            <local-jndi-name>TblUserInfo</local-jndi-name>
        </weblogic-enterprise-bean>
    </weblogic-ejb-jar>
```

3. 程序打包

现在要将以上文件编译并打包成 jar 文件。假设将以上文件安目录结构存于 d:\study\ejb\entity 目录下，打开命令窗口，进入 d:\study\ejb\entity 目录，输入以下命令。步骤如下：

（1）设置环境，加载 weblogic.jar 包。

```
    d:\study\ejb\entity>                                                    set
classpath=.;%classpath%;G:\bea\wlserver6.1\lib\weblogic.jar
```

（2）编译类文件。

```
    d:\study\ejb\entity>javac .\ myfristejb \ TblUserInfoHome.java .\ myfristejb \
TblUserInfo. java .\ myfristejb \ TblUserInfoBean.java .\ myfristejb \ UserinfoHome.java .\
myfristejb \ Userinfo.java .\ myfristejb \ UserinfoBean.java
```

（3）打包。

```
    d:\study\ejb\entity> jar cv0f tem_myfristejb.jar myfristejb META-INF
    d:\study\ejb\entity>java   weblogic.ejbc   -compiler   javac   tem_myfristejb.jar
myfristejb.jar
```

4. 发布到应用服务器

将 EJB 发布到 WebLogic 服务器。步骤详见“附录 A 发布 EJB 到 WebLogic Server”。

5. 编写测试程序

新建 client 目录，将 UserinfoHome.class 和 Userinfo.class 拷贝到这个目录下。编写客户端程序，原码见实例 8-22。

实例 8-22　客户端测试程序

```
    // 文件名：UserinfoTestClient.java
    //测试CMP
    package myfristejb;
    import javax.naming.*;
```

```
import java.util.Properties;
import javax.rmi.PortableRemoteObject;
import java.sql.Date;

public class UserinfoTestClient {
  private static final String ERROR_NULL_REMOTE = "Remote interface reference is null.  It must be created by calling one of the Home interface methods first.";
  private static final int MAX_OUTPUT_LINE_LENGTH = 100;
  private boolean logging = true;
  private UserinfoHome userinfoHomeObject = null;
  private Userinfo userinfoObject = null;

  private String url = null;
  //构造 EJB 客户端
  public UserinfoTestClient(String url) {
    long startTime = 0;
    if (logging) {
      log("Initializing bean access.");
      startTime = System.currentTimeMillis();
    }
    this.url=url
    try {
      //创建上下文
      Context ctx = getInitialContext();
      //查询Userinfo
      Object ref = ctx.lookup("Userinfo");
      //创建Home端口
      userinfoHomeObject    =    (UserinfoHome)    PortableRemoteObject.narrow(ref, UserinfoHome.class);
      if (logging) {
        long endTime = System.currentTimeMillis();
        log("Succeeded initializing bean access.");
        log("Execution time: " + (endTime - startTime) + " ms.");
      }
    } catch(Exception e) {
      if (logging) {
        log("Failed initializing bean access.");
      }
      e.printStackTrace();
    }
  }

//初始化上下文
  private Context getInitialContext() throws Exception {
    String user = null;
    String password = null;
    Properties properties = null;
    try {
      properties = new Properties();
      properties.put(Context.INITIAL_CONTEXT_FACTORY,
```

```
"weblogic.jndi.WLInitialContextFactory");
          properties.put(Context.PROVIDER_URL, url);
          if (user != null) {
            properties.put(Context.SECURITY_PRINCIPAL, user);
            properties.put(Context.SECURITY_CREDENTIALS,  password  ==  null  ?  ""  :
password);
          }
          return new InitialContext(properties);
        }
        catch(Exception e) {
          log("Unable to connect to WebLogic server at " + url);
          log("Please make sure that the server is running.");
          throw e;
        }
      }

    /*
    *方法说明：创建远程接口
    */
      public Userinfo create() {
        long startTime = 0;
        if (logging) {
          log("Calling create()");
          startTime = System.currentTimeMillis();
        }
        try {
          userinfoObject = userinfoHomeObject.create();
          if (logging) {
            long endTime = System.currentTimeMillis();
            log("Succeeded: create()");
            log("Execution time: " + (endTime - startTime) + " ms.");
          }
        } catch(Exception e) {
          if (logging) {
            log("Failed: create()");
          }
          e.printStackTrace();
        }
        if (logging) {
          log("Return value from create(): " + userinfoObject + ".");
        }
        return userinfoObject;
      }

    /*
    *方法说明：添加记录
    * @参数：String name 用户名
    * @参数：String phone 联系电话
    * @参数：String home家庭住址
    * @参数：Date birthday 生日
```

```
*/
  public void ist_info(String name, String phone, String home, Date brithday) {
    if (userinfoObject == null) {
      System.out.println("Error in ist_info(): " + ERROR_NULL_REMOTE);
      return ;
    }
    long startTime = 0;
    if (logging) {
      log("Calling ist_info("+ name +", "+ phone +", "+ home +", "+ brithday +")");
      startTime = System.currentTimeMillis();
    }
    try {
      userinfoObject.ist_info(name, phone, home, brithday);
      if (logging) {
        long endTime = System.currentTimeMillis();
        log("Succeeded:ist_info("+ name +", "+ phone +", "+ home +", "+ brithday +")");
        log("Execution time: " + (endTime - startTime) + " ms.");
      }
    } catch(Exception e) {
      if (logging) {
        log("Failed: ist_info("+ name +", "+ phone +", "+ home +", "+ brithday +")");
      }
      e.printStackTrace();
    }
  }

/*
*方法说明：删除记录
* @参数：Integer id主键id
* @返回：int 0：失败；1：成功；－1：出错
*/
  public int del_info(Integer id) {
    int returnValue = 0;
    if (userinfoObject == null) {
      System.out.println("Error in del_info(): " + ERROR_NULL_REMOTE);
      return returnValue;
    }
    long startTime = 0;
    if (logging) {
      log("Calling del_info(" + id + ")");
      startTime = System.currentTimeMillis();
    }
    try {
      returnValue = userinfoObject.del_info(id);
      if (logging) {
        long endTime = System.currentTimeMillis();
        log("Succeeded: del_info(" + id + ")");
        log("Execution time: " + (endTime - startTime) + " ms.");
      }
    } catch(Exception e) {
```

```
        if (logging) {
          log("Failed: del_info(" + id + ")");
        }
        e.printStackTrace();
      }
      if (logging) {
        log("Return value from del_info(" + id + "): " + returnValue + ".");
      }
      return returnValue;
    }

  /*
  *方法说明：修改记录
  * @参数：Integer id 主键id
  * @参数：String name 用户名
  * @参数：String phone 联系电话
  * @参数：String home家庭住址
  * @参数：Date birthday 生日
  * @返回：int 0：失败；1：成功；－1：出错
  */
    public int up_info(Integer id, String name, String phone, String home, Date brithday){
      int returnValue = 0;
      if (userinfoObject == null) {
        System.out.println("Error in up_info(): " + ERROR_NULL_REMOTE);
        return returnValue;
      }
      long startTime = 0;
      if (logging) {
        log("Calling up_info(" + id + ")");
        startTime = System.currentTimeMillis();
      }
      try {
        returnValue = userinfoObject.up_info(id,name,phone,home,brithday);
        if (logging) {
          long endTime = System.currentTimeMillis();
          log("Succeeded: up_info(" + id + ")");
          log("Execution time: " + (endTime - startTime) + " ms.");
        }
      } catch(Exception e) {
        if (logging) {
          log("Failed: up_info(" + id + ")");
        }
        e.printStackTrace();
      }
      if (logging) {
        log("Return value from up_info(" + id + "): " + returnValue + ".");
      }
      return returnValue;
    }
```

```
/*
*方法说明：查询记录
* @参数：Integer id主键id
* @返回：Vector 用户信息集
*/
public java.util.Vector find_id(Integer id) {
    java.util.Vector returnValue = new java.util.Vector();
    if (userinfoObject == null) {
      System.out.println("Error in find_id(): " + ERROR_NULL_REMOTE);
      return null;
    }
    long startTime = 0;
    if (logging) {
      log("Calling find_id(" + id + ")");
      startTime = System.currentTimeMillis();
    }
    try {
      returnValue = userinfoObject.find_id(id);
      if (logging) {
        long endTime = System.currentTimeMillis();
        log("Succeeded: find_id(" + id + ")");
        log("Execution time: " + (endTime - startTime) + " ms.");
      }
    } catch(Exception e) {
      if (logging) {
        log("Failed: find_id(" + id + ")");
      }
      e.printStackTrace();
    }
    if (logging) {
      log("Return value from find_id(" + id + "): " + returnValue + ".");
    }
    return returnValue;
  }

//显示信息
  private void log(String message) {
    if (message == null) {
      System.out.println("-- null");
      return ;
    }
    if (message.length() > MAX_OUTPUT_LINE_LENGTH) {
      System.out.println("-- " + message.substring(0, MAX_OUTPUT_LINE_LENGTH) +
" ...");
    } else {
      System.out.println("-- " + message);
    }
  }
  //Main method
  public static void main(String[] args) {
```

```
        String url      = "t3://localhost:7001";
        // 解析命令行参数
         if (args.length != 1) {
          System.out.println("Usage:   java   examples.ejb20.basic.beanManaged.Client 
t3://hostname:port");
          return;
        } else {
          url = args[0];
        }
        UserinfoTestClient client = new UserinfoTestClient(url);
        client.create();
        //添加用户信息
    client.ist_info("river","1300000000","                中                关                村
",java.sql.Date.valueOf("1975-5-22")) ;
        //定义记录条数
    java.lang.Integer  temp =Integer.valueOf("1");
    java.util.Vector vTemp  = client.find_id(temp) ;
    client.up_info(temp,"tom","13000000001","XXXXXXXXXXXXXXXXXXXXXXXX",java.sql.Dat
e.valueOf("1975-12-9")) ;
        //删除用户
    client.del_info(temp) ;
     }
   }
```

6．编译客户端

进入 D:\study\ejb\entity\client 目录，输入以下命令：

```
    D:\study\ejb\entity\client>javac .\myfristejb\UserinfoTestClient.java
```

7．运行测试

在命令窗体内输入下列命令：

```
    D:\study\ejb\entity\client>java                         myfristejb.UserinfoTestClient 
t3://192.168.0.1:7001
```

输入的 IP 地址为 weblogic 服务器地址，屏幕输出如图 8-5 所示。

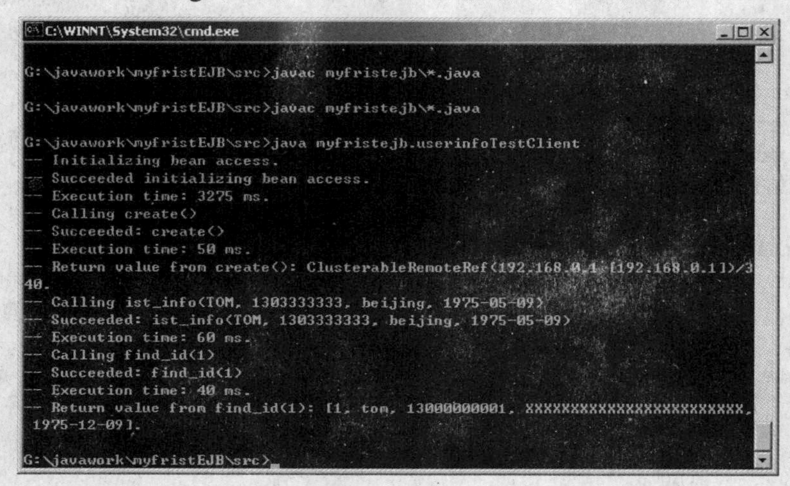

图 8-5　CMP 客户端屏幕输出

8.3.2　JavaBean 自管理的实体 EJB

JavaBean 自管理和 CMP 不一样，需要开发者自己维护 EJB 和数据库的对应关系。在 Bean 中编写自己的事务和指定数据操作，这样给 EJB 的开发带来非常大的灵活性。

下面将使用 Bean 自管理操作一个资账户，为了简化只保留主键和资金数两个字段。表结构如下：

```
create table tbl_funds(
  id   number(10,0)  not null,
  fund   number(20,2)
)
```

本实例采用数据连接池名为 myDB。

1．文件结构

/ beanManaged

|- beansTradeHome.java

|- beansTrade.java

|- beansTradeBean.java

/META-INF

|-ejb-jar.xml

|-weblogic-ejb-jar.xml

2．编写程序代码

实例 8-23　主接口程序

```
//文件名：BeansTradeHome.java
package beanManaged;
//本类用到的其他类。
import javax.ejb.CreateException;
import javax.ejb.EJBHome;
import javax.ejb.FinderException;
import java.rmi.RemoteException;
import java.util.Collection;

/**
 * 这是BeansTradeBean的主接口定义，这个接口是被EJB容器产生的类BeansTradeBean实现的。
 * 在这里只需定义EJB创建的方法，这些方法要和EJBean中的ejbCreate方法对应。
 */
 //EJBean主接口必须继承javax.ejb.EJBHome接口
public interface BeansTradeHome extends EJBHome {
   /**
   * 这个方法和TblUserInfoBean.java中定义的的Bean的ejbCreate方法相对应
   * 这两个方法的参数应该相同。当客户端调用TblUserInfoHome.create()方法时，EJB容器
   * 会找到EJBean的实例，并调用它的ejbCreate()方法。
   * @参数 accountID         String 账号ID
   * @参数 initialBalance    double 初始化结算值
   * @返回 beansTrade 远程对象
   * @异常 javax.ejb.CreateException       创建bean错误时抛出的异常
```

```
    * @异常 RemoteException 当系统通信发生故障时抛出
    */
   public BeansTrade create(String accountId, double initialBalance)
     throws CreateException, RemoteException;

  /**
    * 根据主键对象，返回账号对象
    * @参数 primaryKey  主键
    * @返回 TblUserInfo 账号
    * @异常 javax.ejb.FinderException  访问数据库错误抛出的异常
    * @异常 RemoteException 当系统通信发生故障时抛出
    */
   public BeansTrade findByPrimaryKey(String primaryKey)
     throws FinderException, RemoteException;

   /**
    * 找到所有结算值大于balanceGreaterThan的账号
    * @返回 Enumeration 所有账号枚举
    * @参数 double balanceGreaterThan,给定的结算值
    * @异常 javax.ejb.FinderException  访问数据库错误抛出的异常
    * @异常 RemoteException 当系统通信发生故障时抛出
    */
   public Collection findBigAccounts(double balanceGreaterThan)
     throws FinderException, RemoteException;
}
```

实例 8-24 远程接口程序

```
//文件名BeansTrade.java
package beanManaged;
//本类用到的其他类。
import java.rmi.RemoteException;
import javax.ejb.EJBObject;

/**
 * 这是BeansTradeBean的远程接口定义,远程接口中定义了客户端能远程调用EJBean的方法。这些方法
 * 除了要抛出异常java.rmi.RemoteException之外，和EJBean中的定义是一致的,但并不是EJBean
 * 来实现这个接口，而是由容器自动产生的类BeansTradeBean实现的。
 */
//这个接口必须继承javax.ejb.EJBObject接口
public interface BeansTrade extends EJBObject {
/*
*方法说明：添加资金
* @参数：fund 资金数
* @返回：
* @异常：RemoteException 当系统通信发生故障时
*/
  public void addFunds(double fund) throws Exception, RemoteException;
/*
*方法说明：提取资金
* @参数：fund 资金数
* @返回：
```

```
* @异常: RemoteException 当系统通信发生故障时
*/
  public void removeFunds(double fund) throws Exception, RemoteException;
/*
*方法说明: 察看资金数目
* @参数:
* @返回: double 资金数
* @异常: RemoteException 当系统通信发生故障时
*/
  public double getBalance() throws RemoteException;
}
```

实例 8-25　实现 bean 程序

```
//文件名: BeansTradeBean.java
package beanManaged;
//本类用到的其他类。
import java.io.Serializable;
import java.sql.Connection;
import java.sql.PreparedStatement;
import java.sql.ResultSet;
import java.sql.SQLException;
import java.util.Collection;
import java.util.Vector;
import javax.ejb.CreateException;
import javax.ejb.DuplicateKeyException;
import javax.ejb.EJBException;
import javax.ejb.EntityBean;
import javax.ejb.EntityContext;
import javax.ejb.FinderException;
import javax.ejb.NoSuchEntityException;
import javax.ejb.ObjectNotFoundException;
import javax.naming.InitialContext;
import javax.naming.NamingException;
import javax.sql.DataSource;

/**
 * BeansTradeBean是实体EJB,它演示了:
 *EJBean管理的JDBC持续性管理和事务管理;
 *在这个文件中的代码直接访问数据库;
 */
 //这个类是实体Bean,必须实现接口 EntityBean
public class BeansTradeBean implements EntityBean {
//设置是否打印控制台
  final static private boolean VERBOSE = true;
//声明实体上下文变量
  private EntityContext ctx;
  private String FundId;
  private double baseFunds;
  /**
   * 为EJBean设置实体EJB上下文
   * @参数 ctx    EntityContext
```

```
  */
  public void setEntityContext(EntityContext ctx) {
    log("setEntityContext called");
    this.ctx = ctx;
  }

 //取消实体上下文设置
 public void unsetEntityContext() {
    log("unsetEntityContext (" + id() + ")");
    this.ctx = null;
  }

  //这是本类必须实现的方法，在本例中没有用到
  public void ejbActivate() {
    log("ejbActivate (" + id() + ")");
  }
 //这是本类必须实现的方法，在本例中没有用到
  public void ejbPassivate() {
    log("ejbPassivate (" + id() + ")");
  }

  /**
  * 从数据库中加载EJB
  * @异常  javax.ejb.NoSuchEntityException 如果在数据库中没有找到Bean
  * @异常   javax.ejb.EJBException   通信或系统错误
  */
  public void ejbLoad() {
    log("ejbLoad: (" + id() +  ")");
    //声明数据库连接对象
    Connection con = null;
    //声明SQL命令预处理对象
    PreparedStatement ps = null;
    //找到账号主键
    FundId = (String) ctx.getPrimaryKey();
    try {
       //获取数据库连接
      con = getConnection();
      //设置SQL命令，读取记录
      ps  = con.prepareStatement("select fund from tbl_Funds where id = ?");
      ps.setString(1, FundId);
      //执行SQL
      ps.executeQuery();
      //获取SQL结果
      ResultSet rs = ps.getResultSet();
      if (rs.next()) {
        //取得数据
        baseFunds = rs.getDouble(1);
      } else {
        String error = "ejbLoad: beansTeadeBean (" + FundId + ") not found !";
        log(error);
```

```
        throw new NoSuchEntityException (error);
      }
    } catch (SQLException sqe) {
        //数据库异常处理
      log("SQLException:  " + sqe);
      throw new EJBException(sqe);
    } finally {
      cleanup(con, ps);
    }
  }

/**
 * 数据库中存入EJBean
 * @异常   javax.ejb.NoSuchEntityException     如果在数据库中没有找到Bean
 * @异常   javax.ejb.EJBException     通信或系统错误
 */
 public void ejbStore() {
   log("ejbStore (" + id() + ")");
   //声明数据库连接对象
   Connection con = null;
   //声明SQL命令预处理对象
   PreparedStatement ps = null;
   try {
    //获取数据库连接
     con = getConnection();
     //设置SQL命令,更新数据库
     ps = con.prepareStatement("update tbl_Funds set fund = ? where id = ?");
     ps.setDouble(1, baseFunds);
     ps.setString(2, FundId);
     //执行SQL
     if (!(ps.executeUpdate() > 0)) {
       String error = "ejbStore: beansTradeBean (" + FundId + ") not updated !";
       log(error);
       throw new NoSuchEntityException (error);
     }
   } catch(SQLException sqe) {
       //数据库次操作异常处理
     log("SQLException:  " + sqe);
     throw new EJBException (sqe);
   } finally {
     cleanup(con, ps);
   }
 }

  /**
   * 这个方法和TblUserInfoBean.java中定义的的Bean的ejbCreate方法相对应
   * 这两个方法的参数应该相同。当客户端调用TblUserInfoHome.create()方法时，EJB容器
   * 会找到EJBean的实例，并调用它的ejbCreate()方法。
   * 对容器管理的ejb,ejbCreate方法返回为null，而bean管理的ejb，返回的是主键类。
   * @参数 FundId         String 账号ID
```

```
        * @参数 initialbaseFunds    double 初始化结算值
        * @异常 javax.ejb.CreateException   创建bean错误时抛出的异常
        */
       public  String  ejbCreate(String  FundId,  double  initialbaseFunds)    throws
CreateException  {
        //日志信息
        log("beansTradeBean.ejbCreate( id = " +FundId+ ", " + "initial baseFunds = $ "
+ initialbaseFunds + ")");
        this.FundId = FundId;
        this.baseFunds = initialbaseFunds;
        //声明数据库连接
        Connection con = null;
        PreparedStatement ps = null;
        try {
          //获取数据库连接
          con = getConnection();
          //执行sql语句，插入记录
          ps = con.prepareStatement("insert into tbl_Funds (id, fund) values (?, ?)");
          ps.setString(1, FundId);
          ps.setDouble(2, baseFunds);
          if (ps.executeUpdate() != 1) {
            String error = "JDBC did not create any row";
            log(error);
            throw new CreateException (error);
          }
          log("JDBC create one row!");
          return FundId;
        } catch (SQLException sqe) {
          ///异常处理
          try {
            //查找主键
            ejbFindByPrimaryKey(FundId);
          } catch(ObjectNotFoundException onfe) {
            String error = "SQLException: " + sqe;
            log(error);
            throw new CreateException (error);
          }
          String error = "An Account already exists in the database with Primary Key "
+ FundId;
          log(error);
          throw new DuplicateKeyException(error);
        } finally {
          cleanup(con, ps);
        }
      }

      //这是本类必须实现的方法，在本例中没有用到
      public void ejbPostCreate(String FundId, double initialbaseFunds) {
        log("ejbPostCreate (" + id() + ")");
      }
```

```
/**
 * 从数据库中删除EJBean
 * @异常  javax.ejb.NoSuchEntityException  如果数据库中没找到这个EJB
 * @异常  javax.ejb.EJBException    通信错误抛出的异常
 */
public void ejbRemove() {
  log("ejbRemove (" + id() + ")");
  //声明数据库连接
  Connection con = null;
  PreparedStatement ps = null;
  try {
     //获取连接
    con = getConnection();
    //获取主键
    FundId = (String) ctx.getPrimaryKey();
    //执行SQL语句，删除记录
    ps = con.prepareStatement("delete from tbl_Funds where id = ?");
    ps.setString(1, FundId);
    if (!(ps.executeUpdate() > 0)) {
      String error = "beansTradeBean (" + FundId + " not found";
      log(error);
      throw new NoSuchEntityException (error);
    }
  } catch (SQLException sqe) {
    //异常处理
    log("SQLException:  " + sqe);
    throw new EJBException (sqe);
  } finally {
   //清除
    cleanup(con, ps);
  }
}

/**
 * 给定主键查找EJBean
 * @参数 pk   String 主键
 * @异常  javax.ejb.ObjectNotFoundException  EJBean没发现抛出的异常
 * @异常  javax.ejb.EJBException  系统出现通信故障时抛出
 */
public String ejbFindByPrimaryKey(String pk)  throws ObjectNotFoundException  {
  log("ejbFindByPrimaryKey (" + pk + ")");
  //声明数据库连接
  Connection con = null;
  PreparedStatement ps = null;
  try {
     //获取连接
    con = getConnection();
    //查询主键对应的记录
    ps  = con.prepareStatement("select fund from tbl_Funds where id = ?");
    ps.setInt(1, Integer.parseInt(pk));
```

```
      ps.executeQuery();
      //获取结果集
      ResultSet rs = ps.getResultSet();
      if (rs.next()) {
        baseFunds = rs.getDouble(1);
      } else {
        //没有发现这个主键值的ejb
        String error = "ejbFindByPrimaryKey: beansTeadeBean (" + pk + ") not found";
        log(error);
        throw new ObjectNotFoundException (error);
      }
    } catch (SQLException sqe) {
        //异常处理
      log("SQLException:  " + sqe);
      throw new EJBException (sqe);
    } finally {
        //清除
      cleanup(con, ps);
    }
    log("ejbFindByPrimaryKey (" + pk + ") found");
    return pk;
  }

  /**
   * 查找所有结算大于给定值的EJBeans
   * @参数 baseFundsGreaterThan double 账户资金
   * @返回  Collection
   * @异常  javax.ejb.EJBException    通信错误抛出的异常
   */
  public Collection ejbFindBigAccounts(double baseFundsGreaterThan) {
    log("ejbFindBigAccounts (baseFunds > " + baseFundsGreaterThan + ")");
    //声明数据库连接
    Connection con = null;
    PreparedStatement ps = null;
    try {
        //获取连接
      con = getConnection();
      ps = con.prepareStatement("select id from tbl_Funds where fund > ?");
      ps.setDouble(1, baseFundsGreaterThan);
      ps.executeQuery();
      //获取结果集
      ResultSet rs = ps.getResultSet();
      Vector v = new Vector();
      String pk;
      while (rs.next()) {
        pk = rs.getString(1);
        v.addElement(pk);
      }
      //返回集合
      return v;
```

```
    } catch (SQLException sqe) {
       //异常处理
      log("SQLException: " + sqe);
      throw new EJBException (sqe);
    } finally {
       //清除
      cleanup(con, ps);
    }
  }

/*
*方法说明：添加资金
* @参数：baseFunds 资金数
* @返回：
* @异常：Exception 当增加资金为负数时
*/
  public void addFunds(double baseFunds) throws Exception {
    if (baseFunds<0)
        throw new Exception("Invalid baseFunds");
    this.baseFunds+=baseFunds;
  }

/*
*方法说明：提取资金
* @参数：baseFunds 资金数
* @返回：
* @异常：Exception 当增加资金为负数和所提取资金超过账户上资金时
*/
  public void removeFunds(double baseFunds) throws Exception {
    if(baseFunds<0)
        throw new Exception("Invalid baseFunds");
    if(this.baseFunds<baseFunds)
        throw new Exception("the baseFunds less than baseFunds");
   this.baseFunds-=baseFunds;
  }

/*
*方法说明：查询账户资金数
* @返回：double 资金数
*/
  public double getBalance() {
    return this.baseFunds;
  }

  /**
   * 从连接池中获取当前连接
   * @返回   连接
   * @异常  javax.ejb.EJBException   通信错误
   */
  private Connection getConnection()  throws SQLException  {
```

```
     //声明初始化上下文
     InitialContext initCtx = null;
     try {
       initCtx = new InitialContext();
       //查找数据源
       DataSource ds = (javax.sql.DataSource)
         initCtx.lookup("java:comp/env/jdbc/myDB");
         //返回数据源连接
       return ds.getConnection();
     } catch(NamingException ne) {
         //有异常
       log("UNABLE to get a connection from myDB!");
       log("Please make sure that you have setup the connection pool properly");
       throw new EJBException(ne);
     } finally {
       try {
         if(initCtx != null) initCtx.close();
       } catch(NamingException ne) {
         log("Error closing context: " + ne);
         throw new EJBException(ne);
       }
     }
   }

   // 也可以使用WebLogic的日志服务
   private void log(String s) {
     if (VERBOSE) System.out.println(s);
   }

   // 返回这个beans的id
   private String id() {
     return "PK = " + (String) ctx.getPrimaryKey();
   }

   //清除连接
   private void cleanup(Connection con, PreparedStatement ps) {
     try {
       if (ps != null) ps.close();
     } catch (Exception e) {
       log("Error closing PreparedStatement: "+e);
       throw new EJBException (e);
     }
     try {
       if (con != null) con.close();
     } catch (Exception e) {
       log("Error closing Connection: " + e);
       throw new EJBException (e);
     }
   }
 }
```

实例 8-26　EJB 描述文件 ejb-jar.xml 代码

```
<?xml version="1.0"?>
<!DOCTYPE ejb-jar PUBLIC '-//Sun Microsystems, Inc.//DTD Enterprise JavaBeans 2.0//EN' 'http://java.sun.com/dtd/ejb-jar_2_0.dtd'>
<ejb-jar>
   <enterprise-beans>
     <entity>
<ejb-name>BeanManaged</ejb-name>
<home>beanManaged.BeansTradeHome</home>
       <remote>beanManaged.BeansTrade</remote>
       <ejb-class>beanManaged.BeansTradeBean</ejb-class>
       <persistence-type>Bean</persistence-type>
       <prim-key-class>java.lang.String</prim-key-class>
       <reentrant>False</reentrant>
        <resource-ref>
         <res-ref-name>jdbc/myDB</res-ref-name>
         <res-type>javax.sql.DataSource</res-type>
         <res-auth>Container</res-auth>
        </resource-ref>
      </entity>
   </enterprise-beans>
   <assembly-descriptor>    <container-transaction>
  <method>
    <ejb-name>beanManaged</ejb-name>
    <method-intf>Remote</method-intf>
    <method-name>*</method-name>
  </method>
  <trans-attribute>Required</trans-attribute>
     </container-transaction>
  </assembly-descriptor>
 </ejb-jar>
```

实例 8-27　EJB 部署文件 weblogic-ejb-jar.xml 代码

```
<?xml version="1.0"?>
<!DOCTYPE weblogic-ejb-jar PUBLIC '-//BEA Systems, Inc.//DTD WebLogic 6.0.0 EJB//EN' 'http://www.bea.com/servers/wls600/dtd/weblogic-ejb-jar.dtd'>
<weblogic-ejb-jar>
  <weblogic-enterprise-bean>
    <ejb-name>BeanManaged</ejb-name>
    <entity-descriptor>
      <entity-cache>
    <max-beans-in-cache>100</max-beans-in-cache>
      </entity-cache>
    </entity-descriptor>
    <reference-descriptor>
      <resource-description>
   <res-ref-name>jdbc/myDB</res-ref-name>
   <jndi-name>myDB</jndi-name>
      </resource-description>
    </reference-descriptor>
```

```
    <jndi-name>beanManaged</jndi-name>
  </weblogic-enterprise-bean>
</weblogic-ejb-jar>
```

3. 编译和打包处理

将以上文件按照文件目录结构存入 D:\study\ejb\beans 目录。打开命令窗口进入 D:\study\ejb\beans 目录，输入以下命令：

（1）设置环境，加载 weblogic.jar 包。

```
d:\study\ejb\entity>                                               set
classpath=.;%classpath%;G:\bea\wlserver6.1\lib\weblogic.jar
```

（2）编译类文件。

```
d:\study\ejb\entity>javac beanManaged\*.java
```

（3）打包。

```
d:\study\ejb\entity> jar cv0f tem_beanManaged.jar beanManaged META-INF
```

（4）编译容器代码。

```
d:\study\ejb\entity>java  weblogic.ejbc  -compiler  javac  tem_  beanManaged.jar
beanManaged.jar
```

4. 发布 EJB 到 WebLogic 服务器

步骤详见“附录 A 发布 EJB 到 WebLogic Server”。

5. 编写测试程序

编写一个测试程序来测试这个 EJB，代码见实例 8-28。此测试程序将生成 20 个账户，并打印出账户。接着将查找账户资金大于 5000 的账户，最好删除所有的账户。如果想察看数据库内是否真的添加了账户，可以先注释调删除账户部分。

实例 8-28　bean 管理 EJB 客户端测试程序

```
//文件名：Client.java
package beanManaged;
//本类用到的其他类
import java.rmi.RemoteException;
import java.util.Collection;
import java.util.Properties;
import java.util.Vector;
import java.util.Iterator;
import javax.ejb.CreateException;
import javax.ejb.EJBException;
import javax.ejb.FinderException;
import javax.ejb.ObjectNotFoundException;
import javax.ejb.RemoveException;
import javax.naming.Context;
import javax.naming.InitialContext;
import javax.naming.NamingException;
import javax.rmi.PortableRemoteObject;

//这个类演示了如何调用一个实体EJB,并进行如下操作
public class Client {
```

```
  //声明变量
    private String url;
    private BeansTradeHome home;
  //构造方法
    public Client(String url)    throws NamingException  {
      this.url = url;
      //查找主接口，lookupHome是本例自定义方法
      home = lookupHome();
    }

    /**
     * 在命令行运行这个实例
     * java beanManaged.Client "t3://localhost:7001"
     * 参数是可选的
     * @参数 url   URL such as "t3://localhost:7001" of Server
     */
    public static void main(String[] args) throws NamingException {
      System.out.println("\nBeginning beanManaged.Client...\n");
      String url = "t3://localhost:7001";
      // 解析命令行参数,如果没有则使用默认的t3://localhost:7001
       if (args.length == 1) {
        url = args[0];
      }
      System.out.println("URL="+url);
      Client client = null;
      try {
          //实例化本类
        client = new Client(url);
      } catch (NamingException ne) {
          //异常处理
        log("Unable to look up the beans home: " + ne.getMessage());
        System.exit(1);
      }
      try {
          //运行例程
        client.example();
  } catch (Exception e) {
      //异常处理
        log("There was an exception while creating and using the Accounts.");
        log("This indicates that there was a problem communicating with the server:
"+e);
      }
      System.out.println("\nEnd beanManaged.Client...\n");
    }

  //执行实例
    public void example()  throws CreateException, RemoteException, FinderException,
            RemoveException  {
      int numBeans = 20;
      //声明并创建账号数组
```

```
        BeansTrade[] beansTrade = new BeansTrade[numBeans];
        //创建20个账号
        for (int i=1; i<numBeans; i++) {
          beansTrade [i] = findOrCreateAccount(i+"", i * 1000);
        }
        // 打印账号结算
        for (int i=1; i<numBeans; i++) {
          log("Account:   :"+beansTrade[i].getPrimaryKey()+"   has   a   balance   of
"+beansTrade[i].getBalance());
        }
        // 查找所有结算大于5000的账号
        findBigAccounts(5000.0);
        // 清除所有账号
        log("Removing beans...");
        for (int i=1; i<numBeans; i++) {
          beansTrade[i].remove();
        }
      }

      /**
        * 列出所有结算大于给定值的账号
        * 这个finder方法演示返回枚举账号
        */
      private void findBigAccounts(double balanceGreaterThan)
    throws RemoteException, FinderException  {
        log("\nQuerying for accounts with a balance greater than "+balanceGreaterThan
+ "...");
        //调用主接口创建账号方法findBigAccounts，返回账号集合
        Collection col = home.findBigAccounts(balanceGreaterThan);
        if(col.isEmpty()) {
          log("No accounts were found with a balance greater that "+balanceGreaterThan);
        }
        Iterator it = col.iterator();
        while (it.hasNext()) {
         //创建远程对象
          BeansTrade accountGT = (BeansTrade) PortableRemoteObject.narrow(it.next(),
BeansTrade.class);
          //列出合乎要求的账户
          log("Account " + accountGT.getPrimaryKey() + "; fund is $" + accountGT.
getBalance());
        }
      }

     //如果对应id的账号以存在，则返回这个id,否则创建它
      private BeansTrade findOrCreateAccount(String id, double balance)
        throws CreateException, RemoteException, FinderException  {
        try {
          log("Trying to find account with id: "+id);
          return (BeansTrade) PortableRemoteObject.narrow(home.findByPrimaryKey(id),
BeansTrade.class);
```

```
        } catch (ObjectNotFoundException onfe) {
          // 账号不存在，创建它
          return (BeansTrade) PortableRemoteObject.narrow(home.create(id, balance),
BeansTrade.class);
        }
      }

    // 给定id和结算创建一个新的账号
     private BeansTrade createAccount(String id, double balance)
      throws CreateException, RemoteException {
      log("Creating account " + id + " with a balance of " +
        balance + "...");
        //创建远程账号对象
      beansTrade ac = (BeansTrade) PortableRemoteObject.narrow(home.create(id,
balance),BeansTrade.class);
      log("Account " + id + " successfully created");
      return ac;
    }

    //使用JNDI查找bean的主接口
    private beansTradeHome lookupHome()
      throws NamingException {
      Context ctx = getInitialContext();
      try {
          //查找主接口
        Object home = ctx.lookup("beanManaged");
        return (BeansTradeHome) PortableRemoteObject.narrow(home, BeansTradeHome.
class);
      } catch (NamingException ne) {
      //异常处理
        log("The client was unable to lookup the EJBHome. Please make sure " +
        "that you have deployed the ejb with the JNDI name " +
        "beanManaged on the WebLogic server at "+url);
        throw ne;
      }
    }

    //获取初始化上下文
     private Context getInitialContext() throws NamingException {
      try {
        // 设置属性对象
        Properties h = new Properties();
        h.put(Context.INITIAL_CONTEXT_FACTORY,
          "weblogic.jndi.WLInitialContextFactory");
        h.put(Context.PROVIDER_URL, url);
        return new InitialContext(h);
      } catch (NamingException ne) {
          //异常处理
        log("We were unable to get a connection to the WebLogic server at "+url);
        log("Please make sure that the server is running.");
```

```
        throw ne;
      }
    }

  //控制台输出
    private static void log(String s) {
      System.out.println(s);
    }
  }
```

6. 编译处理客户端

将客户端程序存放在 D:\study\ejb\beans\client\beanManaged 目录下，并将 beansTrade.class beansTradeHome.class 拷贝到这个目录。执行以下命令：

```
D:\study\ejb\beans\client>javac beanManaged\*.java
```

7. 运行测试

假设 WebLogic 安装在 192.168.0.1 的机器上，操作如下：

```
D:\study\ejb\beans\client>java beanManaged.Client t3://192.168.0.1:7001
```

测试运行屏幕如图 8-6 所示。

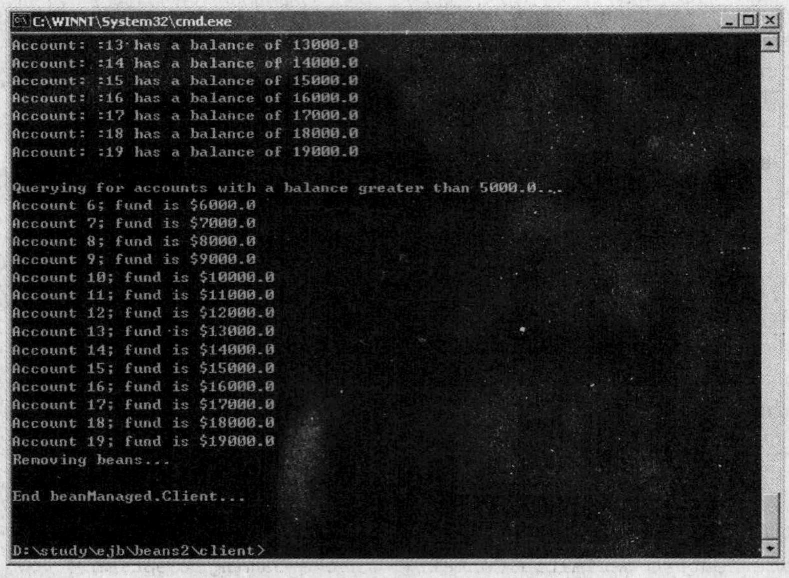

```
C:\WINNT\System32\cmd.exe
Account: :13 has a balance of 13000.0
Account: :14 has a balance of 14000.0
Account: :15 has a balance of 15000.0
Account: :16 has a balance of 16000.0
Account: :17 has a balance of 17000.0
Account: :18 has a balance of 18000.0
Account: :19 has a balance of 19000.0

Querying for accounts with a balance greater than 5000.0...
Account 6; fund is $6000.0
Account 7; fund is $7000.0
Account 8; fund is $8000.0
Account 9; fund is $9000.0
Account 10; fund is $10000.0
Account 11; fund is $11000.0
Account 12; fund is $12000.0
Account 13; fund is $13000.0
Account 14; fund is $14000.0
Account 15; fund is $15000.0
Account 16; fund is $16000.0
Account 17; fund is $17000.0
Account 18; fund is $18000.0
Account 19; fund is $19000.0
Removing beans...

End beanManaged.Client...


D:\study\ejb\beans2\client>
```

图 8-6 JavaBean 自管理客户端测试屏幕输出

8.4 小结

本章讲解了 J2EE 技术中的 EJB 开发知识。

EJB 分为会话 EJB 和实体 EJB，会话 EJB 又分为有状态和无状态。有状态将记忆每个客户的信息，无状态不会去记录哪个特定的客户状态。有状态最好的应用就是网上购物车，每个客户将买的东西放进自己的购物车内，而不是放进一个共同的容器里。

实体 EJB 分为容器管理和自己管理。容器管理是将所有的底层操作都交给容器完成，程序员只要关心业务逻辑的表现即可。

8.5 习题

1. 填空题

（1）J2EE 是 SUN 公司定义的一个__________的规范，它提供了一个__________应用模型和一系列开发技术规范。

（2）J2EE 规范定义了以下 4 个层次：__________、__________、__________和__________。

（3）EJB 是 J2EE 的核心技术，围绕 EJB 的开发，EJB 规范定义了五种角色：__________、__________、__________、__________和__________。

（4）会话 bean 的部署描述符必须声明该 bean 是__________或__________。

（5）无状态会话 Bean 处理单一的用户__________或__________。有状态会话 EJB 会__________。

（6）实体 bean 用来代表__________，最常用的是用实体 bean 代表__________。一个简单的实体 bean 可以定义成代表数据库表的__________，也就是说每个实例代表一个特殊的记录。

2. 选择题

（1）EJB 的英文全拼是什么？

A. Enterprise JavaBean
B. Enterprise Java Business
C. Entity JavaBean
D. Entity Java Business

（2）EJB 是在哪个容器中运行？

A. Servlet 容器　　B. EJB 容器　　C. Web 容器　　D. JDBC 容器

（3）EJB 工作在哪一层中？

A. 客户端层　　B. 中间层　　C. 企业信息系统层　　D. 数据存储层

（4）下面哪种 EJB 不需要维护数据对象？

A. 无状态 EJB　　B. 有状态 EJB　　C. 实体 EJB　　D. 自管理 EJB

3．思考题

（1）在应用中需要保存客户的状态，将使用哪种 EJB?.

（2）EJB 是否可以部署到不同的机器上或不同的容器上，并协调一致工作？

4．上机题

假设 Oracle 数据库中有一个 tbl_user 表，其结构如下：

```
create table tbl_user(
   id     number(10,0)  not null,
   name  varchar(20),
   pwd   varchar(20)
)
create sequence seq_user increment by 1 start with 1;
```

编写一个容器管理 EJB 实现一下功能：

A. 查询表中是否有叫 Tom 的用户，存在返回 true，否则 false。
B. 插入一条纪录。Name="tom"，pwd="12345"，要注意 id 自增量的处理。

第 9 章　Java 网络开发范例

本章学习目标

◆ 了解网络的基本知识
◆ 掌握 Java 的 Socket 通信机制
◆ 掌握编写服务器的方法
◆ 掌握如何使用 Java 访问互联网资源

网络应用是划时代的产物，它将地球上的计算机联系起来，将一个个信息孤岛串联，把地球变成了一个信息村。在地球上只要有一台联上互联网的计算机，那么它就能通过网络查阅世界上任何一个地方的资源。

Java 是针对网络环境的程序设计语言，提供了强大的网络支持机制。因为 Java 出现的目的就是要将网络上众多装有不同操作系统的计算机连接起来。Java 有两大层次的网络支持机制：一类提供支持 URL 访问互联网资源；另一类针对客户/服务器模式的应用，由 Java 系统中提供的 Socket 相关类给予支持。

9.1　预备知识

9.1.1　IP 地址

要邮寄一封信件，通常必须写下邮编，邮局才会将邮件寄发到对应的区域，然后邮递员根据信封上的邮箱号投入到相应的邮箱中，最后信件才到收件人手中。互联网上有数以万计的计算机，如何能够知道某台计算机发出的数据包是要给哪台计算机呢？这就需要给每台计算机分配一个编号，即 IP 地址。

IP 地址将 Internet 上不同物理网络互连起来，不同网络之间实现计算机的相互通信必须有相应的地址标识。IP 地址提供统一的地址格式即由 32Bit 位组成，由于二进制使用起来不方便，因此使用点分十进制方式表示。

每个 IP 地址由两部分组成：网络号和主机号。

网络号标识一个物理网络，同一个网络上的所有计算机需要一个网络号，而且该网络号在 Internet 上是唯一的。主机号确定网络中的一个工作站、服务器、路由器等 TCP/IP 主机，对于同一网络来说主机号也是唯一的。通过网络号加上主机号，即可在互联网上区分任何一台计算机的位置。

为了适应不同大小的网络，互联网络定义了 5 种 IP 地址类型：

- A 类地址　最高位为 0，接着的 7 位表示网络号，剩下的 24 位为主机号，共允许 126 个网络，每个网络上约 1600 万台计算机。IP 范围为 1.0.0.0～127.255.255.255。
- B 类地址　最高 2 位为 10，其后 14 位为网络号，剩下的 16 位为主机号，它允许 16 382 个网络，每个网络约 6.4 万台计算机，IP 范围为 128.0.0.0～191.255.255.255。
- C 类地址　最高 3 位 110，接着的 21 位为网络号，剩下的 8 位为主机号，它允许 200 万个网络，每个网络约有 254 台主机。IP 范围为 192.0.0.0～223.255.255.255。
- D 类地址　高 4 位为 1110，用于多路广播，IP 号范围为 224.0.0.0～239.255.255.255
- E 类地址　高 4 位为 1111，为将来保留，IP 地址范围为 240.0.0.0～247.255.255.255

9.1.2 协议

给每台计算机做了标识还不能进行互相通信，因为目标计算机无法知道发给它的是什么内容，所以双方速度无法同步而使得接收的数据丢失。必须制定一个通信协议，这个协议规定了速度、传输代码、代码结构、传输控制步骤、出错控制等。

网络协议对于计算机网络来说是必不可少的。不同结构的网络，不同厂家的网络产品，所使用的协议也不一样，但都遵循一些协议标准，这样便于不同厂家的网络产品进行互联。一个功能完善的计算机网络需要制定一套复杂的协议集合，对于这种协议集合，最好的组织方式就是层次结构模型。计算机网络层次结构模型与各层协议的集合被定义为计算机网络体系结构。

网络体系结构是关于计算机网络应设置哪几层，每层应提供哪些功能的精确定义。至于功能如何实现，则不属于网络体系结构部分。换句话说，网络体系结构只是从功能上描述计算机网络的结构，而不涉及每层硬件和软件的组成，也不涉及这些硬件或软件的实现问题。由此看来，网络体系结构是抽象的。

世界上第一个网络体系结构是 1974 年由 IBM 公司提出的系统网络体系结构 SNA。之后，许多公司纷纷提出了各自的网络体系结构。所有这些体系结构都采用了分层技术，但层次的划分、功能的分配以及采用的技术均不相同。随着信息技术的发展，不同结构的计算机网络互联已成为人们迫切需要解决的问题。在这个前提下，开放系统互联参考模型 OSI 就提出来了。

20 世纪 70 年代以来，国外一些主要计算机生产厂家先后推出了各自的网络体系结构，但它们都属于专用的。

为使不同计算机厂家的计算机能够互相通信，以便在更大范围内建立计算机网络，有必要建立一个国际范围的网络体系结构标准。

国际标准化组织 ISO 于 1981 年正式推荐了一个网络系统结构——七层参考模型，叫做开放系统互联模型（Open System Interconnection，OSI）。由于这个标准模型的建立，使得各种计算机网络向它靠拢，大大推动了网络通信的发展。

OSI 参考模型将整个网络通信的功能划分为七个层次，它们由低到高分别是物理层

（PH）、链路层（DL）、网络层（N）、传输层（T）、会话层（S）、表示层（P）及应用层（A）。每层完成一定的功能，每层都直接为其上层提供服务，并且所有层次都互相支持。第四层到第七层主要负责互操作性，而第一层到第三层则用于创造两个网络设备三间的物理连接。

1. 物理层

这一层负责在计算机之间传递数据位，它为在物理媒体上传输的位流建立规则。物理层定义电缆如何连接到网卡上，以及需要用何种传送技术在电缆上发送数据；同时还定义了位同步及检查。物理层表示了用户的软件与硬件之间的实际连接，实际上它与任何协议都不相干，但它定义了数据链路层所使用的访问方法。

物理层是 OSI 参考模型的最低层，向下直接与物理传输介质相连接。物理层协议是各种网络设备进行互联时必须遵守的低层协议。设立物理层的目的是为了实现两个网络物理设备之间的二进制比特流的透明传输，对数据链路层屏蔽物理传输介质的特性，以便对高层协议有最大的透明性。

2. 数据链路层

这是 OSI 模型中极其重要的一层，它把从物理层来的原始数据打包成帧。一个帧就是放置数据的具有逻辑结构化的包。数据链路层负责帧在计算机之间的无差错传递。数据链路层还支持工作站的网络接口卡所用的软件驱动程序，桥接器的功能在这一层。

数据链路层是 OSI 参考模型的第二层，它介于物理层与网络层之间。设立数据链路层的主要目的是，将一条原始的、有差错的物理线路变为对网络层无差错的数据链路。为了实现这个目的，数据链路层必须执行链路管理、帧传输、流量控制、差错控制等功能。

3. 网络层

这一层定义网络操作系统通信用的协议，为信息确定地址，把逻辑地址和名字翻译成物理的地址。它也确定从源机沿着网络到目标机的路由选择，并处理交通问题，例如交换、路由和对数据包阻塞的控制。路由器的功能在这一层，路由器可以将子网连接在一起，它依赖于网络层将子网之间的流量进行路由。

数据链路层协议是相邻两直接连接结点之间的通信协议，它不能解决数据经过通信子网中多个转接结点的通信问题。设置网络层的主要目的就是要为报文分组以最佳路径通过通信子网而到达目的主机提供服务，使网络用户不必关心网络的拓扑构型与所使用的通信介质。

网络层也许是 OSI 参考模型中最复杂的一层，部分原因在于现有的各种通信子网事实上并不遵循 OSI 网络层服务定义。同时，网络互联问题也为网络层协议的制定增加了很大的难度。

4. 传输层

这一层负责错误的确认和恢复，以确保信息被可靠传递。必要时，它也对信息重新打包，把过长信息分成小包发送；而在接收端，把这些小包重构成初始的信息。在传输层中最常用的协议就是 TCP/IP 的传输控制协议 TCP、Novell 的顺序包交换 SPX 以及 Microsoft 的 NetBIOS/NetBEUI。

传输层是 OSI 参考模型的七层中比较特殊的一层，同时也是整个网络体系结构中十分关键的一层。设置传输层的主要目的就是在源主机进程之间提供可靠的端-端通信。

5. 会话层

允许在不同机器上的两个应用之间建立、使用和结束会话，这一层在会话的两台机器间建立对话控制，管理哪边发送、何时发送、占用多长时间等。

会话层是建立在传输层之上，由于其利用传输层提供的服务，使得两个会话实体不必考虑它们之间相隔多远、使用了什么样的通信子网等网络通信细节，进行透明的、可靠的数据传输。当两个应用进程进行相互通信时，希望有一个作为第三者进程能组织它们的通话，协调它们之间的数据流，以便使应用进程专注于信息交互。设立会话层就是为了达到这个目的。从 OSI 参考模型看，会话层之上各层是面向应用的，会话层之下各层是面向网络通信的，而会话层在两者之间起到连接的作用。会话层的主要功能就是向会话的应用进程之间提供会话组织和同步服务，对数据的传送提供控制和管理，以达到协调会话过程，为表示层实体提供更好的服务。

6. 表示层

它包含处理网络应用程序数据格式的协议。表示层位于应用层和会话层之间，它从应用层获得数据并把它们格式化以供网络通信使用，该层将应用程序数据排序成一个有含义的格式并提供给会话层。这一层也通过提供诸如数据加密的服务来负责安全问题，并压缩数据以使网络上需要传送的数据尽可能少。许多常见的协议都将这一层集成到了应用层中，例如 NetWare 的 IPX/SPX 就为这个层次使用了一个 NetWare 核心协议，TCP/IP 也为这个层次使用一个了网络文件系统协议。

7. 应用层

这一层是最终用户应用程序访问网络服务的地方，它负责使整个网络应用程序一起很好地工作。这里也正是最有含义的信息传过的地方，程序（比如电子邮件、数据库等）都利用应用层传送信息。

9.1.3 端口号

当一台服务器有了一个地址，安装了协议，按理客户就能访问到服务器了。要在这台服务器上再安装另一个服务，该怎么办？如何识别客户请求的是哪个服务？为了解决这个问题，引进了端口的概念。

端口并不是实际的物理存在的场所，而是一种软件抽象。端口的使用使一台服务器能够提供多个服务，例如在一台提供 HTTP 服务的机器上再提供 FTP 服务，这样可以大大地节约地址和服务器资源。通常，每个服务都同一台服务器上的独一无二的端口号相联系，客户程序必须知道自己要求的那项服务的运行端口号。

系统服务保留了使用端口 1～1024 的权力。HTTP 服务默认使用 80 端口，而 FTP 默认使用 21 端口。任何编制网络应用的软件最好不要使用系统占用的端口和其他正在使用的端口。

9.1.4 基本 URL

在互联网上的所有资源都是用 URL（Uniform Resource Locator，统一资源定位符）来请求资源的，一个基本的 URL 由 4 部分组成，每一部分都有其特定的功能和含意。

- 协议　HTTP、FTP 等。
- 主机名　资源所在的主机名。域名由几部分组成，各部分使用点号来隔开，不同的部分代表不同的含意。
- 端口号　提供服务所使用的端口号。
- 路径名　资源文件在机器中的路径名，采用 UNIX 系统的文件表示法。

提示：IP 地址是一堆数字组成的。要记住它是很困难的事情，何况这些数字又没有任何含义。为了解决这个问题，引进了域名的概念。用户只要使用域名就能访问到服务资源。在这之间提供了一个域名解析，域名解析由 Internet 协会及其会员统一制定和管理。

例如 http://www.sun.com 就是一个标准的 URL，其中 http 代表使用 HTTP 协议，www.sun.com 代表主机名，使用默认的 80 端口，没有使用路径名则默认为根目录。

如果一台装有 Windows 操作系统的机器配置了 IP，那么可以在命令窗口中使用 ipconfig 命令查看机器的 IP 地址。图 9-1 是某台机器的 IP 地址显示。

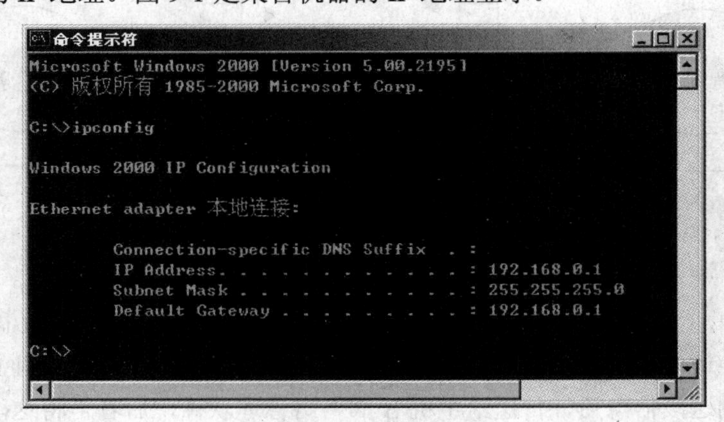

图 9-1　查看机器 IP 地址

9.1.5 客户/服务器模式

客户/服务器模式又称 C/S 模式。将其中一台或几台处理能力较强的计算机集中进行共享数据库的管理和存取，称为服务器，而将其他应用处理工作分散到网络中其他的微机上去做，以构成分布式处理系统。

服务器控制管理数据的能力已由文件管理方式上升为数据库管理方式，因此 C/S 中的服务器也称为数据库服务器，注重于数据定义及存取安全、后备及还原、并发控制及事务管理。

执行诸如选择检索和索引排序等数据库管理功能，它有足够的能力做到把通过其处理后用户所需的那部分数据而不是整个文件经由网络传送到客户机去，从而减轻了网络的传输负荷。C/S 结构是数据库技术的发展和普遍应用与局域网技术发展相结合的结果。

9.2 套接字（Socket）

9.2.1 Socket 工作步骤

Socket 通信是一种较原始的通信机制，通过 Socket 的数据表现出来的形式是原始字节流信息，通信双方要在此基础上按照约定方式进行数据格式化和解析处理工作，这样才能完成具体的应用，从而实现某种协议的过程。

Socket 可以被看成两个程序进行通信连接中的一个端点，一个程序将一段信息写入 Socket 中，该 Socket 将这段信息发送给另外一个 Socket，使这段信息能传送到其他程序。

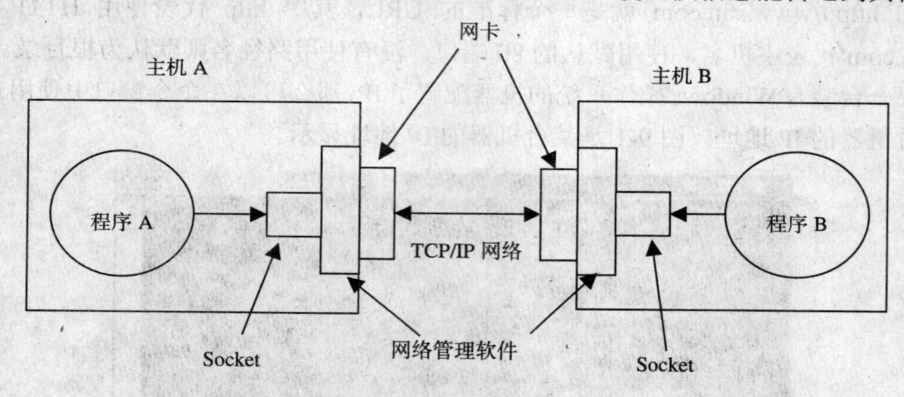

图 9-2 Socket 工作原理

在图 9-2 中，主机 A 上的程序 A 将一段信息写入 Socket 中，Socket 的内容被主机 A 的网络管理软件访问，并将这段信息通过主机 A 的网络接口卡发送到主机 B，主机 B 的网络接口卡接收到这段信息后，传送给主机 B 的网络管理软件，后者再将这段信息保存在主机 B 的 Socket 中，然后程序 B 才能在 Socket 中阅读这段信息。

Socket 有两种主要的操作方式：有连接和无连接。有连接方式像流通信，无连接方式像数据报。有连接的 Socket 操作就像一部电话，它们必须建立连接和有人呼叫，所有的事情在到达时的顺序与它们出发时的顺序一样。无连接的 Socket 操作就像邮件投递，多个邮件可能在到达时的顺序与出发时的顺序不一样。

创建一个流 Socket，在 Java 中非常简单，只要通过 Socket 的构造器就能实现。理论上，通过 Socket 可以构造一个数据报通信，但 SUN 不建议使用这种方式，因为 SUN 专门编写了 DatagramSocket 类来实现数据报的构造。

Java 中的 Socket 类和接口均位于包 java.net 和 javax.net 中。主要构造器和方法如下：

- public Socket(string host,int port) throws UnknownHostException,IOException　构造一个指定了主机和指定端口的 Socket 流。
- public Socket(String host,int port,Boolean stream) throws IOException　构造一个连接，指定主机、端口的 Socket 类，boolean 类型指定是否是流 Socket，还是数据报 Socket。
- public Socket(inetAddress address,int port) throws IOException　构造一个指定 IP 地址、端口的 Socket 流。
- public Socket(InetAddress host,int port,Boolean stream) throws IOException　构造一个指定 IP 地址、端口以及是否使用流或者数据报 Socket；不建议使用。
- public InetAddress getInetAddress()　获取主机 IP 地址。
- public synchronized void close() throws IOException　断开连接。
- public InputStream getInputStream() throws IOException　创建与远程主机连接的输入流。
- public InetAddress getLocalAddress()　获取当地主机的 IP 地址。
- public int getLocalPort()　获取本地连接的 Socket 端口。
- public OutputStream getOutputStream() throws IOException　创建与远程主机连接的输出流。
- public int getPort()　获取远程 Socket 连接端口。

Java 中的 DatagramSocket 类和接口同样位于包 java.net 和 javax.net 中。主要构造器和方法如下：

- public DatagramPacket(byte buf[],int length)　构造一个接收数据报的 DatagramPacket 类，其参数 buf[]指定接收数据报缓冲区，参数 length 为接收字节长度。
- public DatagramPacket(byte buf[],int length, InetAddress address, int port)　构造一个接收数据报的 DatagramPacket 类，参数 buf[]指定接收数据报缓冲区，参数 length 为接收字节长度，InetAddress address 为服务器地址，int port 为指定端口。
- public synchronized InetAddress getAddress()　获取数据报地址信息。
- public synchronized byte[] getData()　获取数据报中的数据。
- public synchronized int getLength()　获取数据报长度。
- public synchronized int getPort()　获取数据报发送者的通信端口。
- public DatagramSocket() 构造一个用于发送的 DatagramSocket 类，使用任何一个本地可用的端口。
- public DatagramSocket(int port)　构造一个指定端口的 Socket 数据报。
- public InetAddress getLocakAddress()　获取本机 Socket 通信端口。
- public synchronized void setSoTimeout(int timeout)　设置连接超时时间，timeout 为微秒数。

9.2.2 当前时间

实例 9-1 演示了如何使用套接字来创建一个运用流通信的服务。从实例中看出，ServerSocket 需要的只是一个端口号，而不需要指定 IP 地址，因为服务程序就运行在服务器上。之后调在用 accept()时，主线程进入阻塞，等待用户的连接。当有用户连接时，主线程将创建一个新的服务线程给请求的客户提供服务，因此实例 9-1 是一个可以服务于多用户的服务程序。在服务线程中，创建了一个 getInputStream 来读取客户请求，同时创建了一个 getOutputStream 来将结果发送给客户。

实例 9-1　时间服务器程序

```
// 文件名：SocketServer.java
import java.io.*;
import java.net.*;
import java.util.*;

class SocketServer  {
 public static void main (String [] args) throws IOException {
   System.out.println ("Server starting...\n");
   //使用8000端口提供服务
   ServerSocket server = new ServerSocket (8000);
   while (true)  {
    //阻塞，直到有客户连接
     Socket sk = server.accept ();
     System.out.println ("Accepting Connection...\n");
     //启动服务线程，为接入的客户服务
     new ServerThread (sk).start ();
   }
 }
}

//使用线程，为多个客户端服务
class ServerThread extends Thread {
 //保存客户通信的socket
 private Socket sk;
 ServerThread (Socket sk)  {
  this.sk = sk;
 }

//线程运行实体
 public void run ()  {
  BufferedReader in = null;
  PrintWriter out = null;
  try{
    //打开IO流，获取客户输入
    InputStreamReader isr;
    isr = new InputStreamReader (sk.getInputStream ());
    in = new BufferedReader (isr);
    out = new PrintWriter (
```

```
        new BufferedWriter(
         new OutputStreamWriter(
           sk.getOutputStream ())), true);
  Calendar c = Calendar.getInstance ();

  while(true){
    //接收来自客户端的请求，根据不同的命令返回不同的信息
    String cmd = in.readLine ();
    if (cmd == null)
       break;
    cmd = cmd.toUpperCase ();
    if (cmd.startsWith ("BYE"))
      break;
    if (cmd.startsWith ("DATE") || cmd.startsWith ("TIME"))
      out.println (c.getTime ().toString ());
    if (cmd.startsWith ("DAY"))
      out.println ("" + c.get (Calendar.DAY_OF_MONTH));
    if (cmd.startsWith ("WEEK"))
    switch (c.get (Calendar.DAY_OF_WEEK))  {
      case Calendar.SUNDAY : out.println ("SUNDAY");
       break;
      case Calendar.MONDAY : out.println ("MONDAY");
       break;
      case Calendar.TUESDAY : out.println ("TUESDAY");
       break;
      case Calendar.WEDNESDAY: out.println ("WEDNESDAY");
       break;
      case Calendar.THURSDAY : out.println ("THURSDAY");
       break;
      case Calendar.FRIDAY : out.println ("FRIDAY");
       break;
      case Calendar.SATURDAY : out.println ("SATURDAY");
    }
 }
 }
 catch (IOException e)  {
   System.out.println (e.toString ());
 }
 finally  {
  System.out.println ("Closing Connection...\n");
  //最后释放资源
  try{
   if (in != null)
     in.close ();
   if (out != null)
     out.close ();
    if (sk != null)
     sk.close ();
  }
  catch (IOException e)  {
```

```
        }
      }
    }
  }
```

服务创建好了，现在编写一个客户端。为了测试多用户的情况，实例 9-2 使用线程来模拟多客户，每个线程都向服务器发出获取时间的请求。

客户端使用 getByName()方法，传递了一个 null，使用默认寻找 localhost 并产生保留地址 127.0.0.1。和服务器程序类似，分别创建了一个 getInputStream 来读取信息和 getOutputStream 来向服务器发送请求，同时还使用了 I/O 缓存器技术。

实例 9-2　时间客户端程序

```
//文件名：SocketClient.java
import java.io.*;
import java.net.*;

class SocketThreadClient extends Thread {
 public static int count = 0;
//构造器，实现服务
 public SocketThreadClient (InetAddress addr)  {
  count++;
  BufferedReader in = null;
  PrintWriter out = null;
  Socket sk = null;
  try{
  //使用8000端口
   sk = new Socket (addr, 8000);
   InputStreamReader isr;
   isr = new InputStreamReader (sk.getInputStream ());
   in = new BufferedReader (isr);
   //建立输出
   out  =  new  PrintWriter  (  new  BufferedWriter(  new  OutputStreamWriter(sk.
getOutputStream ())), true);
   //向服务器发送请求
   System.out.println("count:"+count);
   out.println ("DATE");
   System.out.println (in.readLine ());
   out.println ("DAY");
   System.out.println (in.readLine ());
   out.println ("WEEK");
   System.out.println (in.readLine ());
  }
  catch (IOException e)  {
   System.out.println (e.toString ());
  }
  Finally  {
   out.println("END");
   //释放资源
   try  {
    if (in != null)
```

```
      in.close ();
     if (out != null)
      out.close ();
     if (sk != null)
      sk.close ();
    }
    catch (IOException e)  {
    }
   }
  }
}

//客户端
public class SocketClient{
  public static void main(String[] args) throws IOException,InterruptedException{
    InetAddress addr = InetAddress.getByName(null);
    while(true){
      for(int i=0;i<10;i++)
         new SocketThreadClient(addr);
      Thread.currentThread().sleep(1000);
    }
  }
}
```

从实例 9-1 和实例 9-2 看，使用流的通信方式，只有在服务器端和客户端创建 Socket 时存在区别之外，在它们握手之后则很难分清楚谁作为服务谁是客户了，因为，双方都在发送信息也在接收信息。

9.2.3 数据报通信

接下来将演示一个使用数据报的通信方式。数据报通常与 UDP/IP 协议无连接相对应，由于没有创立连接，所以在可靠性上很难保证对方是否收到。因此，使用数据报必须在数据报中包含地址和端口信息，以便接收者识别数据报是从何处来的。

但是，数据报方式有一个很大的优点，即占用系统资源少。因此，常常使用在要求通信质量不高或无法使用流通信方式的情况下，例如网络游戏和聊天程序。

实例 9-3 创建了一个数据报服务器，并使用 4000 端口创建了一个 DatagramSocket 来接收客户的数据包，同时还使用了 getAddress()和 getPort()方法来获取客户的地址及端口。之后通过创建的 DatagramPacket，将所收到的信息发送到原客户端对应的地址。

实例 9-3　数据报服务器程序

```
//文件名：ChatServer.java
import java.net.*;
import java.io.*;
import java.util.*;

public class ChatServer{
 static final int PORT = 4000;//设置服务端口
```

```
    private byte[] buf = new byte[1000];
    private DatagramPacket dgp =new  DatagramPacket(buf,buf.length);
    private DatagramSocket sk;

    //服务断构造器
    public ChatServer(){
      try{
        //实例化数据报
        sk = new DatagramSocket(PORT);
        System.out.println("Server started");
        while(true){
          //等待接收
          sk.receive(dgp);
          //获取接收信息
          String rcvd = new String(dgp.getData(),0,dgp.getLength())+
             ", from address: "+ dgp.getAddress()+
             ", port: "+ dgp.getPort();
          System.out.println(rcvd);
          String outString = "Echoed: "+ rcvd;
          //拷贝字符到缓存
          byte[] buf = outString.getBytes();
          //发送回信息。
          DatagramPacket  out  =  new  DatagramPacket(buf,buf.length,dgp.getAddress(),
dgp.getPort());
          sk.send(out);
        }
      }
      catch(SocketException e){
       System.err.println("Can't open socket");
       System.exit(1);
      }
      catch(IOException e){
       System.err.println("Communication error");
       e.printStackTrace();
       }
      }

   public static void main(String[] args){
     new ChatServer();
   }
  }
```

下面编写客户端，为了模拟很多个客户端，实例 9-4 客户程序使用了线程。在实例 9-4 中使用了一个 new DatagramSocket()构造器，使得客户端能够使用任何可用的端口。

实例 9-4 数据报客户端程序

```
//文件名：ChatClient.java
import java.lang.Thread;
import java.net.*;
import java.io.*;
```

```
//继承线程
public class ChatClient extends Thread{
 private DatagramSocket s;
 private InetAddress hostAddress;
 private byte[] buf = new byte[1000];
 private DatagramPacket dp = new DatagramPacket(buf,buf.length);
 private int id;

 //构造器，实现多线程
  public ChatClient(int i){
   id =i;
   try{
     //使用构造器，创建使用本机任何端口的数据包Socket
     s = new DatagramSocket();
     //获取本地IP
     hostAddress = InetAddress.getByName("localhost");
   }
   catch(UnknownHostException e){
       System.out.println("Can;t open socket");
       System.exit(1);
   }
   catch(SocketException e){
       System.out.println("Can;t open socket");
       e.printStackTrace();
       System.exit(1);
   }
   System.out.println("ChatClient Starting");
 }

 public void run(){
   try{
     for(int i=0;i<25;i++){
       String outMessage = "Client #"+id+", message #"+ i;
       //将字符复制到缓存
       byte[] buf = outMessage.getBytes();
       //发送数据
       DatagramPacket  out  =  new  DatagramPacket(buf,buf.length,hostAddress,
ChatServer.PORT);
       s.send(out);
       //等待服务器返回
       s.receive(dp);
       //处理服务返回
       String rcvd = "Client #" + id +
         ", rcvd from "+ dp.getAddress() + ", " + dp.getPort() +
         ": "+ new String(dp.getData(),0,dp.getLength());
       System.out.println(rcvd);
     }
   }
   catch(IOException e){
     e.printStackTrace();
```

```
        System.exit(1);
      }
    }

    public static void main(String[] args){
      for(int i=0;i<10;i++)
        new ChatClient(i).start();
    }
  }
```

从程序来看，它和普通的 Socket 程序没有什么差别，只是获取的是 DatagramSocket 对象而已。

9.3 连接服务器

每种服务都有一个通信协议标准。要连接一台服务器，客户程序必须发送符合标准的信息内容。

Web 服务器与客户端的通信通常使用 HTTP 协议(超文本传输协议)，所以也叫做 HTTP 服务器。Web 服务器与浏览器通过 HTTP 协议在 Internet 上发送和接收消息。HTTP 协议是一种请求-应答式的协议——客户端发送一个请求，服务器返回该请求的应答。HTTP 协议使用可靠的 TCP 连接，默认端口是 80。详细的 HTTP 协议可以通过 http://www.w3.org/Protocols/http/1.1/rfc2616.pdf 连接下载。

一个正常的 HTTP 请求包括三部分：方法-URI-协议/版本、请求头、请求正文。下面是一个 HTTP 请求例子：

```
GET /default.htm HTTP/1.1
Accept: text/plain; text/html
Accept-Language: en-gb
Connection: Keep-Alive
Host: localhost
User-Agent: Mozilla/4.0 (compatible; MSIE 4.01; Windows 98)
Content-Length: 33
Content-Type: application/x-www-form-urlencoded
Accept-Encoding: gzip, deflate
```

关键在第一行，GET 表示请求的方法，/default.htm 表示 URI，HTTP/1.1 表示请求所使用超文本协议的版本。

目前使用的 HTTP 1.1 支持 7 种请求方法：GET，POST，HEAD，OPTIONS，PUT，DELETE 和 TRACE。在 Internet 应用中，最常用的请求方法是 GET 和 POST。实例 9-5 演示了连接一台 Web 服务器的实例。通过使用 Socket 流通信方式，同时使用 HTTP 服务的 80 端口连接服务，并向服务发送 HTTP 协议请求，最后把返回输出到控制台。

实例 9-5　连接 Web 服务器程序

```
//文件名：WebClient.java
import java.io.*;
```

```
import java.net.*;
class WebClient {

 public WebClient (InetAddress addr) {
  BufferedReader in = null;
  PrintWriter out = null;
  Socket sk = null;
  try{
  //使用HTTP的80端口
   sk = new Socket (addr, 80);
  //定义输入流
   InputStreamReader isr;
   isr = new InputStreamReader (sk.getInputStream ());
   //使用缓存
   in = new BufferedReader (isr);
   //建立输出，发送请求
   out   =   new   PrintWriter   (new   BufferedWriter(new   OutputStreamWriter(sk.
getOutputStream ())), true);
   //向服务器发送HTTP协议请求
   out.println("GET / HTTP/1.1");
   out.println("Host: localhost:80");
   out.println("Connection: Close");
   out.println();
   // 读取服务器的应答
   boolean loop   = true;
   StringBuffer sb = new StringBuffer(8096);
   while (loop) {
    if ( in.ready() ) {
       int i=0;
       while (i!=-1) {
          i = in.read();
          sb.append((char) i);
       }
       loop = false;
    }
   }

   // 把应答显示到控制台
   System.out.println(sb.toString());
  } catch (IOException e) {
   System.out.println (e.toString ());
  }
  finally {
   //释放资源
   try{
    if (in != null)
     in.close ();
    if (out != null)
     out.close ();
    if (sk != null)
```

```
        sk.close ();
      } catch (IOException e) {  }
    }
  }

  public static void main(String[] args) throws IOException,InterruptedException  {
    InetAddress addr = InetAddress.getByName(null);
    new WebClient(addr);
  }
}
```

9.4 实现服务器

要构建一台服务器，必须遵循协议。在互联网上，使用最多的是 Web 服务。Web 服务遵循 HTTP 超文本协议。本节将介绍如何实现一个 Web 服务。

和 HTTP 请求相似，HTTP 应答也由 3 个部分构成，分别是：协议-状态代码-描述、应答头、应答正文。下面是在 IIS 5.0 服务器下请求一个测试页的应答例子：

```
HTTP/1.1 200 OK
Server: Microsoft-IIS/5.0
Connection: close
Content-Location: http://localhost/index.htm
Date: Tue, 17 Jun 2003 13:09:29 GMT
Content-Type: text/html
Accept-Ranges: bytes
Last-Modified: Tue, 17 Jun 2003 13:09:17 GMT
ETag: "e0b187a8d134c31:f0f"
Content-Length: 85

<html>
<head>
<title></title>
</head>
<body>
<p>test page!</p>
</body>
</html>
```

HTTP 应答的第一行类似于 HTTP 请求的第一行，表示通信所用的协议是 HTTP 1.1，服务器已经成功地处理了客户端发出的请求（200 表示成功），工作顺利。

应答头也和请求头一样包含许多有用的信息，例如服务器类型、日期时间、内容类型和长度等。应答的正文就是服务器返回的 HTML 页面。应答头和正文之间也用 CRLF 分隔。

实例 9-6 使用 ServerSocket 绑定了 8000 端口。使用这个端口是因为一些机器上很可能已经安装了一个默认的 Web 服务，例如 IIS。实例通过服务线程模式提高多用户请求模式下的反映速度。在服务线程中，通过 getInputStream()及 getOutputStream()分别来读取客户请求和向客户发送结果。实例中将 while(true)注释掉了，读者可以仔细想想为什么？

实例 9-6　Web 服务器接收客户请求程序

```
//文件名：WebServer.java
import java.io.*;
import java.net.*;
import java.util.*;

class WebServer{
 public static String WEBROOT = "";//默认目录
 public static String defaultPage = "index.htm";//默认文件
 public static void main (String [] args) throws IOException {
   //使用输入的方式通知服务默认目录位置，可用./root表示
   if(args.length!=1){
     System.out.println("USE: java WebServer ./rootdir");
     return;
   }else{
     WEBROOT = args[0];
   }
   System.out.println ("Server starting...\n");
   //使用8000端口提供服务
   ServerSocket server = new ServerSocket (8000);
   while (true) {
    //阻塞，直到有客户连接
     Socket sk = server.accept ();
     System.out.println ("Accepting Connection...\n");
     //启动服务线程
     new WebThread (sk).start ();
   }
 }
}

//使用线程，为多个客户端服务
class WebThread extends Thread{
 private Socket sk;
 WebThread (Socket sk) {
  this.sk = sk;
 }

 public void run () {
  InputStream in = null;
  OutputStream out = null;
  try{
    in = sk.getInputStream();
    out = sk.getOutputStream();
    //while(true){
      //接收来自客户端的请求
      Request rq = new Request(in);
      //获取客户请求的URL地址
      String sURL = rq.parse();
      System.out.println("sURL="+sURL);
      if(sURL.equals("/")) sURL = WebServer.defaultPage;
```

```
        //将请求的文件发送给客户端
        Response rp = new Response(out);
        rp.Send(sURL);
      //}
      }
      catch (IOException e) {
         System.out.println (e.toString ());
      } finally {
        System.out.println ("Closing Connection...\n");
        //最后释放资源
        try{
         if (in != null)
           in.close ();
         if (out != null)
           out.close ();
          if (sk != null)
            sk.close ();
        } catch (IOException e) {   }
      }
  }
}
```

接收到客户请求后，还需要做进一步的处理，实例 9-7 将完成请求的解析工作。将客户端的协议请求转存入一个 StringBuffer 中，最后转化成字符，并通过私有类 getUri 来获取客户的 URI。

实例 9-7　Web 服务器解析请求程序

```
//文件名：Request.java
import java.io.*;
import java.net.*;

public class Request{
  InputStream in = null;
  public Request(InputStream input){
    this.in = input;
  }

  public String parse() {
    //从Socket读取一组数据
    StringBuffer request = new StringBuffer(2048);
    int i;
    byte[] buffer = new byte[2048];
    try {
        i = in.read(buffer);
    }
    catch (IOException e) {
        e.printStackTrace();
        i = -1;
    }
    for (int j=0; j<i; j++) {
```

```
        request.append((char) buffer[j]);
    }
    System.out.print(request.toString());
    return getUri(request.toString());
  }

  //获取URI字符
  private String getUri(String requestString) {
    int index1, index2;
    index1 = requestString.indexOf(' ');
    if (index1 != -1) {
        index2 = requestString.indexOf(' ', index1 + 1);
        if (index2 > index1)
          return requestString.substring(index1 + 1, index2);
    }
    return null;
  }
}
```

获取到 URI 后，即可寻找到客户请求的文件，如果存在则读文件并转换成字符。接过来，添加 HTTP 的文件头，最后发送到客户浏览器。

实例 9-8　Web 服务器信息发送程序

```
//文件名：Response.java
import java.io.*;
import java.net.*;

public class Response{
  OutputStream out = null;
  public void Send(String ref) throws IOException {
    byte[] bytes = new byte[2048];
    FileInputStream fis = null;
    try {
        //构造文件
        File file  = new File(WebServer.WEBROOT, ref);
        if (file.exists()) {
            //构造输入文件流
            fis = new FileInputStream(file);
            int ch = fis.read(bytes, 0, 2048);
            String sBody = new String(bytes,0);  //读取文件
            //构造输出信息
            String sendMessage = "HTTP/1.1 200 OK\r\n" +
                "Content-Type: text/html\r\n" +
                "Content-Length: "+ch+"\r\n" +
                "\r\n" +sBody;
            //输出文件
            out.write(sendMessage.getBytes());
        }else {
            // 找不到文件
            String errorMessage = "HTTP/1.1 404 File Not Found\r\n" +
                "Content-Type: text/html\r\n" +
```

```
                "Content-Length: 23\r\n" +
                "\r\n" +
                "<h1>File Not Found</h1>";
            out.write(errorMessage.getBytes());
        }
    }
    catch (Exception e) {
        // 如不能实例化File对象，抛出异常
        System.out.println(e.toString() );
    } finally {
        if (fis != null)    fis.close();
    }
  }
  public Response(OutputStream output) {
    this.out = output;
  }
}
```

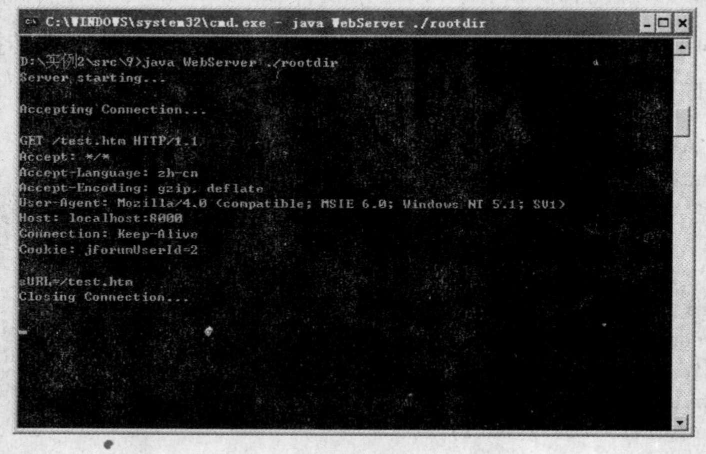

图 9-3　Web 服务端输出

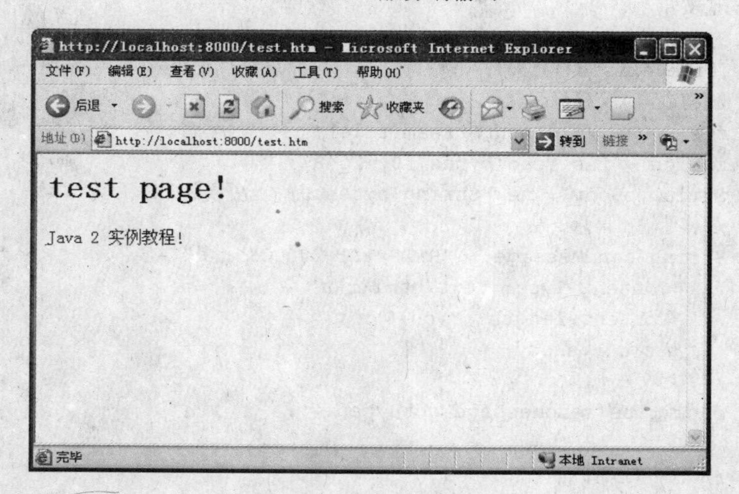

图 9-4　Web 浏览器界面

实例演示如图 9-3 和图 9-4 所示。客户请求 test.htm 页面，Web 服务器程序将客户的请求分解后读取 rootdir 目录下的 test.htm 文件，并发送回客户端，客户端 IE 获取文件后显示出结果。

9.5　发送 E-mail

本节将介绍如何利用 Java 的网络 API 来实现一个电子邮件发送程序。通常 E-mail 都是使用 SMTP（Simple Mail Transfer Protocol，简单邮件传输协议）来发送邮件，使用 POP3 协议来接受电子邮件。在本节中，只对 SMTP 协议作简单介绍。有兴趣的读者可以参考以下站点 ftp://ftp.isi.edu/in-notes/rfc2821.txt，获取关于 E-mail 协议说明。

实例 9-9 通过使用 Socket 类来实现与 mail 服务器连接，并将邮件发送出去。但是，目前许多邮件服务器都需要提供用户认证，所以实例 9-9 在目前情况下不能很好地工作，编写这个例子只是为了让读者了解通过 Socket 如何发送邮件的机制。

实例 9-9　邮件发送客户端程序

```
//文件名：SMTPClient.java
import java.io.*;
import java.net.*;

class SMTPClient{
 public static void main (String [] args) {
  String SMTPServer = "";
  if(args.length<1){
      System.out.println("use:java SMTPDemo mailhost");
      return;
  }else{
    SMTPServer = args[0];
  }

  int SMTPPort = 25;
  Socket client = null;
  String mailfrom ="XXXX@hotmail.com";
  String mailto = "gggg@gmail.com";
  String mailsubject = "test";
  String mailtext = "this is test mail";
  try {
   // 向SMTP服务程序建立一个套接字连接
   client = new Socket (SMTPServer, SMTPPort);
   // 创建一个BufferedReader对象，以便从套接字读取输出
   InputStream is = client.getInputStream ();
   BufferedReader sockin;
   sockin = new BufferedReader (new InputStreamReader (is));
   // 创建一个PrintWriter对象，以便向套接字写入内容
   OutputStream os = client.getOutputStream ();
   PrintWriter sockout;
```

```
    sockout = new PrintWriter (os, true);
    // 显示同SMTP服务程序的握手过程
    System.out.println ("S:" + sockin.readLine ());
    System.out.println ("C:HELO "+SMTPServer);
    sockout.println ("HELO "+SMTPServer);
    // 从套接字读取SMTP服务程序的回应消息并显示在屏幕上
    String reply = sockin.readLine ();
    System.out.println ("S:" + reply);
    //邮件发送者
    System.out.println ("C:MAIL FROM:"+mailfrom);
    sockout.println ("MAIL FROM:"+mailfrom);
    reply = sockin.readLine ();
    System.out.println ("S:" + reply);
    //邮件接收者
    System.out.println ("C:RCPT TO:"+mailto);
    sockout.println ("RCPT TO:"+mailto);
    reply = sockin.readLine ();
    System.out.println ("S:" + reply);

    //邮件内容。包括主题、邮件主体
    System.out.println ("C:DATA");
    sockout.println ("DATA"+mailto);
    reply = sockin.readLine ();
    System.out.println ("S:" + reply);
    System.out.println ("Subject:"+mailsubject);
    sockout.println ("Subject:"+mailsubject);
    System.out.println (mailtext);
    sockout.println (mailtext);
    System.out.println (".");
    sockout.println (".");
    reply = sockin.readLine ();
    System.out.println ("S:" + reply);
    System.out.println ("QUIT");
    sockout.println ("QUIT");
    reply = sockin.readLine ();
    System.out.println ("S:" + reply);
  }
  catch (IOException e){
    System.out.println (e.toString ());
  }

  finally {
    try {
      if (client != null)
        client.close ();
    }
    catch (IOException e){ }
    }
  }
}
```

9.6 URL 链接

前面讲过，互联网是通过 URL 链接来访问。在 java.net 包中 Java 专门提供了一个 URL 类来使用这部分资源。

URL 类的构造器和主要方法如下：

- public URL(String spec)　从指定字符创建一个 URL 对象。
- public URL(String protocol,String host,int port,String file)　创建一个指定的 URL 对象。参数 protocol 为协议类型，可用是 http、ftp、file 等；参数 host 为主机名，参数 port 为协议使用端口号，参数 file 为指定的文件名或路径名。
- public URL(String protocol,String host,String file)　创建一个指定参数的 URL 对象。参数含意与以上构造器相同。
- public URL(URL context,String spec)　创建一个指定的 URL 对象，参数 context 为 URL，spec 为路径。
- public final Object getContent()　获取 URL 的内容。
- public String getFile()　获取 URL 中的路径名。
- public String getHost()　获取 URL 的主机名。
- public int getPort()　获取 URL 中的端口号。
- public String getProtocal()　获取 URL 中的协议标识。
- public String getRef()　获取 URL 中的引用。

实例 9-10 使用 URL 链接方式来访问互联网资源的简单应用程序。通过构造器创建了一个 URL 对象，然后读取输入流中的信息，最后将结果输出到控制台。

实例 9-10　URL 浏览程序

```
//文件名：URLBrowser.java
import java.net.*;
import java.io.*;

public class URLBrowser{
  public static void main(String[] args){
    if(args.length<1){
      System.out.println("use eg. :java URLBrowser http://loaclhost");
    }else{
      new URLBrowser(args[0]);
    }
  }

  URLBrowser(String u){
    try{
      //构造一个URL
      URL myURL = new URL(u);
      BufferedReader so
        = new BufferedReader(new InputStreamReader(myURL.openStream()));
```

```
            //读取输入
            while(true){
                String output = so.readLine();
                if(output!=null){
               System.out.println(output);
               }else{
                 break;
               }
            }

            so.close();
          }

          catch(MalformedURLException e){
            System.out.println(e);
          }

          catch(IOException e){
            System.out.println(e);
          }
        }
    }
```

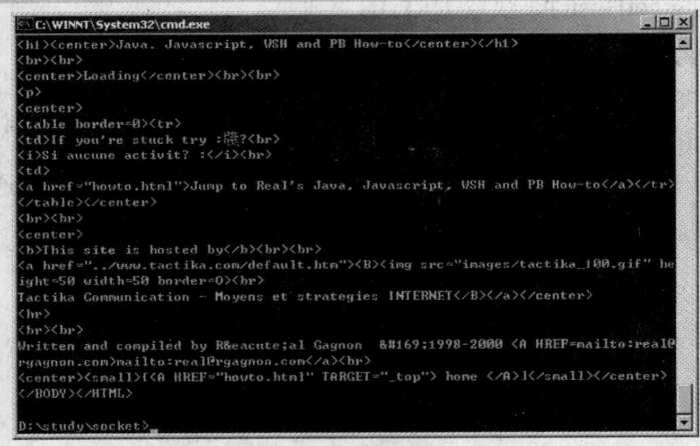

图 9-5　URL 浏览输出

9.7 小结

本章介绍了网络的基础知识。讲述了 Socket 的通信方式：有连接和无连接，并通过实例演示了如何使用 Socket 流通信和使用数据报通信。

同时还介绍了 HTTP（超文本协议）的有关知识，以及如何开发一个连接 Web 服务的客户端和服务器端应用。

接着讲解了如何使用 Socket 发送邮件的知识，最后讲解使用 URL 链接来访问互联网资源。

9.8 习题

1. 填空题

(1) Java 有两大层次的网络支持机制：一类是 ____________；另一类是针对____________。

(2) OSI 参考模型 7 个层次分别是：________、________、________、________、________、__________、________。

(3) 一个基本的 URL 有 4 部分组成，分别为：_____、_____、_____、_____。

(4) C/S 模式指的是__________和 ________ 模式。

(5) Sockets 有两种主要的操作方式：________和____________。

(6) 目前使用的 HTTP 1.1 支持 7 种请求方法：____，_____，______，_____，____，________和________。

(7) 网络中的每台计算机都必须有一个唯一的 ________地址作为标识。

(8) 通常 IP 地址写作一组有.号分隔的______进制数。

(9) URL 的英文全称为____________。

(10) Socket 获取输入/输出流的两个主要方法是：getInputStream()和 __________。

2. 选择题

(1) C 类 IP 地址的范围是：

A. 128.0.0.0～191.255.255.255　　B. 1.0.0.0～127.255.255.255
C. 240.0.0.0～247.255.255.255　　D. 192.0.0.0～223.255.255.255

(2) OSI 参考模型中，TCP/IP 协议属于下面哪一层？

A. 物理层　　B. 网络层　　C. 传输层　　D. 表示层

(3) HTTP 协议默认端口为？

A：21　　B. 80　　C. 110　　D：800

(4) 下面哪个是数据包类？

A. Thread　　B. DatagramPacket　　C. Socket　　D. ServerSocket

(5) 创建 Socket 服务器类是？

A. Thread　　B. DatagramPacket　　C. Socket　　D. ServerSocket

（6）服务器类用什么方法来等待客户连接？

A. main　　B. accept　　C. println　　D. start

3. 思考题

（1）SMTP 协议是什么？

（2）数据报是不是持续连接？

4. 上机题

现在的许多网站都提供了搜索引擎，一个搜索引擎包括网络爬虫和内容过滤器两大功能。网络爬虫功能实现将网络中的 URL 搜索出来，再经过内容过滤器筛选出感兴趣的文章。现在将实例 9-9 改写成一个网页过滤器，设置好过滤关键字，当发现有关键字之后，输出一个 true。

第 10 章　Java 的 I/O 操作范例

本章学习目标

- ◆ 了解什么是 I/O 流
- ◆ 了解字节流和字符流
- ◆ 掌握基本 I/O 的操作
- ◆ 掌握 ZIP 类的使用
- ◆ 掌握文件操作和文件管理

本章将详细介绍 Java 语言的输入/输出流，作为非常重要的部分，Java 提供了强大的类库支持。I/O 操作的对象可能是文件、控制台、网络连接，所使用的通信方式有顺序、随机、二进制、字符、按行、按字等。因此，要开发一个稳定的商用 I/O 项目还是有一定难度和挑战性的。

10.1　Java 流理论

Java 输入/输出是基于流的操作。所谓流，就是指在通信路径上从信源到目的地传输的字节序列。如果是写入流，那么就是流源。如果是从流中读取，那么它就是流的目的地。

两种基本的流是：输入流和输出流。可以从输入流读，但是不能对它写。要从输入流读取字节，必须有一个与这个流相关联的字符源。

在 java.io 包中，有一些流是节点流，即它们可以从一个特定的地方读写，例如磁盘或者一块内存。其他流称作过滤器，过滤器输入流是用一个到已存在的输入流的连接创建的。此后，当试图从过滤输入流对象读时，它将提供来自另一个输入流对象的字符。

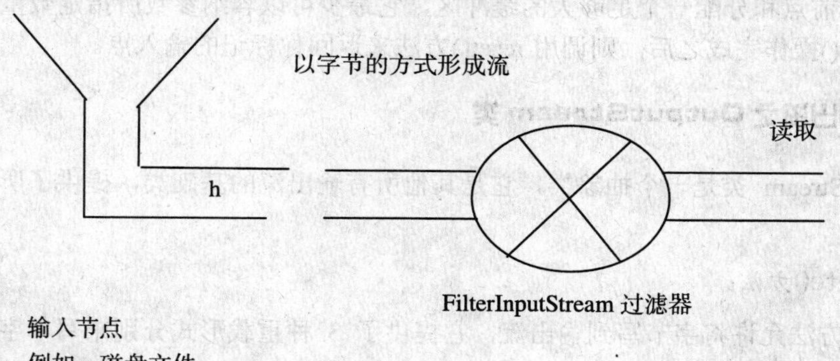

图 10-1　流原理

10.1.1 输入流之 InputStream 类

InputStream 类是一种抽象类，它是 Java 输入类的基础，提供了可被所有 InputStream 类继承的方法。

1．read()方法

read()方法是 InputStream 类中的最重要的方法，它从输入流中读取一字节的数据，如果不能获得数据，则 read()方法将中断。该方法被中断时，将导致其所执行的线程等待，直到可以获得数据为止。不必担心因此而受到的限制，因为在多线程中，系统能够处理其他的线程。实际上，read()方法有多个重载方法，可以读取单个字节或字节数组，只要重载这些方法。

read()方法返回的是一个整数，整数范围在 0～255 之间。如果没有字节数据可以读入，说明已经到了输入流的末尾，那么 read()将返回-1 值，这时线程将被阻塞直到有数据读取。

> 提示：不要忘记，和 C 不同的是，在 Java 中抛出-1，并不表示有异常发生。任何 I/O 错误都会抛出一个 IOException 违例。关于违例的捕获和处理在第 4 章已经讲述过。

2．available()方法

available()方法用来无阻塞地从输入流中读取字节数，它用来监视输入流已知有多少数据可用。这个方法在使用到 InputStream 类时总是返回 0，所以不要盲目信赖这个方法。

3．close()方法

close()方法用来关闭一个输入流，并释放和输入流相关的系统资源。良好的关闭流处理是使应用稳定健壮的关键。

4．skip(long)方法

这个方法丢弃了流中指定数目的字符，与之联系的方法有：boolean markSupported(), void mark(int)和 void reset()。

如果流支持回放操作，则这些方法可以用来完成这个操作。如果 mark()和 reset()方法可以在特定的流上操作，则 markSupported()方法将返回 ture。mark(int)方法用来指明应当标记流的当前点和分配一个足够大的缓冲区，它最少可以容纳参数所指定数量的字符。在随后的 read()操作完成之后，则调用 reset()方法来返回你标记的输入点。

10.1.2 输出流之 OutputStream 类

OutputStream 类是一个抽象类，它是其他所有输出流的基础类，提供了所有继承类的基本方法。

1．write()方法

write()方法允许将字节写到输出流，它提供了 3 种重载形式分别来写单字节、字节数组或数组段。与 read()方法一样，当 write()方法写入输出流时有可能发生阻塞，阻塞同样是

write()方法的线程等待，直到写操作完成。

2. flush()方法

flush()方法使得任何缓冲数据立刻被写到输出流。一些 OutputStream 子类支持缓冲并覆盖此类方法以释放其缓冲器，同时将所有缓冲器写到输出流里。OutputStream 类的 close()方法并不做这个操作。

3. close()方法

close()方法用来关闭输出流，释放所有相关的资源，其用法和 InputStream 中的 close()方法一样。

10.2 基本 I/O 流

10.2.1 标准系统数据流

对于计算机来说，标准输出是屏幕，而标准输入设备是键盘，所以一个标准系统数据流要处理如何在屏幕上显示信息和接收客户键盘输入的信息。

1. 标准输出 System.out

System 位于 java.lang 包而不是 java.io 中。作为标准的静态输出流，它已经被打开并且随时接收输出数据。这个输出默认是输出到显示器上，但可以通过指定主机环境或用户来改变输出目标。

2. 标准输入 System.in

System.in 同样是一个标准输入流。作为一个静态方法，当系统建立时已经被加载，并随时准备接收输入数据。System.in 默认输入为键盘，同样可以通过指定主机环境或用户来改变输入源。

3. 标准错误 System.err

System.err 也是一个静态的最终方法，系统被建立时已经被打开并随时输出数据。和 System.out 不同的是，System.err 输出的是错误信息或比较紧急的信息。这些显示信息可以立即显示出来而不授其他 System.out 的影响，也就是说 Sytem.err 在执行优先级上高于 System.out。

实例 10-1 标准输入/输出程序

```
//文件名：StanderdIO.java
import java.util.*;
import java.io.*;

public class StanderdIO{
 public static void main(String[] args){
  Vector vTemp = new Vector();
```

```
        boolean flag = true;

        while(flag){
          System.out.print("input>");
          String sTemp ="";
          //读取输入
          BufferedReader stdin  = new BufferedReader(new InputStreamReader(System.in));
          try{
           sTemp = stdin.readLine();
          }catch(IOException ie){
            System.err.println("IO error!");
          }

          //解析输入命令
          String sCMD="";
          String sContext="";
          int point = sTemp.indexOf(":");
          if(point==-1){
              sCMD = sTemp.trim();
          }else{
            sCMD = sTemp.substring(0,point);
            sContext = sTemp.substring(point+1);
          }

          //添加数据
          if(sCMD.equalsIgnoreCase("in")){
            if(sContext.equals("")){
              System.err.println("this command format is errer!");
            }else{
              vTemp.addElement(sContext);
            }
          }//查看结果
          else if(sCMD.equalsIgnoreCase("out")){
            for(int i=0;i<vTemp.size();i++){
              System.out.println(i+":"+vTemp.elementAt(i));
            }
          }//结束
          else if(sCMD.equalsIgnoreCase("quit")){
            flag=false;
          } else  {
            System.err.println("this command don't run!");
          }
        }
      }
    }
```

10.2.2 数据流

DataInputStream 与 DataOutputStream 类实现了 DataInput 与 DataOutput 接口，这些接口提供了将二进制流生成或还原成字节的方法。一个数据输入流提供一个应用从平台无关性的输入流中读取原始的 Java 数据类型。一个应用则使用数据输出流将数据转换成流，以便其他应用使用输入流来读取数据。

DataInputStream 类提供了从输入流读取任意对象与基本数据类型的功能，该类提供的过滤器可以与其他输入过滤器嵌套。

DataOutputStream 类提供了从任意对象与基本数据类型写入到输出流中，该方法继承了输出过滤器，能与任何的输出过滤器结合。

PrintStream 类是一个经常使用的 I/O，该类用来将输出写到 Java 控制台窗口。这个类的强大功能体现在其提供的 print()和 println()，这两个方法被重载后，可以打印输出任何基础数据类型或对象。

10.2.3　文件 I/O 的有用工具

对文件的操作是 I/O 最重要的功能，Java 通过 File、FileDescriptor、FileInputStream 以及 FileOutputStream 等类来支持基于流的文件输入和输出。

1. File 类

File 类用来访问文件的目录对象，并使用操作系统的文件名约定。File 类从名字上有一定的欺骗性——通常会认为代表一个文件，但实际并非如此。其代表的不仅是一个特定文件名，也代表目录内一系列文件的名字。如果代表的是一个文件集，则可以使用 list()方法查询这个集，返回的是一串数组。

File 类的主要构造器和方法如下：

- public File(String pathname)　通过指定文件路径来构造文件。
- public boolean canRead()　测试文件是否可读。
- public boolean canWrite()　测试一个文件是否可写。
- public boolean delete()　删除一个文件或目录。删除目录时，目录必须为空。
- public String getName()　获取文件或目录的名字。
- public String getPath()　获取文件相对路径。
- public boolean exists()　判断文件是否存在。

实例 10-2　文件列表器程序

```
//文件名：Dir.java
import java.io.*;

public class Dir{
  /*
  *方法说明：实现目录列表
  */
  public String[] DirList(String pathName){
    try{
      File path = null;
      String[] fileList;
      //如果没有指定目录，则列出当前目录
```

```
        if(pathName.equals("")){
          path = new File(".");
        }else{
          path = new File(pathName);
        }
        //获取目录文件列表
        fileList = path.list();
       return fileList;
      }catch(Exception e){
        System.err.println(e);
        return null;
      }
    }

    /*
    *方法说明：主方法
    */
    public static void main(String[] args){
      String path;
      if(args.length==0)
        path = ".";
      else
        path = args[0];
      Dir d = new Dir();
      String[] sTemp = d.DirList(path);
      for(int i=0;i<sTemp.length;i++)
          System.out.println(sTemp[i]);
    }
  }
```

实例 10-2 实现了一个目录的文件列表。DirList()方法接收目录参数，如果没有输入参数，则默认为当前目录。实例只演示了 File 的 list()方法，其他方法读者可以在其他实例中找到。

2. FileInputStream 类

FileInputStream 类允许以流的方式从文件中读取字符，并将文件名字符串、File 或 Filedescriptor 对象作为参数。FileInputStream 类覆盖了 InputStream 类的方法，并提供了两种新的方法：finalize()和 getFD()方法。fnalize()方法用于关闭该流，getFD()方法用来获取与输入流相关的 FileDescripter 访问。FileInputStream 类用来打开一个输入文件，若要打开的文件不存在，则会产生例外 FileNotFoundException，这是一个非运行时例外，必须捕获或声明抛弃。

- public FileInputStream(String name)　通过指定文件名来构造文件输入流。
- public FileInputStream(File file)　通过文件来构造文件输入流。
- public FileInputStream(FileDescriptor fdObj)　通过文件描述来构造文件输入流。

3. FileOutputStream 类

FileOutputStream 类允许将输出写到文件流中。和文件输入流一样，也是通过将文件名字符串、File 或 FileDescriptor 对象作为参数来创建。FileOutStream 类覆盖了 OutputStream 类的方法，并支持 FileInputStream 类描述的 finalize()与 getFD()方法。FileOutputStream 类用来打开一个输出文件，若要打开的文件不存在，则会创建一个新的文件，否则原文件的内容会被新写入的内容所覆盖。

- public FileOutputStream(String name)　通过指定文件名来构造输出文件流。
- public FileOutputStream(String name,boolean append)　通过指定文件名来构造输出文件流，如果 append 为 true，则为追加方式写入。
- public FileOutputStream(File file)　使用文件来构造文件输出流。
- public FileOutputStream(File file,boolean append)　当 append 为 true 时，构造一个追加方式的输出文件流。
- public FileOutputStream(FileDescriptor fdObj)　通过文件描述来构造文件输出流。

实例 10-3　文件流操作程序

```
//文件名：CopyBytes.java
import java.io.*;

/*
*类说明：使用字节流方式操作文件，读取和写入文件。
*/
public class CopyBytes {
  public static void main(String[] args) throws IOException {
    String sFile;
    String oFile;
    if(args.length<2){
      System.out.println("USE:java CopyBytes source file | object file");
      return;
    }else{
      sFile = args[0];
      oFile = args[1];
    }
    try{
      File inputFile = new File(sFile);//定义读取源文件
      File outputFile = new File(oFile);//定义拷贝目标文件
      //定义输入文件流
      FileInputStream in = new FileInputStream(inputFile);
      //定义输出文件流
      FileOutputStream out = new FileOutputStream(outputFile);
      int c;
      //循环读取文件和写入文件
      while ((c = in.read()) != -1)
         out.write(c);
      in.close();
      out.close();
    }catch(IOException e){
      //文件操作，捕获I/O异常
      System.err.println(e);
```

```
            }
        }
    }
```

实例 10-3 实现了对一个文件的拷贝。通过 File 类来构造一个文件源和目标源，使用文件流方式读取原文件，并使用 read()方法读取文件到输入流，然后使用 write()方法输出文件。

4. FileReader 类

这是一个相当有效的读取字符文件的类，它实现了从一个文件中读取字符过滤到流，这个类的构造器使用了一种默认的字符编码和比较实用的字符缓存。

FileReader 类的主要构造器如下：

- public FileReader(File file)　通过文件方式来构造一个读文件的对象。
- public FileReader(String fileName)　通过指定文件名来构造一个读文件对象。
- public FileReader(FileDescriptor fd)　通过文件描述来构造一个读文件对象。

5. FileWriter 类

FileWriter 类继承了 OutputStreamWriter 类，实现了向文件写入字符的过滤输出流，主要用于读取本地文件系统中的文件。

FileWriter 类的主要构造器如下：

- public FileWriter(String fileName)　指定文件名来构造写入文件对象。
- public FileWriter(File file)　构造一个文件写入对象。
- public FileWriter(File file,boolean append)　构造一个写入文件对象，如果 append 为 true，则使用文件追加模式。
- public FileWriter(FileDescriptor fd)　通过文件描述来构造一个写入文件对象。

实例 10-4　文件流操作程序

```
//文件名：Copy.java
import java.io.*;

/*
*类说明：使用FileReader和FileWriter类，采用字符文件访问方式操作文件。
*/
public class Copy {
    public static void main(String[] args) throws IOException {
        String sFile;
        String oFile;
        if(args.length<2){
          System.out.println("USE:java CopyBytes source file | object file");
          return;
        }else{
          sFile = args[0];
          oFile = args[1];
        }
        try{
          File inputFile   = new File(sFile);//定义读取的文件源
          File outputFile = new File(oFile);//定义拷贝的目标文件
```

```
            //定义输入文件流
            FileReader in   = new FileReader(inputFile);
            //定义输出文件流
            FileWriter out  = new FileWriter(outputFile);
            int c;
            //循环读取和输入文件
            while ((c = in.read()) != -1)
              out.write(c);
            in.close();
            out.close();
          }catch(IOException e){
            //文件操作，捕获I/O异常
            System.err.println(e);
          }
      }
  }
```

实例 10-4 和实例 10-3 实现了同一个功能。如注释中所说，实例 10-3 使用的是字节的操作方式，而实例 10-4 使用的是字符操作方式。字节是一个 8 位二进制数，而一个字符是具有特定字符编码的数据。例如读取 Java 语言，使用字节需要读取八次，而使用字符则要读取六次，因为中文占两个字节。

6．RandomAccessFile 类

经常会发现，程序只想读取文件的一部分数据，而不需要从头至尾读取整个文件。顺序地访问文件给文件访问带来一些死板，如何能够像访问数据库一样访问文件，随意地读取和插入数据呢？Java 提供了一个 RandomAccessFile 类来实现这种操作。

实例化 RandomAccessFile 类将支持读和写一个随机文件。随机文件可以看成是一个巨大的字节数组的文件系统，由一个隐含的指针或索引来指向文件，这个指针或索引叫做文件指示器。当进行读取输入操作时，程序将读取指示器所在的位置和读取指示器所经过的位置字节。如果这个随机文件被创建为可读写模式，则可以输出信息到这个文件。输出操作同样是在文件指示器的位置和其经过的位置，可以使用 getFilePointer()方法来获取文件指示器的位置，使用 seek()方法来定位指示器。

RandomAccessFile 类有如下两个构造方法：

- public RandomAccessFile(File file,String mode)　其中 mode 参数决定了对这个文件的存取是只读(r)还是读/写(rw)，file 是一个文件对象。
- myRAFile = new RandomAccessFile(String name, String mode)　参数 name 为文件名。mode 参数同样定义为操作模式。

实例 10-5　随机文件操作程序

```
//文件名：RandFile.java
import java.io.*;

/*
*类说明：读取随机文件
*/
```

```
public class RandFile{
  public static void main(String[] args){
    String sFile;
    if(args.length<1){
      System.out.println("USE:java RandFile fileName");
      return;
    }else{
      sFile = args[0];
    }

    //接受IOException异常
    try{
      //构造随机访问文件，使用可读写方式
      RandomAccessFile rf = new  RandomAccessFile(sFile, "rw");
      for(int i = 0; i < 10; i++)
        rf.writeDouble(i*1.414);
      rf.close();

      //构造一个随机访问文件，使用只读方式
      rf = new RandomAccessFile(sFile, "rw");
      rf.seek(5*8);
      rf.writeDouble(47.0001);
      rf.close();
      //构造一个随机文件访问文件，使用只读方式
      rf = new RandomAccessFile(sFile, "r");
      for(int i = 0; i < 10; i++)
         System.out.println("Value " + i + ": " + rf.readDouble());
      rf.close();
    }catch(IOException e){
     System.out.println(e);
    }
  }
}
```

实例 10-5 实现了访问随机文件。通过 RandomAccessFile 构造器实现一个可读写的随机文件对象，使用了 writeDouble 方法向文件写入了 10 条数据记录。第二次构造随机文件对象为了读取这个文件，使用 seek 方法来定位读取文件的位置。第三次构造器使用了只读方式，readDouble()方法读取文件。

10.2.4 其他 I/O

1. 管道数据流

管道数据流使用不多，但不是没有用。管道数据流使用 PipedInputStream（管道输入流）和 PipedOutputStream（管道输出流）类。管道化的数据流可用于线程之间的通信。

2. URL 输入流

除了基本文件访问外，Java 还提供了通过网络使用 URL 访问对象的功能。可以使用成员函数 getDocumentBase()并显式地指定 URL 对象来访问声音和图象。

10.3　zip 文件流

WinZip 软件想必是每台机器上都会安装的压缩软件。Java 中也提供了 zip 文件压缩的支持，通过 zip 压缩功能可以方便地保存多个文件。zip 类库采用的是标准的 zip 格式，所以能与当前因特网上使用的大量压缩、解压工具很好地协作。

实例 10-3 采用了输入参数的方式，并且展示了如何使用 Checksun 类来计算和校验文件的效验和。可以使用 Adler32 和 CRC32 两种类型压缩，Adler32 类型压缩速度比较的快些，而 CRC32 类型有更好的准确性。

实例 10-6　Zip 文件操作程序

```
//文件名：MyZip.java
import java.io.*;
import java.util.*;
import java.util.zip.*;

public class MyZip{
  /*
  *方法说明：实现文件的压缩处理
  */
  public void ZipFiles(String[] fs){
   try{
     String fileName = fs[0];
     FileOutputStream f =
       new FileOutputStream(fileName+".zip");
     CheckedOutputStream cs =
        new CheckedOutputStream(f,new Adler32());
      ZipOutputStream out =
        new ZipOutputStream(new BufferedOutputStream(cs));
      //写一个注释
      out.setComment("A test of Java Zipping");
      //对多文件进行压缩
      for(int i=1;i<fs.length;i++){
        System.out.println("Write file "+fs[i]);
        BufferedReader in =
           new BufferedReader(
             new FileReader(fs[i]));
         out.putNextEntry(new ZipEntry(fs[i]));
         int c;
         while((c=in.read())!=-1)
          out.write(c);
        in.close();
       }
       //关闭输出流
       out.close();
       System.out.println("Checksum::"+cs.getChecksum().getValue());
    }catch(Exception e){
```

```
      System.err.println(e);
    }
  }

  /*
  *方法说明：解压缩zip文件
  */
  public void unZipFile(String fileName){
    try{
      System.out.println("读取zip文件........");
      FileInputStream fi =
        new FileInputStream(fileName+".zip");
      CheckedInputStream csi = new CheckedInputStream(fi,new Adler32());
      ZipInputStream in2 =
        new ZipInputStream(
          new BufferedInputStream(csi));
      ZipEntry ze;
      System.out.println("Checksum::"+csi.getChecksum().getValue());
      while((ze = in2.getNextEntry())!=null){
        System.out.println("Reading file "+ze);
        int x;
        while((x= in2.read())!=-1)
          System.out.write(x);
      }
      in2.close();
    }catch(Exception e){
      System.err.println(e);
    }
  }

  /*
  *方法说明：读取zip文件列表
  */
  public Vector listFile(String fileName){
    try{
      String[] aRst=null;
      Vector vTemp = new Vector();
      ZipFile zf = new ZipFile(fileName+".zip");
      Enumeration e = zf.entries();
      while(e.hasMoreElements()){
        ZipEntry ze2 = (ZipEntry)e.nextElement();
        System.out.println("File: "+ze2);
        vTemp.addElement(ze2);
      }
      return  vTemp;
    }catch(Exception e){
      System.err.println(e);
      return null;
    }
  }
```

```
    /*
    *方法说明：主方法
    */
    public static void main(String[] args){
      try{
       String fileName = args[0];
       MyZip myZip = new MyZip();
       myZip.ZipFiles(args);
       myZip.unZipFile(fileName);
       Vector dd = myZip.listFile(fileName);
       System.out.println("File List: "+dd);
      }catch(Exception e){
        e.printStackTrace();
      }
    }
}
```

实例 10-6 主要由 3 个方法组成，ZipFiles()方法用来实现多文件的压缩。要压缩的每个文档，都必须调用 putNextEntry()，并将其传入给一个 ZipEntry 对象。unZipFile()方法实现了解压功能，不过在这里没有输出到文件，而是写到屏幕。为了解压文件，ZipInputStream 类提供了 getNextEntry()方法，能在某些前提下返回下一个 ZipEntry。listFile()方法实现读取 Zip 文件中包含的文件列表。作为一个简洁的方法，可以使用 ZipFile 对象读取文件。这个对象有一个 entries()方法，可以返回 ZipFile 的一个枚举器类型。

10.4 缓存 I/O 流

内存的读取速度在所有 I/O 操作对象中是最快的，所以将 I/O 流缓存到内存中是提高程序性能的一个方法。缓存数据保存在内存中可以提供以后程序的使用，当 Java 程序需要读取输入流时，首先会查询缓存，如果存在则直接读取，这就大大提高了读取数据的速度。

要对输入进行缓存，只要使用 BufferedInputStream 方法对 FileInputStream 的对象创建一个缓存流，当从输入流读取数据时数据就被缓存了。输出缓存可使用 BufferedOutput Stream 类，和输入缓存流用法相同。

实例 10-7　缓冲流程序

```
//文件名：BuffCopyBytes.java
import java.io.*;

/*
*类说明：使用字节流方式操作文件，读取和写入文件。
*/
public class BuffCopyBytes {
    public static void main(String[] args) throws IOException {
        String sFile;
        String oFile;
        long sTime;
```

```
        long eTime;
        if(args.length<2){
          System.out.println("USE:java CopyBytes source file | object file");
          return;
        }else{
          sFile = args[0];
          oFile = args[1];
        }
        sTime=System.currentTimeMillis();
        try{
          File inputFile = new File(sFile);//定义读取源文件
          File outputFile = new File(oFile);//定义拷贝目标文件
          //定义输入文件流
          FileInputStream in = new FileInputStream(inputFile);
          //定义输出文件流
          FileOutputStream out = new FileOutputStream(outputFile);
          int c;
          //循环读取文件和写入文件
          while ((c = in.read()) != -1)
             out.write(c);
          //关闭输入流
          in.close();
          //关闭输出流
          out.close();
        }catch(IOException e){
          //文件操作，捕获I/O异常
          System.err.println(e);
        }
        eTime = System.currentTimeMillis();
        System.out.println("no buffer use time:"+(eTime-sTime)+"ms");
        sTime=System.currentTimeMillis();
        try{
          File inputFile = new File(sFile);//定义读取源文件
          File outputFile = new File("b"+oFile);//定义拷贝目标文件
          //定义输入文件流
          FileInputStream in = new FileInputStream(inputFile);
          //将文件输入流构造到缓存
          BufferedInputStream bin = new BufferedInputStream(in);
          //定义输出文件流
          FileOutputStream out = new FileOutputStream(outputFile);
          //将输出文件流构造到缓存
          BufferedOutputStream bout = new BufferedOutputStream(out);
          int c;
          //循环读取文件和写入文件
          while ((c = bin.read()) != -1)
             bout.write(c);
          //关闭输入缓存流
          bin.close();
          //关闭输出缓存流
          bout.close();
```

```
        }catch(IOException e){
          //文件操作，捕获I/O异常
          System.err.println(e);
        }
        eTime = System.currentTimeMillis();
        System.out.println("have buffer use time:"+(eTime-sTime)+"ms");
    }
}
```

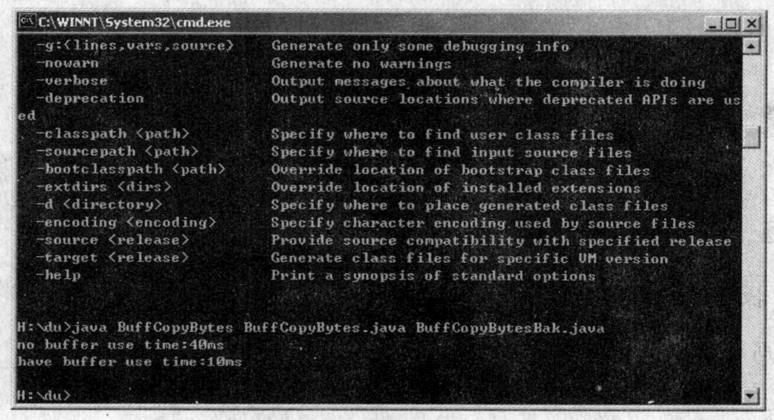

图 10-2　使用缓存加快 I/O 速度

实例 10-7 是一个拷贝文件的程序，是实例 10-3 添加了缓存的对比程序。程序的第一部分和实例 10-3 完全一样，第二部分则添加了一个缓存。从执行结果来看，没有使用缓存时完成拷贝任务花了 40ms，而使用缓存后完成拷贝任务只要 10ms。从这个实例也可以看出，使用缓存可以大大提高 I/O 的执行效率。

10.5　小结

本章系统地介绍了输入/输出（I/O）的理论知识。什么是流？可以理解为将信息顺序化、队列化。

大部分程序都需要输入/输出处理，比如从键盘读取数据，向屏幕中输出数据，从文件中读或者向文件中写数据，在一个网络连接上进行读写操作等。在 Java 中，把这些不同类型的输入/输出源抽象为流（Stream），而其中输入/输出的数据则称为数据流（Data Stream），用统一的接口来表示，从而使程序设计简单明了。

流一般分为输入流（Input Stream）和输出流（Output Stream）两类，但这种划分并不是绝对的。比如一个文件，当向其中写数据时，它就是一个输出流；当从其中读取数据时，它就是一个输入流。当然，键盘只是一个输入流生成工具，而屏幕则是一个输出流显示工具。

输入/输出流分为标准流、数据流、文件流、管道流、URL 流等。使用最多的是文件流，File 实现了对文件的操作包括目录。读取和写入文件使用字节和字符两种方式，使用哪种方式并没有差别，只是对数据的分割不同。

对随机文件的读取，Java 使用 RandomAccessFile 类实现。使用 seek()方法来定位读取和写入的位置，当读取文件到文件尾时，输入流将返回-1。

要提高流的操作效率，使用缓存是一个好方法。

如果 I/O 出现异常，都会抛出 IOException 异常。

在 Java 开发环境中，主要是由包 java.io 提供的一系列的类和接口来实现输入/输出处理。标准输入/输出处理则是由包 java.lang 中提供的类来完成，但这些类都是从包 java.io 中的类继承而来。

10.6 习题

1. 填空题

（1）I/O 操作的对象可能是________、________、________。

（2）I/O 所使用的通信方式也有________、________、________、________、________、和________等。

（3）两种基本的流是：________和________。

（4）对于计算机来说，标准的输出是________，而标准的输入设备是________。一个标准的系统数据流要处理的是如何在________和________。

（5）对文件的操作是 I/O 最重要的功能。Java 通过________、________、________以及________等类来支持基于流的文件输入和输出。

（6）File 类用来访问________________。

（7）FileInputStream 类允许以流的方式________。FileOutputStream 类允许将________。

（8）在 java.io 包中有 4 个基本类：InputStream、OutputStream、Reader 以及________类。

（9）在 I/O 类库中，InputStream 和________是处理字节数据的基本输入/输出类。

（10）用于字符流读写缓冲存储的类是 BufferedReader 和________。

（11）数据的读写操作完毕后，应用____________方法来关闭流并释放资源。

2. 选择题

（1）Java 标准输出为：

A. System.out B. read() C. applet D. System.in

(2) File. canWrite()方法的用途:

A. 测试一个文件是否可写　　B. 测试文件是否可读
C. 获取文件相对路径　　D. 判断文件是否存在

(3) RandomAccessFile 如何处理文件方式?

A. 字符流　　B. 字节流　　C. 随机处理　　D. 文本方式

(4) Java 中哪个类提供了随机访问文件的功能?

A. RandomAccessFile 类　　B. RandomFile 类
C. File 类　　D. AccessFile 类

(5) 要从文件 file. dat 中读出第 10 个字节到变量 C 中，下列哪个方法适合

A. FileInputStream in=new FileInputStream("file.dat");in.skip9.;int c=in.read();
B. FileInputStream in=new FileInputStream("file.dat");in.skip10.;int c=in.read();
C. FileInputStream in=new FileInputStream("file.dat");int c=in.read();
D. RandomAccssFile in=RandomAccssFile("file.dat");in.skip9.;int c=in.readByte();

(6) 下面哪个类实现了文件字符的输入?

A. FileWriter　　B. FileReader
C. FileOutputStream　　D. FileInputStream

(7) 下面哪个类实现了字节的输入?

A. FileWriter　　B. FileReader
C. FileOutputStream　　D. FileInputStream

(8) 下面哪个方法用来判断文件是否存在?

A. main　　B. canRead　　C. delete　　D. exists

(9) 下面哪个是 Java 提供的对 zip 流的支持类?

A. OutputStream　　B. FileReader　　C. ZipOutputStream　　D. FileOutputStream

3. 思考题

(1) 什么是流? 输入/输出使用的流分类?

(2) 字节流和字符流的区别?

(3) 使用 I/O 缓冲的意义?

4. 上机题

结合 Swing 技术，编写一个带文件管理的编辑器。实现以下功能:

A. 可以选择文件，并读取文件内容。
B. 可以保存文件内容。

第 11 章 Java 数据库操作范例

本章学习目标

- 掌握如何加载一个 JDBC 数据库驱动
- 了解 JDBC 的基本知识
- 掌握 Java 通过 JDBC 连接数据库
- 掌握获取数据结果集
- 掌握如何新增数据记录
- 掌握修改记录的方法
- 掌握如何删除记录

自从 Java 语言于 1995 年 5 月正式公布以来，Java 风靡全球。出现大量的用 Java 语言编写的程序，其中也包括数据库应用程序。由于没有一个 Java 语言的 API，编程人员不得不在 Java 程序中加入 C 语言的 ODBC 函数调用。这就使很多 Java 的优秀特性无法充分发挥，比如平台无关性、面向对象特性等。

随着越来越多的编程人员对 Java 语言的日益喜爱，越来越多的公司在 Java 程序开发上投入的精力日益增加，对 Java 语言接口的访问数据库的 API 要求越来越强烈。也由于 ODBC 的有其不足之处，比如它并不容易使用，没有面向对象的特性等，SUN 公司决定开发一 Java 语言为接口的数据库应用程序开发接口。在 JDK 1.x 版本中，JDBC 只是一个可选部件，到了 JDK 1.1 公布时，SQL 类包(也就是 JDBC API)就成为 Java 语言的标准部件。

11.1 JDBC 简介

JDBC API 通过使用标准的 SQL，提供了 Java 对不同数据库系统的中间连接。JDBC 是关键性的技术，很难想像没有数据库支持的企业应用是如何实现的。

不同的数据库系统有许多相似之处，例如相似的视图和大部分查询语句。但是，每个数据有自己的 API，使得开发程序时必须写不同的程序去连接这些数据库，这对一个应用来说是非常大的考验。中间数据交换 API 的出现改变了这一切，例如微软的 ODBC API，不过它依赖 Windows 操作系统，限制了它在其他平台上的应用。

JDBC 是 SUN 开发的跨平台数据库通用接口。使用 JDBC，能够创建一个标准的数据库特性和详细的 SQL、SQL_92 子连接。JDBC 定义简化的数据库功能接口，包括运行查询、处理结果集和决定的结构配置信息。数据库开发商或第三方开发者编写的 JDBC 驱动，必须实现这个接口，但不用关心底层到底有多少个数据连接被执行。图 11-1 展示了一个使用

JDBC 的应用。

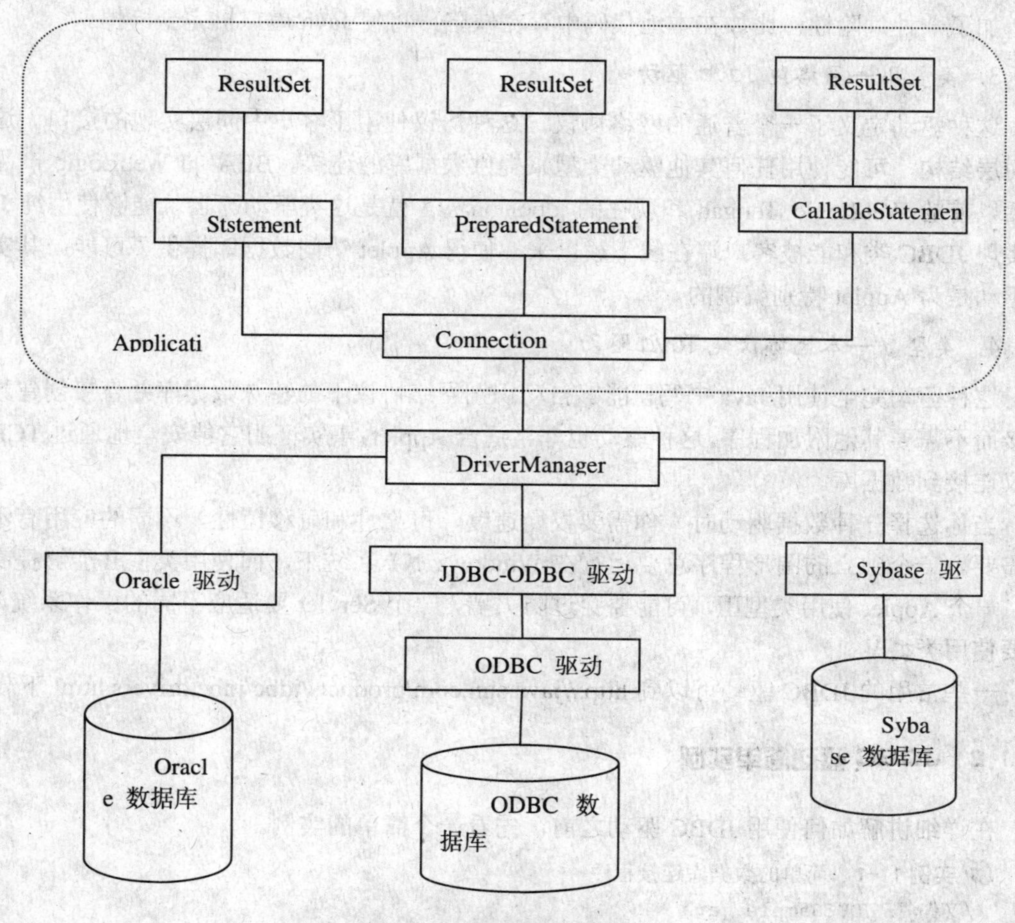

图 11-1　JDBC-数据库接口

11.1.1　JDBC 驱动

JDBC 驱动可以被应用到许多数据平台，众多数据库厂商和第三方开发商都支持 Java 的 JDBC 标准，并开发了各种针对不同数据库的 JDBC 驱动程序。它们分为四类，下面将介绍这 4 种类型的驱动：

1．类型 I—JDBC-ODBC 桥驱动

这类驱动使用类似于桥的技术来连接 Java 客户端和 ODBC 数据系统，目前这种类型的驱动仅存 SUN 和 InterSolv 两个产品。这一类型需要安装一些非 Java 的代码到运行程序的机器上，并且这些代码使用了系统的本地化。

2．类型 II—本地 Java 驱动

这种驱动使用了一种本地化的代码库去连接数据库，包括一个轻量的本地 Java 库。例如使用 Oracle 数据库，本地连接使用的是 Oracle Call Interface（OCI）库，而这些库当初是给 C/C++程序设计的。类型Ⅱ使用的是本地代码实现，所以在所有驱动中表现最好。但是这增加了一种危险性，比如在本地代码中存在缺陷，将使 Java 虚拟机完全垮掉。

3. 类型Ⅲ—网络纯 Java 驱动

这种驱动定义了一个普通的网络协议，这种协议使用了客户中间层实现的接口。这种中间层结构，可能使用任何其他驱动类型来提供数据库的连接。BEA 的 WebLogic 产品线包括以前的 WebLogic Tengah 和现在的 jdbcKona/T3 就是这类驱动。自从能够使用纯 Java 来实现 JDBC 类和能被客户端在线下载以来，使得 Applet 访问数据库提供了可能；其实这些驱动是为 Applet 特别编制的。

4. 类型Ⅴ—本地协议纯 Java 驱动

这种驱动完全使用 Java 书写，能够自动识别网络协议下的特殊数据库并直接创建数据连接而不需要其他附加程序。这种驱动也非常适合 Applet，事实证明它能安全地通过 TCP/IP 协议连接到数据库。

当你选择一种数据驱动时，你需要权衡速度、可靠性和可移植性。不同的应用有不同的需要。一个独立的图形程序总要运行在 Windows NT 系统下，而使用类型Ⅱ能够提高速度。一个 Applet 使用类型Ⅲ，可能要穿过防火墙，一个 Servlet 要适应不同的操作系统，则需要使用类型Ⅴ。

一些常用的 JDBC 驱动可以到 http://java.sun.com/products/jdbc/jdbc.drivers.html 下载。

11.1.2 JDBC 驱动简单实例

在详细讲解如何使用 JDBC 驱动之前，先看一个简单的实例。

实例 11-1 简单的数据库连接程序

```
//文件名：JDBCSample.java
import java.sql.*;

public class JDBCSample {
 public static void main(java.lang.String[] args) {
   try {
     // 这里加载驱动
     Class.forName("sun.jdbc.odbc.JdbcOdbcDriver");
   }
   catch (ClassNotFoundException e) {
     System.out.println("Unable to load Driver Class");
     return;
   }
   try {
     // 所有的驱动都必需使用try/catch块来接收异常
     // 必须指定 数据库URL、用户名、密码
     Connection con = DriverManager.getConnection("jdbc:odbc:companydb", "",  "");
     // 创建一个可执行的SQL描述
     Statement stmt = con.createStatement();
     ResultSet rs = stmt.executeQuery("SELECT FIRST_NAME FROM EMPLOYEES");
```

```
        // 显示SQL结果
        while(rs.next()) {
          System.out.println(rs.getString("FIRST_NAME"));
        }
        // 释放数据库资源
        rs.close();
        stmt.close();
        con.close();
        }
        catch (SQLException se) {
          // 输出数据库连接错误信息
          System.out.println("SQL Exception: " + se.getMessage());
          se.printStackTrace(System.out);
         }
      }
    }
```

实例 11-1 开始加载一个 JDBC 的驱动（使用 SUN 的 JDBC-ODBC 桥），然后创建一个数据库连接，再使用这个连接创建一个 Statement 对象。又使用 Statement 执行一个 SQL 语句来得到数据结果集，并且在屏幕上显示出结果，最后实例释放其所使用的资源。如果在执行中发生错误程序，则将抛出 SQLException 错误。

11.2 基本 JDBC 编程

11.2.1 数据库连接串

数据库连接串是 JDBC 使用数据库的 URL，又称 JDBC URL。数据库 URL 类似于通用 URL，但是 SUN 在出品时做了一些简化，其语法为：

```
jdbc:<subprotocal>:[node]/[database]
```

其中，subprotocal 的驱动定义的类型。node 提供网络数据库的位置和连接端口，后面为可选参数。

而实际的 URL 很灵活，不同的驱动会有不同的定义。例如，Oracle-Thin 驱动使用的 URL 是：

```
jdbc:oracle:thin:@site:port:database
```

使用 JDBC-ODBC 桥的 URL 格式为：

```
jdbc:odbc:datasource:odbcoptions
```

其他数据库 JDBC 连接的 URL 为：

```
mySQL:org.git.mm.mysql.Driver
```

11.2.2 加载驱动并创立连接

Java 应用通过指定 DriverManager 来装载一个驱动程序类。语法如下：

```
Class.forName("<driver>")
Class.forName("<driver>").newInstance()
```

根据驱动的不同，装载驱动的方法分为两种：

（1）加载 JDBC-ODBC 桥驱动程序，用法：

```
Class.forName("sun.jdbc.odbc.JdbcOdbcDriver");
```

目前只有 SUN 提供这类驱动，使用这种驱动基本上是在 Windows 系统下。在连接数据库之前，必须要配置好 ODBC 数据源。

（2）加载 JDBC 驱动类，用法：

```
Class.forName("jdbc.driver_class_name")
```

由于使用了纯 Java 代码开发的驱动程序，所以这种方法很适合夸平台使用。

加载驱动后，可以利用 DriverManager 类的 getConnection 方法来创建一个指定连接，这个连接类似于 Connection 类的实例。使用格式如下：

```
Connection conn = DriverManager.getConnection(url, login, password);
```

通常，加载驱动和建立连接都会抛出异常，所以必须要由 try/catch 块来接收。加载驱动抛出的异常为 ClassNotFundException，连接数据驱动抛出的异常为 SQLException。

下面给出一个连接数据库的方法。

实例 11-2　数据库连接程序片段

```
import java.sql.*;

...
/*
*方法说明：连接数据库
*输入参数：String sDriver 数据库驱动名称
*输入参数：String sUrl 数据库连接字串
*输入参数：String sUsername 数据库登陆用户名
*输入参数：String sPassword 数据库登陆密码
*返回类型：Connection
*其他说明：
*/
public Connection Conn(String sDriver, String sUrl, String sUsername, String sPassword){
 try{
   Class.forName(sDriver);
Connection conn = DriverManager.getConnection(sUrl, sUsername, sPassword);
return conn;
}catch(ClassNotFoundException e)
  System.out.println("Driver not found!");
  System.out.println(e.toString());
}
catch(SQLException e){
  System.out.println("connection data server error!");
  System.out.println(e.toString());
}
}
...
```

实例 11-2 的方法是一个标准的数据库驱动加载方法，使用时可以直接添加到数据库连接通用类里，传入不同的参数来得到不同的数据库连接。关于各参数的介绍，实例中有详细的说明。

11.2.3 执行 SQL 语句

数据库连接上以后，下一步将对数据库进行操作，例如添加、删除、修改和查询。在 Java 中主要使用 Statement 类。Statement 通过活动连接发送 SQL 语句到数据库，并返回结果的对象。

要得到 Statement 对象，可以调用 Connection 类的 createStatement( )方法。格式如下：

```
Statement stmt = conn.createStatement( );
```

一旦创建了一个 Statement 就可以使用其执行 SQL 语句了。如果要执行查询，则需要使用 Statement 类中的 executeQuery( )方法。格式如下：

```
ResultSet rs = stmt.executeQuery("select * from customers");
```

这个调用将返回一个查询结果集对象 ResultSet。

Statement 还提供了方法 executeUpdate( )，使用这个方法是执行那些不需要返回结果集的 SQL 语句，比如添加、删除、修改。executeUpdate( )方法返回一个整数，表示执行结果所更改的记录条数。

有 3 种类型的 Statement 类。

1. Statement

Statement 用来执行包含有静态 SQL 的字串。程序在交给 Statement 执行之前，将 SQL 语句的各部分包括修改的参数都拼写成一个 SQL 字串，如同在数据库中执行命令一样。这种方法很容易让程序员（特别是数据库维护员）接收和理解。

2. PreparedStatement

这个方法是 Statement 的一个子类，它允许预执行 SQL 语句，包含于 PreparedStatement 对象中的 SQL 语句可具有一个或多个 IN 参数，IN 参数的值在 SQL 语句创建时未被指定。相反，该语句为每个 IN 参数保留一个问号作为占位符，每个问号的值必须在该语句执行之前，通过适当的 setXXX 方法来提供。

由于 PreparedStatement 对象已预编译过，所以其执行速度要快于 Statement 对象。要多次执行的 SQL 语句，经常被创建为 PreparedStatement 对象，以提高效率。

作为 Statement 的子类，PreparedStatement 继承了 Statement 的所有功能。另外，它还添加了一整套方法，用于设置发送给数据库以取代 IN 参数占位符的值。同时，3 种方法 execute、executeQuery 和 executeUpdate 已被更改，使之不再需要参数，但这些方法的 Statement 形式（接受 SQL 语句参数的形式）不应该用于 PreparedStatement 对象。

在执行 PreparedStatement 对象之前，必须设置每个问号参数的值，这可通过调用 setXXX 方法来完成，其中 XXX 就是与该参数相应的类型。例如，如果参数具有 Java 类型 long，则使用的方法就是 setLong。

setXXX 方法的第一个参数就是要设置参数的序数位置，第二个参数则是设置给该参数的值。

3. CallableStatement

这个方法是 PreparedStatement 的一个子类，它提供了对存储过程的访问。在创建 CallableStatement 时，可以引用或作为字符串变量来使用扩展符语法。应该务必小心，保证语法的正确，该语句发送字符串。例如：

```
A: CallableStatement cstmt =  con.prepareCall( "{ call sp_A }" );
B: CallableStatement cstmt = con.prepareCall( "{ ? = call sp_B( ? ) }" );
C: CallableStatement cstmt = con.prepareCall( "{ call sp_C( ? ? ? ) }" );
```

第一句中调用一个无参数 sp_A 的存储过程，这个过程不需要传入参数。第二句调用一个形参以接收返回的存储过程。第三句则只传入参数。

在调用存储过程前，参数标志必须与变量和类型匹配。IN 参数是从 PreparedStatement 继承下来的，所以 setXXX( )和 getXXX( )方法的使用与 PreparedStatement 相同。

如果声明了返回，则必须使用 CallableStatement.registerOutParameter( )方法之一注册 OUT 参数。

实际调用时将根据预期结果，照例采用 executeQuery( )、executeUpdate( )或 execute( )方法。

A 方法调用没有返回值的情况，则使用下面方式：

```
CallableStatement cstmt =  con.prepareCall( "{ call sp_A }" );
cstmt.execute(); //或者用executeUpdate()
```

如果返回的是一个 ResultSet 类型，则使用下面方式：

```
ResultSet rs = cstmt.executeQuery();
```

如果没有返回结果集，只是返回更新记录数，则使用下面的方式：

```
int iUC = cstmt.executeUpdate();
```

B 方法调用的是一个有 OUT 和 IN 的存储过程，所以使用方法如下：

```
CallableStatement cstmt =
   con.prepareCall( "{ ? = call sp_B( ? ) }" );
// 声明结果参数为int型
cstmt.registerOutParameter( 1,  Types.INTEGER );
//设置IN参数
cstmt.setString( 2,  "M-O-O-N" );
cstmt.execute(); // could use executeUpdate()
int iRP = cstmt.getInt( 1 );
```

C 方法调用进行如下处理：

```
CallableStatement cstmt = con.prepareCall( "{ call sp_C( ? ? ? ) }" );
// set int IN parameter
cstmt.setInt( 1, 333 );
// register int OUT parameter
cstmt.registerOutParameter( 2, Types.INTEGER );
// set int INOUT parameter
cstmt.setInt( 3, 666 );
// register int INOUT parameter
cstmt.registerOutParameter( 3, Types.INTEGER );
```

在没有返回的情况下，使用下面的处理方法：

```
cstmt.execute( );    // could use executeUpdate( )
```

```
// get int OUT and INOUT
int iOUT = cstmt.getInt( 2 );
int iINOUT = cstmt.getInt( 3 );
```

由 ResultSet 返回处理：

```
ResultSet rs = cstmt.executeQuery( );
// get int OUT and INOUT
int iOUT = cstmt.getInt( 2 );
int iINOUT = cstmt.getInt( 3 );
```

有更新记录集：

```
int iUC = cstmt.executeUpdate( );
// get int OUT and INOUT
int iOUT = cstmt.getInt( 2 );
int iINOUT = cstmt.getInt( 3 );
```

在使用存储过程时，要分清楚过程的详细情况，不要使用错误。

11.2.4 结果集（ResultSet）

在执行查询 SQL 之后，其结果集的处理是编程人员比较关心的问题。表 11-1 是连接一个客户数据库执行 select NAME，CUSTOMER_ID，PHONE from CUSTOMERS 语句后的结果集。

表 11-1　执行 SQL 查询

NAME	CUSTONER_ID	PHONE
Jan Markham	1	617 55-12121
Tom Smith	2	617 556-4512
Wodrow Lang	3	509 554-7112
Dr. John Mark	4	(086) 010 6869589

在 Java 中，JDBC 使用 java.sql.ResultSet 接口来封装查询得到的结果集。可以使用 ResultSet 中的 next( )方法遍历结果集。

实例 11-3　一个数据库连接程序片

```
import java.sql.*;

...
Statement stmt = con.createStatement( );
ResultSet rs = stmt.executeQuery(
 "SELECT NAME, CUSTOMER_ID, PHONE FROM CUSTOMERS");
 while(rs.next( )) {
 System.out.print("Customer #" + rs.getString("CUSTOMER_ID"));
 System.out.print(", " + rs.getString("NAME"));
 System.out.println(", is at " + rs.getString("PHONE");
}
rs.close( );
stmt.close( );
...
```

这个实例使用循环来获取每个数据。使用 ResultSet 获取结果集之后，当前位置是结果集的头部，所以必须调用一次 next()方法，使其指向第一条记录，然后每调一次 next()向后移动一条记录，就像一个数据指针那样。当没有数据可读的时候，执行 next()方法将返回 false。

每个字段的值都可以使用 getString()方法来获取。GetString()是 getXXX()方法中的一个，每种 get 方法都可以得到一种类型的数据，对应规则如表 11-2 所示。

表 11-2 数据类型对应

类型	对应类型	函数
CHAR	String	getString()
VARCHAR	String	getString()
LONGVARCHAR	String	getString()
NUMERIC	java.math.BigDecimal	getBigDecimal()
DECIMAL	java.math.BigDecimal	getBigDecimal()
BIT	Boolean(boolean)	getBoolean()
TINYINT	Integer(byte)	getByte()
SMALLINT	Integer(short)	getShort()
INTEGER	Integer(int)	getInt()
SMALLINT	Integer(short)	getShort()
INTEGER	Integer(int)	getInt()
BIGINT	Long(long)	getLong()
REAL	Float(float)	getFloat()

使用 get 方法之前，必须要知道所查询的字段的数据类型。如何创建一个通用的结果集处理方法呢？首先要知道查询时返回的记录字段的多少，这是关键问题。大多数情况下，可以不必考虑数据类型，因为许多情况下得到数据的目的是为了显示，所以完全可以只使用 getString( )方法来处理结果。

在 Java 的 ResultSetMetaData 类中有一个 getColumnCount( )方法，这个方法将获得结果集中每条记录的数据数。在编写方法时，不需要每次将要返回的查询字段数也传进来。

实例 11-4 结果集处理程序片

```
...
/*
*方法说明：获取结果集
*输入参数：java.sql.ResultSet rs 结果集对象
*返回类型：Vector
*其他说明：
*/
public Vector getData(java.sql.ResultSet rs){
  Vector vRst = new Vector();
  ResultSetMetaData rsmd = rs.getMetaData();
  int columnCount = rsmd.getColumnCount();
  // 得到表头
  for (int i = 0; i < columnCount; i++) {
```

```
        Vector vTemp = new Vector();
        vTemp.addElement(rsmd.getColumnLabel(i + 1));
        vRst.addElement(vTemp);
      }
      // 得到数据
      while (rs.next()) {
       Vector vTemp = new Vector();
       for (int i = 0; i < columnCount; i++) {
          String sTemp = rs.getString(i + 1);
          vTemp.addElement(sTemp);
       }
       vRst.addElement(vTemp);
      }
      return vRst;
    }
    ...
```

实例 11-4 列出的方法是一个处理结果集的例子。例中使用了数据元来获取结果字段，并做为表头显示，然后将数据添加到一个 Vector，最后将结果返回。

11.3　元数据

元数据就是关于数据的数据（或信息）。JDBC 允许程序员通过元数据类去发现关于数据库和任何给定 ResultSet 的大量信息。Java 数据库连接(JDBC)3.0 规范建立在其原本稳固的基础上，元数据 API 已经得到更新，DatabaseMetaData 接口现在可以检索 SQL 类型的层次结构，一种新的 ParameterMetaData 接口可以描述 PreparedStatement 对象中参数的类型和属性。

11.3.1　数据库元数据

在某些情况下，需要知道数据库或数据表的信息，这对数据库编程是非常有用的。为了发现数据库的信息，必须获取 DatabaseMetaData 对象。当程序已经获取有效的连接后，则可以使用下面的代码来获取元数据对象：

```
DatabaseMetaData dbmd = con.getMetaData();
```

当执行完之后，只要调用相应的方法就可以得到信息。但是，DatabaseData 的方法实在太多，有 150 多个。下面只介绍一些常用的方法：

- getDriverName()　获取目前使用驱动的名称。
- getMaxRowSize()　获取数据库允许的最大字节数。
- getPrimaryKeys(String catalog, String schema, String table)　获取数据库主键。在没有 Catalog 和 schema 的情况下，可以为 null；table 为查询表名。
- getURL()　获取关系型数据库的 URL。

实例 11-4 演示了如何使用数据库元数据。

实例 11-5　获取数据库元数据程序

```
//文件名：JDBCDataMeta.java
import java.sql.*;

public class JDBCDataMeta {
 public static void main(java.lang.String[] args) {
  try {
   // 这里加载驱动
   Class.forName("oracle.jdbc.driver.OracleDriver");
  }
  catch (ClassNotFoundException e) {
   System.out.println("Unable to load Driver Class");
   return;
  }
  try {
   // 所有的驱动都必需使用try/catch块来接收异常
   // 必需指定 数据库URL，用户名，密码
   Connection                                con                                =
DriverManager.getConnection("jdbc:oracle:thin:@localhost:1521:ORCL",         "system",
"manager");
   DatabaseMetaData dbmd = con.getMetaData();
   //获取驱动名
   String dataName = dbmd.getDriverName();
   System.out.println("dataName="+dataName);
   //获取数据库最大支持字节数
   int dataMaxSize = dbmd.getMaxRowSize();
   System.out.println("dataMaxSize="+dataMaxSize);
   //获取表关键字
   ResultSet pkRSet = dbmd.getPrimaryKeys(null, null, "TAB");
    while( pkRSet.next() ) {
     System.err.println("TABLE_CAT : "+pkRSet.getObject(1));
     System.err.println("TABLE_SCHEM: "+pkRSet.getObject(2));
     System.err.println("TABLE_NAME : "+pkRSet.getObject(3));
     System.err.println("COLUMN_NAME: "+pkRSet.getObject(4));
     System.err.println("KEY_SEQ : "+pkRSet.getObject(5));
     System.err.println("PK_NAME : "+pkRSet.getObject(6));
   }
   con.close();
   }
   catch (SQLException se) {
    // 输出数据库连接错误信息
    System.out.println("SQL Exception: " + se.getMessage());
    se.printStackTrace(System.out);
   }
  }
}
```

11.3.2 ResultSet 元数据

为了发现给定 ResultSet 的信息，必须获取 ResultSetMetaData 对象。当程序已经获取有

效的 ResultSet 后，则可以使用下面代码来获取元数据对象：

```
ResultSetMetaData rsmd = rs.getMetaData( );
```

ResultSetMetaData 比 DatabaseMetaData 更易于使用，约有 25 种方法。使用 ResultSetMetaData 后，应用程序可以找到所返回列的数、各列建议的显示大小、列名、列类型等。但是，给定的 DBMS 可能不为所有方法提供信息，所以检查会返回零值或空字符串的对象。

下面介绍常用的方法：

- public String getColumnName(int column)　获取列名称。
- public String getTableName(int column)　获取表名。
- public String getColumnType(int column)　获取列数据类型。

实例 11-6　结果集元数据程序

```
//文件名：JDBCResultMeta.java
import java.sql.*;

public class JDBCResultMeta {
 public static void main(java.lang.String[] args) {
   try {
     // 这里加载驱动
     Class.forName("oracle.jdbc.driver.OracleDriver");
   }
   catch (ClassNotFoundException e) {
     System.out.println("Unable to load Driver Class");
     return;
   }
   try {
     // 所有的驱动都必需使用try/catch块来接收异常
     // 必需指定 数据库URL，用户名，密码
     Connection                                    con                                   =
DriverManager.getConnection("jdbc:oracle:thin:@localhost:1521:ORCL",          "system",
"manager");
     // 创建一个可执行的SQL描述
     Statement stmt = con.createStatement();
     ResultSet rs = stmt.executeQuery("SELECT * FROM EMPLOYEES");
     //获取结果集元数据
     ResultSetMetaData rsmd = rs.getMetaData();
     //获取数据列数
     int columnCount = rsmd.getColumnCount();
     System.out.println("columnCount="+columnCount);
     //获取数据列类型
     for(int i=0;i<columnCount;i++){
       String columeType = rsmd.getColumnTypeName(i);
       System.out.println("columeType="+columeType);
     }
     con.close();
     }
     catch (SQLException se) {
       // 输出数据库连接错误信息
```

```
            System.out.println("SQL Exception: " + se.getMessage());
            se.printStackTrace(System.out);
          }
        }
    }
```

实例 11-6 是一个获取结果集元数据的例程。通常结果集元数据是在执行 SQL 操作后才可以获得，实例中获取了数据的列数和列的类型。

11.4 可滚动结果集

可滚动结果是非常有用的功能。将成千上万条记录放在一张页面上是非常难看的设计，因此需要使结果集能够滚动，也就是使显示能够翻页。为了能够实现翻页功能，必须知道数据的相对位置和每页显示的数据条数。

在 ResultSet 类中有一些方法是必须介绍的。

- public boolean absolute(int row)　这个方法是将数据指针移到结果集指定的位置。
- public void afterLast()　将数据指针移到结果集尾部，而非最后一条记录。
- public void beforeFirst()　将数据指针移到结果集头部，但不是第一条记录。
- public boolean first()　将数据指针移到结果集第一条记录上。
- public boolean last()　将数据指针移到结果集最后一条记录上。
- public boolean next()　将数据指针移动到下一条记录。
- public boolean previous()　将数据指针向上移动一步。

有了以上方法的认识，下面开始进入滚动结果集之旅。

实例 11-7　可滚动结果集方法程序片

```
    Connection conn = null;  //数据库连接
    PreparedStatement updStmt=null;//语句对象
  ...
  /**
  *方法功能：分页查询数据库操作(只执行select操作)
  * 建立日期：(03-4-6 15: 37: 32)
  * 输入参数：sql  SQL语句
  * 输入参数：vCondition  参数向量
  * 输入参数：pageNo  页码数
  * 输入参数：pageSize  记录条数
  * 返回值  ：结果集向量
  * 建立人  ：杜江
  * 修改日期：
  * 修改原因：
  * 修改人  ：
  */
    public Object execute(String sql, Vector vCondition, int pageNo, int pageSize)
throws SQLException, Exception {
      java.sql.ResultSet rs = null;
      java.util.Vector vResult = null;
```

```
    int intRowCount;              //记录总数
     int intPageCount;            //总页数
    try {
    //Log类实现写日志功能，调用debug(String s)方法，将内容写入日志文件
    Log.debug("vCondition="+vCondition);
    Log.debug("sql="+sql);

    //调用语句，执行sql
        rs = getStatement(sql, vCondition).executeQuery();
        //使用数据元获取字段数
        int columnCount = rs.getMetaData().getColumnCount();
      //获取记录总数
        rs.last();
        intRowCount = rs.getRow();
        //记算总页数
        intPageCount = (intRowCount+pageSize-1) / pageSize;
       //调整待显示的页码
        if(pageNo>intPageCount) pageNo = intPageCount;
       if(intPageCount>0){
          //将记录指针定位到待显示页的第一条记录上
          rs.absolute((intPage-1) * pageSize + 1);
          //获取结果集
          vResult = new Vector();
          int i = 0;
      while(i<pageSize && !rs.isAfterLast()) {
        java.util.Vector vTemp = new Vector();
        for(int j = 0;j< columnCount;j++) {
          String sTemp = rs.getString(j+1);
          vTemp.addElement(sTemp== null ? "" : Global.transOut(sTemp.trim()));
        }
        vResult.addElement(vTemp);
          i++;
      }
      }
      //关闭结果集和语句，释放资源
      rs.close();
       closeUpdStmt();
    }
    catch(Exception e1) {
        Log.debug(e1);
        throw e1;
    }
    finally {
          close();//关闭数据库连接，实例中没有列出
        }
    Log.debug("vResult="+vResult);
    return vResult;
  }

/**
```

```
    *方法功能：准备PreparedStatement
    * 建立日期：(03-4-6 15：37：32)
    * 输入参数：sql  SQL语句
    * 输入参数：vCondition  参数向量
    * 返回值  ：PreparedStatement
    * 建立人  ：杜江
    * 修改日期：
    * 修改原因：
    * 修改人  ：
    */
     private PreparedStatement getStatement(String sql, Vector vCondition) throws
SQLException{
        try{
         int i=0;
         Object temp;
         //getConnection()方法用来实现数据库连接，通过使用prepareStatement方式执行SQL语句
         updStmt=getConnection().prepareStatement(sql);

         //获取占位数据
         for (i=0;i<vCondition.size();i++){
           temp=vCondition.elementAt(i);
           if (temp instanceof Integer) {
             updStmt.setInt(i+1, ((Integer)temp).intValue());
           }
           else if (temp instanceof Double) {
             updStmt.setDouble(i+1, ((Double)temp).doubleValue());
           }
           else if (temp instanceof String) {
             String str=Global.transInput((temp.toString()).trim());
             updStmt.setString(i+1, str);
           }
           else {
             updStmt.setObject(i+1, temp);
           }
         }
     }

     catch(SQLException e)  {
       Log.log(e);
         throw e;
     }
     return updStmt;
     }

    /**
    *方法功能：关闭语句对象
    * 建立日期：(03-4-6 15：37：32)
    * 返回值  ：
    * 建立人  ：杜江
    * 修改日期：
```

```
    * 修改原因:
    * 修改人  :
    */
    private void closeUpdStmt()  {
      try{
        if(updStmt!=null)
          updStmt.close();//关闭
      }
      catch(Throwable e){
        //将错误写入日志
        Log.log("DbConn closeUpdStmt");
        Log.log(e);
      }
      updStmt=null;
    }
    ...
```

实例 11-7 是一个滚动结果集的方法，这个方法传入显示数据页数和显示数据条数，通过计算得到数据指针的位置。使用 absolute 方法来定位数据记录，通过 next 来获取程序需要的结果集。但这个实例并不能执行，主要是 execute 方法，在使用 Novell 加载 MySQL 数据库开发时，运用 absolute 方法定位数据库将使 Novell 系统崩溃。这个问题可以使用下面的方法来解决：

实例 11-8　可滚动结果集方法程序片

```
    /**
    *方法功能：分页查询数据库操作(只执行select操作)
    * 建立日期：(03-4-6 15：37：32)
    * 输入参数：sql  SQL语句
    * 输入参数：vCondition  参数向量
    * 输入参数：pageNo  页码数
    * 输入参数：pageSize  记录条数
    * 返回值  ：结果集向量
    * 建立人  ：杜江
    * 修改日期:
    * 修改原因:
    * 修改人  :
    */
     public Object execute(String sql, Vector vCondition, int pageNo, int pageSize)
throws SQLException, Exception {
      java.sql.ResultSet rs = null;
      java.util.Vector vResult = null;
      try{
       //写日志
      Log.debug("vCondition="+vCondition);
      Log.debug("sql="+sql);
      //执行sql语句
      rs = getStatement(sql, vCondition).executeQuery();
      int columnCount = rs.getMetaData().getColumnCount();
      vResult = new Vector();
```

```
        while(rs.next()){
            java.util.Vector vTemp = new Vector();
            for(int i = 0;i< columnCount;i++){
              String sTemp = rs.getString(i+1);
              vTemp.addElement(sTemp== null ? "" : Global.transOut(sTemp.trim()));
            }
            vResult.addElement(vTemp);
          }
          rs.close();
              closeUpdStmt();
        }

        catch(Exception e1)  {
            Log.log(e1);
            throw e1;
        }
        finally  {
              //关闭数据库连接，这是一个本类中的方法
              close();
            }

            //处理结果集，移除尾部结果集
            if((pageNo * pageSize)<vResult.size()){
               int v_rows = ((int)vResult.size())-(pageNo * pageSize);
               for(int i=0;i<v_rows;i++){
                  vResult.remove(pageNo * pageSize);
               }
            }

            //移除结果集头部
            for(int i=0;i<((pageNo - 1) * pageSize);i++){
                 vResult.remove(0);
            }

        //将结果集写入日志，方便察看
        Log.debug("vResult="+vResult);
        return vResult;
      }
```

实例 11-8 只是修改了 execute 方法，不再使用 absolute 方法来定位数据，而是在获取所有结果集之后，对所得到的结果集再做处理，删除不需要的记录。这个方法在性能上会有一些问题，因为在大数据量情况下很可能使系统内存被占满。

11.5 事务处理

在 SQL 术语中，事务是逻辑工作单元构成的一条或多条语句，这在某种含义上意味着一切都是事务。通常，术语事务用来表示或全或无的系列操作。也就是说，要么一切十分

成功，要么什么也没有发生。

典型的事务就是从银行帐户提款，并存放到另一个账户上。只有另一个账户金额被存入，原来账户上的金额才消失。另一个范例是复式簿记记帐法中的借方和贷方：借方和贷方都必须完成。第三个方面，即本章练习中的内容，即保证 INSERT、UPDATE 或 DELETE 操作无误。

虽然一些 SQL 非标准语言有专门的开始和结束事务语句，但总的来说事务会从程序开始持续进行到语句联锁，并从该点开始新的事务。这是 JDBC 所使用的模型，JDBC 驱动程序的默认值是 autocommit，表示每条 SQL 语句的结果一旦执行就永久保留。这是本章实例到现在为止无须考虑事务的原因，而且在很多情况下都能让人接受。

注意： 在 autocommit 模式中，联锁出现于语句完成时。语句返回 ResultSet 时，直到最后一行已经检索或 ResultSet 关闭，语句才完成。

数据连接的 setAutoCommit(布尔型的 autoCommit)方法是处理事务的关键。每条语句都采用 Connection.setAutoCommit(true)联锁，并且采用 Connection.setAutoCommit(false)进行编程事务控制。可以随意调用该方法，必要时还可在程序中多次调用。调用 Connection.setAutoCommit(false)后，Connection.commit()及 Connection.rollback()就用来控制提交和回滚。

实例 11-8　一个典型的事务处理程序片

```
con.setAutoCommit( false );
   ...
   bError = false;

   try  {
     for( ; ; )  {
      // validate data, set bError true if error
      if( bError )  {
        break;
      }
       //执行SQL语句
      stmt.executeUpdate( ... );
    }
    if( bError )  {
      con.rollback();
    } else  {
      con.commit(); //事务提交
    }
   } // end try

   catch  ( SQLException SQLe)  {
    con.rollback();//事务回滚
    ...
   } // end catch

   catch  ( Exception e)  {
    con.rollback();
```

```
        ...
    } // end catch
```

实例 11-9 列出了一个典型的事务处理程序范例。

11.6 小结

本章介绍了 JDBC 的发展历史和 JDBC 的 4 种类型，每种类型都有其特点和不足的地方。选择那种类型的 JDBC 数据库驱动则要看具体的应用。

JDBC 驱动需要加载，通过 Class.forName(String)声明驱动类型，然后使用数据管理类来创建数据库连接。

对于熟悉 SQL 语言的读者来说，静态执行 SQL 方法非常得心应手。但是，Prepared Statement 方法是一种预编译的方式，执行效率高，所以在大量执行 SQL 语句时使用。

元数据分为数据库元数据和结果集元数据，使用时要看具体的操作对象。

11.7 习题

1．填空题

（1）JDBC 是 SUN 开发的跨平台的______________。

（2）大量数据库厂商和第三方开发商都支持 Java 的 JDBC 标准，并开发了各种针对不同数据库的 JDBC 驱动程序。它们分为 4 类：______、______、______和______。

（3）JDBC-ODBC 桥驱动是使用一个桥的技术连接________和________。

（4）JDBC URL 语法为：____。

（5）在 SQL 术语中，事务是逻辑工作单元构成的________。

（6）JDBC 为数据库及其工具开发人员提供了一个标准的 API，这里 JDBC 指的是__________________。

（7）JDBC 的基本结构是由 Java 应用程序，JDBC 驱动程序、管理器，JDBC-ODBC 桥接器以及________4 部分组成。

（8）在 Java 中用 JDBC 进行数据库编程需要的几个步骤为：加载驱动程序、________、向数据库发送 SQL 语句并处理结果、关闭数据库的连接。

（9）__________________________________作为驱动管理类。

（10）在 Java 的 ResultSetMetaData 类中有一个__________方法，这个方法将获得结果集中每条记录的数据数。

2．选择题

（1）JDBC 使用下面哪个接口来封装查询得到的结果集？

A. java.sql.Connection　　B. java.sql.ParameterMetaData

C. java.sql.SQLData　　D. java.sql.ResultSet

（2）DatabaseMetaData 类中 getPrimaryKeys(String catalog, String schema, String table)方法是做什么用的？

A. 获取数据库主键　　B. 获取数据库允许的最大字节数

C. 获取目前使用驱动的名称　　D. 获取关系型数据库 URL 连接

（3）ResultSetMetaData 类的 getColumnName(int column)方法的用途是什么？

A. 获取列名称　　B. 获取表名

C. 获取列数据类型　　D. 获取关系型数据库 URL 连接

（4）加载 JDBC 驱动语句是：

A. con.createStatement();

B. DriverManager.getConnection("jdbc:odbc:companydb", "", "");

C. Class.forName("sun.jdbc.odbc.JdbcOdbcDriver");

D. rs.close();

（5）创建 JDBC 连接的语句是：

A. con.createStatement();

B. DriverManager.getConnection("jdbc:odbc:companydb", "", "");

C. Class.forName("sun.jdbc.odbc.JdbcOdbcDriver");

D. rs.close();

（6）Statement 类中，用于获取查询结果集的方法是：

A. createStatement　　B. executeUpdate　　C. executeQuery　　D. forName

（7）下面哪个方法返回一个整数，表示执行结果所更改的记录条数。

A. createStatement　　B. executeUpdate　　C. executeQuery　　D. forName

（8）当程序已经获取有效的 ResultSet 后，使用下面代码就会获取元数据对象：

A. ResultSetMetaData rsmd = rs.getMetaData();

B. DatabaseMetaData dbmd = con.getMetaData();

C. String dataName = dbmd.getDriverName();

D. int dataMaxSize = dbmd.getMaxRowSize();

3．思考题

（1）如何移动数据指针？

（2）JDBC 是否支持事务处理？

（3）JDBC 有 3 种类型的 Statement 类，分别说明其作用。

4．上机题

编写一个完整的数据库操作类，包括以下方法：

public Connection getConnection()得到数据库连接。

public public Object execute(String sql, Vector vCondition)执行 SQL 语句。

public Object execute(String sql, Vector vCondition, int pageNo, int pageSize)实现一个可滚动的数据结果集。

第 12 章 使用 Applet

本章学习目标

- ◆ 掌握如何编写一个 Applet
- ◆ 掌握如何查看一个 Applet
- ◆ 掌握 HTML 文件如何向 Applet 传递参数

1995 年，SUN 公司开发了 Java 程序设计语言，它可以使程序设计人员创建 Applet（小应用程序），这些 Applet 能从服务器下载到浏览器上，并可在用户计算机上运行。使用 Java，程序员可以创建生成图片和声音的多媒体应用小程序。Java 一推出，就受到人们的宠爱，在短短一年内，Java 就风行全球，使得许多初级者将 Applet 等同于 Java 的全部，并且有许多的网站将这两个感念混淆。其实，Applet 只是 Java 的一个子集。

12.1 把 Applet 嵌入网页

Applet 作为一种小应用只有嵌入到网页中才可以执行。当浏览器发现网页使用了 Applet 时，将向服务器发送下载相应的类请求，并启动本地 Java 虚拟机来加载这个类。Applet 是在客户端的虚拟机中执行，但受到虚拟机的保护无法获取客户计算机上的任何资料。同时，当网页关闭后，在客户端内存中的 Applet 类也将释放。因此，安全方面有一定的保障。

Java.applet.Applet 类实际上是 java.awt.Panel 的子类。Applet 和 AWT 类的层次如图 12-1 所示。

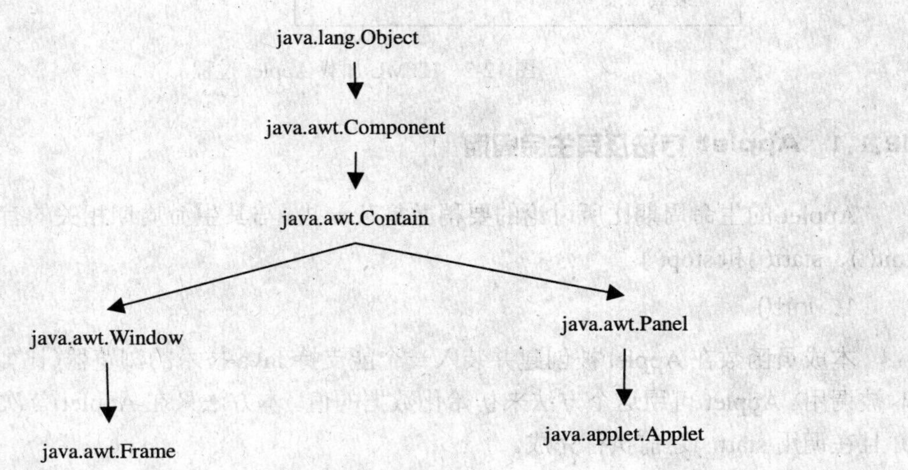

图 12-1 Applet 类关系

一个 Applet 中没有 main 方法。在构造函数完成任务后，浏览器调用 init( )来对 Applet 进行基本的初始化操作。init( )结束后，浏览器将调用另一个 start( )方法，start( )通常在 Applet 成为可见时被调用。

方法 init( )和 start( )都是在 Applet 成为活动的之前运行完成的，正因为这样，它们都不能用来编写 Applet 中继续下去的动作。实际上，与一个简单应用程序中的方法 main( )不同的是，没有什么方法的执行是贯穿于 Applet 的整个生命过程中。此外，你在编写 Applet 子类时可用的方法还有 stop( )，destroy( )和 paint( )。

由于 Applet 是在 Web 浏览器环境中运行，所以它并不直接由键入的命令启动，必须要创建一个 HTML 文件来告诉浏览器，需要装载什么以及如何运行它，如图 12-2 所示。

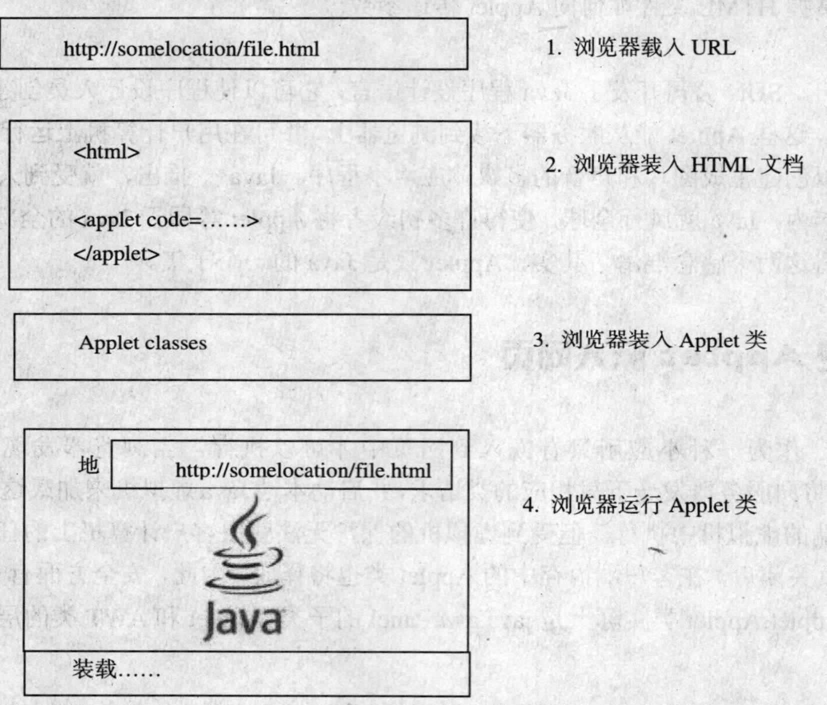

图 12-2 HTML 加载 Applet 过程

12.1.1 Applet 方法及其生命周期

Applet 的生命周期比所讨论的要稍微复杂一些。与其生命周期相关的有 3 个主要方法：init( )、start( )和 stop( )。

1. init()

本成员函数在 Applet 被创建并装入一个能支持 Java 技术的浏览器（比如 AppletViewer）时被调用。Applet 可用这个方法来初始化数据的值，本方法只在 Applet 首次装入时被调用，并且在调用 start( )之前执行完成。

2. start()

一旦 init( )方法完成，start( )就开始执行，它的执行使得 Applet 成为活动的。无论 Applet 何时成为可见的，它同样要执行一次。例如：当浏览器在被图标化后又恢复时，或者当浏览器在链接到另一个 URL 后又返回含有这个 Applet 的页面时。这一方法的典型用法是启动动画和播放声音。

```
public void start( ) {
  musicClip.play( );
}
```

3. stop()

stop( )方法是在 Applet 成为不可见时被调用，这种情况一般在浏览器被图标化或链接到另一个 URL 时出现。Applet 用该方法使动画停止。

```
public void stop( ) {
  musicClip.stop( );
}
```

start( )和 stop( )形成一对动作：典型地，start( )激活 Applet 中的某一行为，而 stop( )则可将它禁止。

12.1.2　一个简单的 Applet

创建一个小应用非常简单，只要继承 Applet 即可。实例 12-1 为一个小应用程序。这个实例非常简单，只是在窗口输出一串字符。

实例 12-1　简单的小应用程序

```
//文件名：Hello_applet.java
import java.awt.*;
import java.applet.Applet;

public class Hello_Applet extends Applet{
  String s;

  //初始化
  public void init()  {
    s = "Hello! my name is Applet!";
  }

  //输出文字
  public void paint(Graphics g)  {

    //获取Applet的高和宽
    int width = getSize().width/2;
    int height = getSize().height/2;
    g. drawString(s, width, height);
  }
}
```

12.1.3 编写 HTML 代码

由于实例 12-1 是没有主方法的 Applet，所以要编写一个 HTML 文件来引用它。最简单的引用是不需要向 Applet 传递参数。具体代码见实例 12-2，保存为 Hello_applet.htm 文件。

实例 12-2 简单的小应用程序

```
<HTML>
<HEAD></HEAD>
<BODY>
<APPLET CODE="Hello_Applet.class" WIDTH="200" HEIGHT="60">
</APPLET>
</BODY>
</HTML>
```

12.2 用 AppletViewer 查看 Applet

通常情况下，只要双击带有 Applet 的 HTML 文件，浏览器就将启动这个 Applet。但是，有时这种方式不好用，会出现 Applet 无法初始化问题。AppletViewer 是 JDK 下的一个 Applet 查看工具。

查看一个 Applet 的方法如下：

```
appletviewer Hello_Applet.html
```

启动 AppletViewer 之后，出现一个窗体，如图 12-3 所示。

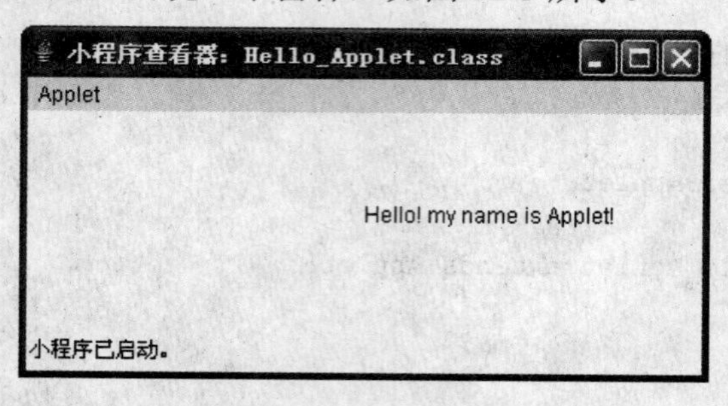

图 12-3 使用 AppletViewer 查看 Applet

12.3 与普通程序的比较

把小应用程序 Applet 嵌入 HTML 页面，作为页面的组成部分被下载，并能运行在实现 Java 虚机器（JVM）的 Web 浏览器中。Java 安全机制可以防止小程序存取客户本地的文件或其他安全方面的问题。一个 Java 应用程序运行于 Web 浏览器之外，没有 Applet 运行时的诸多限制。

另外，二者在程序设计上的最大区别在于：Java Applet 没有主方法 main，而 Java 应用程序一定要有主方法。在 Java 中每个 Applet 都是由 Applet 的子类来实现，开发人员自定义的 Applet 通过重载 Applet 的几个主要成员函数完成小应用程序的初始化、绘制和运行，这些函数是 init( )、paint( )、start( )、stop( )和 destory( )。

12.4 小应用程序属性

HTML 文件通过各种标记来编排超文本信息，所以要在 HTML 中嵌入 Applet 也需要使用特定的标记。在 HTML 中用到的标记是<Applet>和</Applet>，它们描述了 Web 页面中所有有关将要运行的小应用程序的属性信息。

在<Applet>标签中，还有一些属性可以在<Applet>标签中使用，下面分别进行介绍。

- code 属性　指出将要运行的小应用程序的文件名（需要包含文件扩展名.class），这里要求将要执行的小应用程序文件与 HTML 文件放在同一个目录下。如果要执行的小应用程序文件与 HTML 文件不在同一个目录下，则需要使用 codebase 属性导入。
- width 和 height 属性　指示小应用程序的窗体大小，即在 Web 页中要为小应用程序保留的矩形区域的大小，其值以像素为单位，分别表示将使用区域的宽度和高度。这两个属性应该被赋予适当大小的值，因为浏览器的限制，如果小应用程序试图使用保留区域以外的区域，那么多出来的部分将不可见。
- codebase 属性　当 Applet 的字节码文件与嵌入它的 HTML 文件的保存位置不同时，需要使用前面提到的 codebase 来说明字节码文件的存储位置，这个参数应使用 URL 的格式。
- alt 属性　如果用户使用不支持 Java 的浏览器来打开一个包含 Applet 的页面，那么 Applet 类文件将不能被执行，这时浏览器就会显示出 alt 参数指出的信息，例如 alt="Your browser don't support Java."
- align 属性　表示 Applet 所使用的区域在浏览器窗口中的对齐情况。就像使用 Application 一样，可以在 Applet 中使用参数，也可以通过在 HTML 文件中添加专门的标签来完成这个工作，这就是<param>标签。

12.5 从 HTML 向 Applet 传递应用实例

在一个 HTML 文件中，上下文为<applet>声明使用 Applet，其中的<param>标记能够为 Applet 传递配置信息。例如：

```
<applet code=DrawAny.class width=100 height=100>
  <param name=image value=duke.gif>
</applet>
```

在这个 Applet 内部，可用方法 getParameter( )来读取这些值。

方法 getParameter( )搜索匹配的名称，并将与之相关的值以字符串的形式返回。

如果这个参数名称位于<applet></applet>标记对应的任何<param>标记中都不存在，则

getParameter( )返回 null。

参数的类型都是 String。如果你需要其他类型的参数，则必须自己做一些类型转换处理。例如，读取应为 int 类型的参数：

```
int speed = Integer.parseInt (getParameter ( "fontsize" ));
```

由于 HTML 的本性，参数名称对大小写不敏感。但是，使它们全部为大写或小写是一种良好的风格。如果参数值的字符串中含有空格，则应把整个字符串放入双引号中。值的字符串对大小写敏感，不论是否使用双引号，它们的大小写都保持不变。

实例 12-3 是一个文字走马灯的程序，HTML 将要显示的文字、颜色等信息传入 Applet 中，Applet 类根据参数画出图形。

实例 12-3　走马灯程序

```
//文件名：ShadowText.java
import java.awt.*;
import java.applet.*;

/*
*说明：本类继承了Applet。并且实现Runnable接口，实现线程。
*/
public class ShadowText extends Applet implements Runnable{
 private Image img;
 private Image offI;
 private Graphics offG;
 private Thread thread = null;
 private MediaTracker imageTracker;
 private int height, width;
 private String text;
 private int FontSize;
 private Font font;
 private int textcolor, backcolor, shadowcolor;

 //初始化Applet；获取HTML传入的参数
 public void init() {
  width = this.size().width;
  height = this.size().height;
  //获取Text内容
  String s = new String(getParameter("Text"));
  //获取Hello内容
  text = new String("Hello");
  if(s != null)
   text = s;
  //获取FontSize参数
  FontSize = 30;
  s = new String(getParameter("FontSize"));
  if(s != null)
   FontSize = Integer.parseInt(s);
  //获取Fore参数
  s = getParameter("Fore");
```

```
      textcolor = (s==null) ? 0x000000 : Integer.parseInt(s, 16);
      //获取Back参数
      s = getParameter("Back");
      backcolor = (s==null) ? 0x000000 : Integer.parseInt(s, 16);
      //获取shodow参数
      s = getParameter("shadow");
      shadowcolor = (s==null) ? 0x000000 : Integer.parseInt(s, 16);
      this.setBackground(new Color(backcolor));
      img = createImage(width, height);
      Graphics temp = img.getGraphics();
      temp.setColor(new Color(backcolor));
      temp.fillRect(0, 0, width, height);
      temp.setColor(new Color(shadowcolor));
      font = new Font("TimesRoman", Font.BOLD, FontSize);
      temp.setFont(font);
      temp.drawString(text, 10, height*3/4);
      temp.setColor(new Color(textcolor));
      temp.drawString(text, 10-3, height*3/4 - 3);
      imageTracker = new MediaTracker(this);
      imageTracker.addImage(img, 0);

      try {
        imageTracker.waitForID(0);
      }

      catch(InterruptedException e){}
      offI = createImage(width, height);
      offG = offI.getGraphics();
    }

    //Applet开始执行，启动线程
    public void start() {
      if(thread == null) {
        thread = new Thread(this);
        thread.start();
      }
    }

    //线程体
    public void run() {
      int x=width;
      while(thread != null) {
        try {
          offG.drawImage(img, x, 0, this);
          repaint();
          thread.sleep(50);
        }
        catch(InterruptedException e){}
        x-=3;
        if(x < -width) {
```

```
        x = width;
      }
    }
  }

  public void update(Graphics g)  {
    paint(g);
  }

  public void paint(Graphics g)  {
    g.drawImage(offI, 0, 0, this);
  }
}
```

HTML 页面代码见实例 12-4，在 param 定义了 5 个参数，分别是：text 为要显示的文字，fontsize 为显示字体的大小，back 为背景颜色，fore 为文字颜色，shodow 为阴影颜色。

实例 12-4 带参数的 HTML 程序

```
<html>
<head>
<title>走马灯</title>
</head>
<body>
<applet code=ShadowText.class width=350 height=50 VIEWASTEXT>
  <param name="text" value="JAVA2精彩实例教程">
  <param Name="fontsize" value="40">
  <param Name="back" value="0000ff">
  <param Name="fore" value="ff0000">
  <param Name="shadow" value="660066">
</applet>
</body>
</html>
```

12.6 使用 Applet 访问数据库

由于 Applet 是在 HTML 页面被加载，在客户端执行，因此如何访问数据库则是一个问题。其实这并不需要担心，Applet 仍然可以很方便地访问到数据库资源。

下面举例说明 Applet 访问数据库的过程。

实例 12-5 访问数据库程序

```
import java.awt.*;
import java.applet.*;
import java .sql.*;

public class Applet2DB extends Applet{
  //初始化
  public void init()  {
```

```
    resize(400, 300);
  }

  public void paint(Graphics g)  {//此方法用于显示输出
    this.setBackground(Color.lightGray ); //定义背景颜色
    this.setForeground(Color.red); //定义前景颜色
    String url="jdbc:oracle:thin:@localhost:1521:ORCL";
    String sql="select * from public";

    try {//异常处理模块
      //加载驱动程序
      Class.forName("oracle.jdbc.driver.OracleDriver");
      //建立连接
      Connection con=DriverManager.getConnection(url, "system", "manager");
      //执行SQL
      Statement stmt=con.createStatement();
      ResultSet result=stmt.executeQuery(sql); //返回结果
      g.drawString("编号", 40, 40);
      g.drawString("书名", 80, 40);
      g.drawString("单价", 160, 40);
      int i=10;

      while(result.next())  {
        //取各个字段的值
        g.drawString(result.getString(1), 40, 60+i);
        g.drawString(result.getString(2), 80, 60+i);
        g.drawString(result.getString(3), 160, 60+i);
        i+=20;
      }
      //关闭连接
      result.close();
      stmt.close();
      con.close();
  }

  //捕获异常
  catch(SQLException ex){}
    catch(java.lang.Exception ex){}
  }
}
```

从实例 12-5 可以看出，Applet 访问数据库并没有什么特殊之处。加载 JDBC 驱动和执行 SQL 语句都和 Application 没有分别。

但是，实际不会真的使用 Applet 去直接访问数据库资源，理由很简单，因为不安全。由于 Applet 类会被 HTML 下载到本地，只要简单地反编译一下这个 Applet 的数据库类就能获取数据库的登录信息，从而使数据库完全暴露了。

12.7 小结

本章讲述 Applet 的基础知识，以及它和一个应用之间的区别，讲述如何使用 Applet Viewer 工具查看一个 Applet。通过实例演示如何创建一个 applet，并使用 HTML 向 Applet 传递参数。

12.8 习题

1. 填空题

（1）__________作为一种小应用，只有嵌入到网页中才可以执行。

（2）当浏览器发现网页使用了 Applet 时，将向服务器发送_____________请求，并启动_________来加载这个类。

（3）在一个 Applet 中，如果没有 main 方法，当构造函数完成了它的任务后，浏览器调用_________来对 Applet 进行基本的初始化操作。

（4）通常的情况下，只要______________带有 Applet 的 HTML 文件，浏览器就将启动这个 Applet。

（5）在一个 Applet 内部，可用方法___________来读取 HTML 设置的参数值。

（6）Applet 的生命周期比所讨论的要稍微复杂一些，与其生命周期相关的有 3 个主要方法：_________、_________和_________。

（7）Applet 容器的默认布局方式是_________。

（8）Applet 的生命周期是由 init( )、start( )、stop( )、destroy( )等 4 个方法构成的，在程序执行过程中，_________方法只被调用执行一次，但_________方法可以多次被调用执行。

2. 选择题

（1）Java.applet 类实际上是下面哪个类的子类？

A. java.awt.Panel　　B. java.awt.Window
C. java.awt.Frame　　D. java.awt.Content

（2）在 Applet 中，通常在哪个方法中初始化类？

A. init( )　　B. start( )　　C. stop( )　　D. destroy( )

（3）Applet 使用哪个方法来停止其运行？

A. init( )　　B. start( )　　C. stop( )　　D. destroy( )

（4）在 Java Applet 程序中，用户自定义 Applet 子类常常覆盖父类的（　　）方法来完成 applet 界面的初始化工作。

A. start( )　　B. stop( )　　C. init( )　　D. paint( )

（5）下面关于 Applet 的说法正确的是:

A. Applet 也需要 main 方法

B. Applet 必须继承自 java.awt.Applet

C. Applet 能访问本地文件

D. Applet 程序不需要编译

（6）下面哪个描述是正确的?

A. Applet 程序中不需要 main( )方法，也不能有

B. Application 程序中可以没有 main( )方法

C. Applet 程序中可以不定义 init( )方法

D. Application 程序中必须有 run( )方法

3. 思考题

（1）Applet 是在客户端执行，是否能够获取客户硬盘上的数据?

（2）Applet 是否能够通过 JDBC 获取数据库资料?

（3）如果区别一个 Applet 和 Application?

4. 上机题

创建 HelloWorld.Java 的 Applet。

第 13 章　设计模型及 Struts 开发

本章学习目标

- ◆ 了解 MVC 设计模型
- ◆ 掌握 Struts 模型的工作原理
- ◆ 掌握 Struts 1.2 模型开发

一款成功的软件需要有一个成功的架构，但建立软件架构是一个复杂而又持续改进的过程，软件开发者不可能对每个不同的项目做不同的架构，而总是尽量重用以前的架构，或开发出尽量通用的架构方案。Struts 就是其中之一，Struts 是流行的基于 J2EE 的架构方案，其常用的基于 J2EE 的架构方案还有 Turbine、RealMothods、WebFlow 等。

13.1　什么是框架

框架是一组类，它们相互协作实现某一功能和行为。框架概念并不是很新，伴随着软件开发的发展，在多层软件开发项目中，可重用、易扩展，而且是经过良好测试的软件组件，越来越广泛地为软件人员所青睐。这意味着软件人员可以将充裕的时间用来分析、构建业务逻辑的应用上，而非繁杂的代码工程。于是软件人员将相同类型问题的解决途径进行抽象，抽取成一个应用框架，这也就是所说的框架（Framework）。

框架体系提供了一套明确机制，从而让开发人员很容易扩展和控制整个框架开发上的结构。通常，框架的结构中都有一个“命令和控制”组件。

框架常常基于面向对象模式，可以实现一个适合特定环境（比如 Java）和应用程序类型（比如 Web）的设计模式。一个好例子就是模型－视图－控制器（MVC）设计模型。MVC 是一个流行的面向对象模式，许多框架中都使用了这种模式。Java 中的 Swing 就是一种用于 Java 图形应用程序的基于 MVC 模型的框架。一些由 Servlet 和 JSP 组成的 J2EE 应用程序，也实现了 MVC，例如 Struts 框架。

13.2　MVC 介绍

MVC 的全称是 Model-View_Controller（模型-视图-控制器），是一种常用的设计模式。

- ■ Model（模型）　模型包含应用程序的核心功能，它封装了应用程序的状态。有时，它包含的唯一功能就是状态，它对视图或控制器一无所知。

- View（视图）　视图提供模型的表示，它是应用程序的外观。视图可以访问模型的读方法，但不能访问写方法。此外，它对控制器一无所知。当更改模型时，视图应得到通知。
- Controller（控制器）　控制器对用户的输入作出反应，它创建并设置模型。通俗来说，控制器就是将 View 层的请求转发到相应的 M 层对象，并将 M 层对象执行的结果再传递给 View 层。

MVC 减弱了业务逻辑接口和数据接口之间的耦合，以及让视图层更富于变化。MVC 的工作原理如图 13-1 所示。

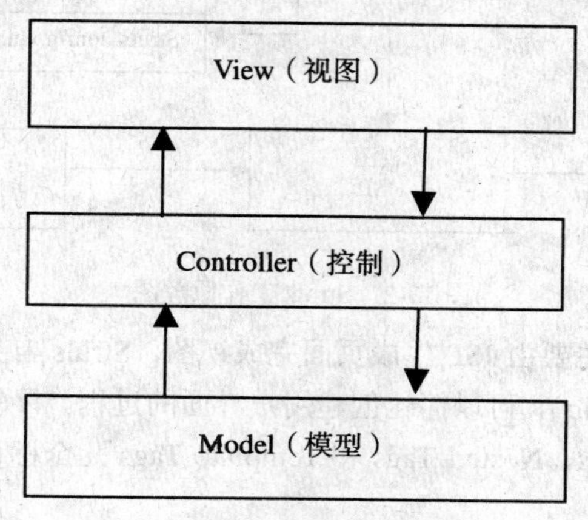

图 13-1　MVC 工作原理

13.3　Struts 1.x 介绍

13.3.1　Struts 的由来

Struts 最早是作为 Apache Jakarta 项目的组成部分问世的。项目的创立者希望通过对该项目的研究，改进和提高 Java Server Page（JSPs）、Servlet、标签库以及面向对象的技术水准。可以到http://jakata.apache.org/Struts下载 Struts 的最新版本。

Struts 这一名字来源于建筑和旧式飞机中使用的支持金属架，目的是帮助程序员减少运用 MVC 设计模型来开发 Web 应用的时间。程序员仍然需要学习和应用该架构，不过 Struts 可以完成其中一些繁重的工作。如果想混合使用 Servlets 和 JSP 的优点来建立可扩展的应用，那么 Struts 是一个不错的选择。

目前，Struts 正由原来的 1.1、1.2 版本发展到目前的 2.x 版本，Struts 2.x 其实就是 WebWork。Struts2 之后的版本控制器采用了过滤器（Filter）方式来处理。笔者考虑到目前的 2.x 版本还在发展中，并且与 1.x 之间不兼容，出现了许多 Bug，所以本书将用比较稳定的 1.2 版本。

13.3.2 Struts 工作原理

Struts 是一个使用 Java Servlet 和 JSP 在 Java 中实现 MVC 模式的开源工程。基于 Struts 构架的 Web 应用程序基本上符合 JSP Model2 的设计标准。Struts 继承了 MVC 的各项特性，并根据 J2EE 的特点，做了相应的变化与扩展。Struts 的工作原理如图 13-2 所示。

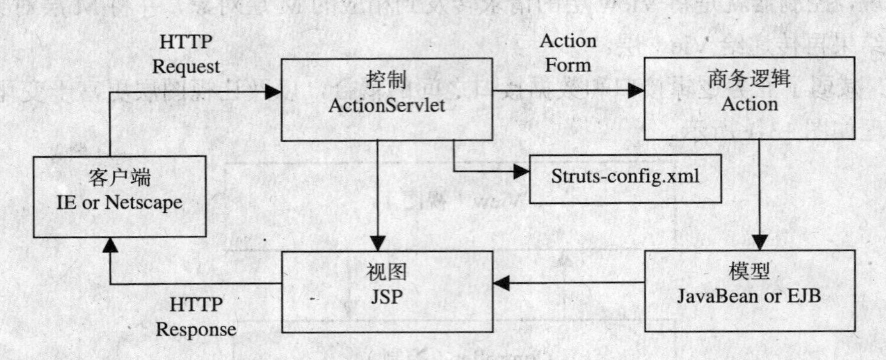

图 13-2 Struts 工作原理图

- 视图（View） 主要由 JSP 生成页面完成视图，Struts 自身包含一组可扩展的自定义标签库（TagLib），可以简化创建用户界面的过程。目前包括 Bean Tags、HTML Tags、Logic Tags、Nested Tags 和 Template Tags 几个标记库，有利于分开表现逻辑和程序逻辑。
- 控制（Controller） 在 Struts 中，承担 MVC 中控制角色的是一个 Servlet，叫 ActionServlet。ActionServlet 是一个通用控制组件，提供了处理所有发送到 Struts 的 HTTP 请求的入口点。它截取和转发这些请求到相应的动作类，这些动作类都是 Action 类的子类。另外控制组件也负责用相应的请求参数填充 Action From（通常称为 FromBean），并传给动作类（通常称为 ActionBean）。动作类实现核心商业逻辑，它可以访问 Java Bean 或调用 EJB。最后动作类把控制权传给后续的 JSP 文件，后者生成视图，所有这些控制逻辑利用 struts-config.xml 文件来配置。
- 模型（Model） 模型是由一个或多个 Java Bean 组成，这些 Bean 按照功能分为 3 种类型 Action Form、Action、JavaBean 或 EJB。Action Form（通常被称为 Form Bean），它封装了来自 Client 的用户请求信息，比如表单信息。Action 通常称为 ActionBean，用来获取从 ActionSevlet 传来的 FormBean，取出 FormBean 中的相关信息，并做出相应的处理，一般是调用 Java Bean 或 EJB 等。

在 Struts 中，系统状态主要由 ActiomForm Bean 体现，一般情况下，这些状态是非持久性的。如果需要将这些状态转化为持久性数据存储，那么 Struts 本身也提供了 Utitle 包，可以很方便地实现与数据库的操作。

13.3.3 Struts 的基本组件包

目前整个 Struts 大约有 15 个包，由近 200 个类所组成，而且数量还在不断扩大，在此只能列举几个主要的并简要介绍。表 13-1 说明了目前 Struts API 中几个基本的组件包，包括 action，actions，config，util，taglib 和 validator。图 13-3 则显现了这几个组件包之间的关系，其中 action 是整个 struts framework 的核心。

表 13-1　Struts 基础包

Struts 组件包	描　述
org.apache.struts.action	基本上，控制整个 Struts 框架的运行的核心类、组件都在这个包中，比如上面提到的控制器 ActionServlet，以及 Action，ActionForm，ActionMapping 等。Struts 1.1 比 1.0 多了 DynaActionForm 类，增加了动态扩展生成 FormBean 功能
org.apache.struts.actions	主要作用是提供客户的 HTTP 请求和业务逻辑处理之间的特定适配器转换功能，而 1.0 版本中的部分动态增删 FromBean 的类，也在 struts 1.1 中被 Action 包的 DynaActionForm 组件所取代
org.apache.struts.config	提供对配置文件 struts-config.xml 元素的映射，这也是 sturts 1.1 新增的功能
org.apache.struts.util	提供一些常用服务的支持，比如 Connection Pool 和 Message Source
org.apache.struts.taglib	这不是一个包，而是一个定义标签类的集合。包括 Bean，HTML，Logic，Nested 以及 Template 等用于构建用户界面的标签类
org.apache.struts.validator	Struts1.1 框架中增加了 validator 框架，用于动态的配置 from 表单的验证

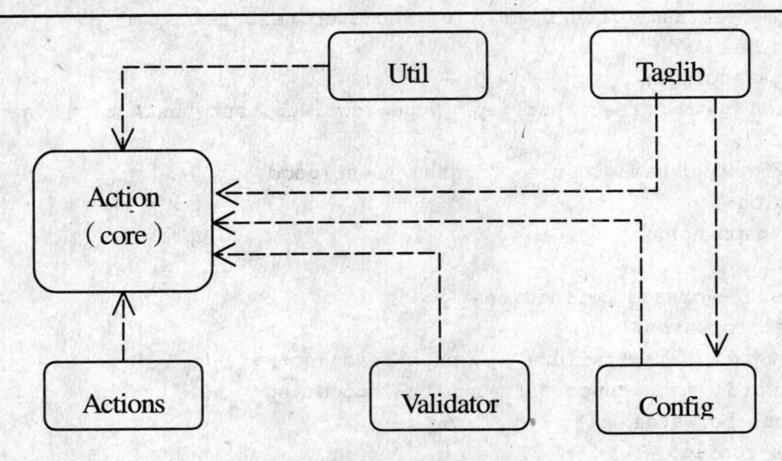

图 13-3　Struts 的基本组件关系

13.3.4　Struts 框架的组成

Struts 有一个完整的框架结构，用于控制和响应客户请求。这些框架的组成部分有：

- struts-config.xml　Struts 配置文件。
- ActionServlet　控制器。
- Action Class　包含事务逻辑。
- ActionForm　显示模块数据。
- ActionMapping　帮助控制器将请求映射到操作。

- ActionForward　用来指示操作转移的对象。
- ActionError　用来存储和回收错误。
- Struts　标记库。

下面分别介绍各个部分的功能和作用。

1．控制器的配置

struts-config.xml 文件集中了所有页面的导航定义，对于大型 Web 项目，通过此配置文件即可迅速把握其脉络，不管是对前期的开发，还是后期的维护或升级都大有裨益。掌握 struts-config.xml 是掌握 Struts 的关键所在，struts-config.xml 文件内的配置信息在系统启动时被读入内存，供 Struts 框架在运行期间使用。

实例 13-1 是一个简单而又完整的 struts-config.xml 文件结构。

实例 13-1　struts-config.xml 程序

```
<?xml version="1.0" encoding="UTF-8" ?>
<!DOCTYPE struts-config PUBLIC "-//Apache Software Foundation//DTD Struts Configuration 1.2//EN" "http://struts.apache.org/dtds/struts-config_1_2.dtd">
<struts-config>

  <!-- Form Bean Definitions -->
  <form-beans>
    <form-bean name="testform" type="com.web.test.TestForm" />
  </form-beans>
  <action-mappings>
    <action path="/test/test.jsp" type="com.web.test.testAction" name="testform" scope="request">
         <forward name="success" path="/test/good.jsp" />
    </action>
  <action-mappings>

  <!-- Global Forward Definitions -->
  <global-forwards>
    <forward  name="failure"    path="bad.jsp"/>
    <forward  name="success"    path="/good.jsp" />
  </global-forwards>
</struts-config>
```

从实例 13-1 看出，一个 struts-config.xml 配置文件由 3 部分组成。

第一部分定义 form-bean，声明作为视图组件，负责指定存储来自视图的参数值以及 action 映射值的 Java 类。

第二部分定义局部转发，即 action。Action 映射把入站的 servlet 请求同表单与 action 类联系了起来。

第三部分定义了全局转发，即 global-forwards。可以理解为一种默认值，即在局部转发没有定义的情况下所使用的转发定义，一般用来定义错误页面、成功页面或者网站首页。

2．控制器

ActionServlet 是 Struts 框架 MVC 实现的 Controller 部分，它是这一框架的核心。

ActionServlet 创建并使用 Action、ActionForm 和 ActionForward。控制器 ActionServlet 主要负责将 HTTP 的客户请求信息组装后，创建一个 ActionForm Bean 实例，然后根据配置文件的指定描述，将 HTTP 请求放入 Action 的实例中。再调用 Action 实例的 execute()方法，将 ActioForm Bean，Action Mapping，request 和 response 对象传给 Action 的 execute()方法，最后 execute 将返回一个 ActionForword 对象，根据方法执行情况转到相应的 JSP 页面。

3．商务逻辑

Action 类是业务逻辑的一个包装，其用途是将 HttpServletRequest 转换为业务逻辑。

4．表单处理

ActionForm 是一个抽象类，必须为每个输入表单模型创建该类的子类，以维护 Web 应用程序的会话状态。

假定有一个由 HTML 表单设置的 TestActionForm，则 Struts 框架将执行以下操作：

检查 TestActionForm 是否存在，如果不存在，则创建该类的一个实例。Struts 将使用 HttpServletRequest 中相应的域来设置 TestActionForm 的状态，Struts 框架在将 TestAction Form 传递给 TestAction 之前更新它的状态。struts-config.xml 文件控制 HTML 表单请求与 ActionForm 之间的映射关系。

5．Struts 标记库

Struts 框架包括自定义标签库，它可以用在很多方面。尽管这些库并不要求使用框架，但使用它们会有助于程序的开发。

- struts-bean taglib　包含访问 bean 和 bean 属性时所使用的标记，也包含一些消息显示标记。
- struts-html taglib　包含用来生成动态 HTML 用户界面和窗体的标记。
- struts-logic taglib　包含的标记用来管理根据条件生成输出文本，和其他一些用来控制信息。
- struts-template taglib　包含的标记用来定义模板机制。

13.4　Struts 开发实例 1

学习了 Struts 的基本知识后，下面介绍一个简单的使用 Struts 框架开发的应用。Struts 实际上是 J2EE Web 应用程序中的 MVC 模式实现之一，它很容易使用，所以在开发人员中很流行。

本实例将演示如何配置 Struts 控制器 Servlet，如何使用 Struts 标记库编写视图 JSP。本例的 Struts 框架使用的是 1.2.4 版本，要获取 Struts 可以在 http://struts.apache.org/1.2.4/index.html 下载。

下载后解压出两个目录，包括 liB. webapps，里面包含有 struts.jar 包和一些标签。首先得创建一个新目录树，如下所示：

MyStruts/
    WEB-INF/
        classes/
        lib/

接着将 lib/struts.jar 复制到支持 J2EE 服务器的 WEB-INF/lib 目录下。再将 lib/struts-*.tld 复制到支持 J2EE 服务器的 WEB-INF/lib 目录下。

13.4.1 创建 web.xml 文件

web.xml 文件被配置为使用 Struts 控制器 Servlet。当服务器启动时，会将文件中定义的资源加载，该文件保存在 MyStruts/WEB-INF 目录下。

实例 13-2 web.xml 程序

```
<?xml version="1.0" encoding="UTF-8"?>
<!DOCTYPE web-app PUBLIC "-//Sun Microsystems,  Inc.//DTD Web Application 2.3//EN"
"http://java.sun.com/dtd/web-app_2_3.dtd">
<web-app>
<!--  Standard Action Servlet Configuration (with debugging) -->
   <servlet>
    <servlet-name>action</servlet-name>
    <servlet-class>org.apache.struts.action.ActionServlet</servlet-class>
    <init-param>
      <param-name>config</param-name>
      <param-value>/WEB-INF/struts-config.xml</param-value>
    </init-param>
    <init-param>
      <param-name>debug</param-name>
      <param-value>3</param-value>
    </init-param>
    <init-param>
      <param-name>detail</param-name>
      <param-value>3</param-value>
    </init-param>
    <load-on-startup>2</load-on-startup>
  </servlet>
  <servlet-mapping>
    <servlet-name>action</servlet-name>
    <url-pattern>*.do</url-pattern>
  </servlet-mapping>
<!--  This Usual Welcome File List -->
  <welcome-file-list>
     <welcome-file>index.jsp</welcome-file>
  </welcome-file-list>

<!-- Struts Tag Library Descriptors-->
   <taglib>
     <taglib-uri>/tags/struts-bean</taglib-uri>
     <taglib-location>/WEB-INF/lib/struts-bean.tld</taglib-location>
```

```
    </taglib>
    <taglib>
      <taglib-uri>/tags/struts-html</taglib-uri>
      <taglib-location>/WEB-INF/lib/struts-html.tld</taglib-location>
    </taglib>
    <taglib>
      <taglib-uri>/tags/struts-logic</taglib-uri>
      <taglib-location>/WEB-INF/lib/struts-logic.tld</taglib-location>
    </taglib>
    <taglib>
      <taglib-uri>/tags/struts-nested</taglib-uri>
      <taglib-location>/WEB-INF/lib/struts-nested.tld</taglib-location>
    </taglib>
    <taglib>
      <taglib-uri>/tags/struts-tiles</taglib-uri>
      <taglib-location>/WEB-INF/lib/struts-tiles.tld</taglib-location>
    </taglib>
</web-app>
```

web.xml 文件由 4 部分组成，首先注册一个 Action 的 Servlet，并且声明使用的 Struts 配置文件为/WEB-INF/struts-config.xml；第二部分是一个 Action 的映射，Struts 默认使用.do，开发人员可以随意修改映射文件。第三部分是网站的欢迎页面定义；第四部分是标记库的注册。

13.4.2　创建 struts-config.xml

Struts 的核心就是控制，即 ActionServlet，而 ActionServlet 的核心就是 struts-config.xml，struts-config.xml 集中了所有页面的导航定义。对于大型 Web 项目，通过此配置文件即可迅速把握其脉络，不管是对于前期的开发，还是后期的维护或升级都是大有裨益的。掌握 struts-config.xml 是掌握 Struts 的关键所在，文件保存在 MyStruts/WEB-INF 目录下。

实例 13-3　struts-config.xml 程序

```
<?xml version="1.0" encoding="UTF-8"?>
<!DOCTYPE  struts-config  PUBLIC  "-//Apache  Software  Foundation//DTD  Struts
Configuration 1.2//EN" "http://struts.apache.org/dtds/struts-config_1_2.dtd">
<struts-config>
  <message-resources parameter="application"/>
</struts-config>
```

由于这个实例并没有使用任何 Bean，所以在配置文件中只定义了资源文件。

13.4.3　编写 index.jsp

JSP 在 Struts 框架中实现的是显示作用。在 JSP 中可以看到使用了很多 Struts 标记，所有标记库都必须使用下面的语句引入：

```
<%@ taglib uri="/tags/struts-bean" prefix="bean" %>
```

其中 taglib 表示引入的是一个标记库，uri 定义了标记库文件，Prefix 是为标记库取一个名字。

实例 13-4　index.jsp 程序

```
<%@ page language="java" pageEncoding="UTF-8"%>
<%@ taglib uri="/tags/struts-bean" prefix="bean" %>
<%@ taglib uri="/tags/struts-html" prefix="html" %>
<%@ taglib uri="/tags/struts-logic" prefix="logic" %>

<html:html locale="true">
<head><title><bean:message key="welcome.title"/></title>
<html:base/>
  </head>
  <body bgcolor="white">

  <!—标记错误显示信息-->
  <logic:notPresent name="org.apache.struts.action.MESSAGE" scope="application">
  <font color="red">
    ERROR:  Application resources not loaded -- check servlet container
    logs for error messages.
  </font>
  </logic:notPresent>
  <h3><bean:message key="welcome.heading"/></h3>
    <p><bean:message key="welcome.message"/></p>

  </body>
</html:html>
```

可以看到，这个 JSP 文件有许多标签，却没有以前 JSP 的代码，这是使用 Struts 编程最大的变化。将以上文件保存到 MyStruts 目录下。请注意，这里使用了 UTF-8 编码，也是目前比较好的解决中文的方式。

13.4.4　国际化

Struts 可以让开发商很容易地实现软件的国际化，而且只要配置一个信息文件。下面是在 struts-config.xml 的配置：

```
<message-resources parameter="ApplicationResources"/>
```

在 message-resources 中定义了所使用的资源文件连接，默认资源文件是在 classes 目录下。

实例 13-5 是编写好的中文资源文件，保存在 mystruts/WEB-INF/classes 目录下。

实例 13-5　ApplicationResources.properties 程序

```
welcome.title=Struts简单应用
welcome.heading=欢迎!
welcome.message=这时一个Struts简单的应用实例，这里只有一个JSP文件。但是这个实例是Struts的
基础，它具备了Struts的基本特点。是您掌握和了解Struts的好帮手。
```

编写好资源文件还不能使用，因为 Struts 使用的是 ASCII 编码，对中文并不识别。在显示中文的时候，必须将文件转变字符集。幸好命令可以处理所需的文件，这就是 native2ascii。下面介绍其使用方法。

启动 DOS 模式，进入 ApplicationResources.properties 文件所在的 classes 目录。比如将

实例 13-5 的中文文件转换，输入下面命令：

```
native2ascii ApplicationResources.properties Applicationresources_zh_CN.properties
```

现在将中文转换成 ASCII 编码了。将原来的文件 ApplicationResources.properties 改一个名称，作为备份之用。如果不想使用多语言版本的话，则可以直接将 Applicationresources_zh_CN.properties 文件改名成 ApplicationResources.properties。如果要使用多语言，则可以将 ApplicationResources.properties 文件中的信息改写为英文，这样默认情况下 Struts 将以英文方式显示页面。

实例 13-6 实现了将实例 13-5 的中文转换成 ASCII 编码。

实例 13-6　Applicationresources_zh_CN.properties 程序

```
welcome.title=Struts\u7b80\u5355\u5e94\u7528
welcome.heading=\u6b22\u8fce!
welcome.message=\u8fd9\u65f6\u4e00\u4e2aStruts\u7b80\u5355\u7684\u5e94\u7528\u5
b9e\u4f8b\uff0c\u8fd9\u91cc\u53ea\u6709\u4e00\u4e2aJSP\u6587\u4ef6\u3002\u4f46\u662f
\u8fd9\u4e2a\u5b9e\u4f8b\u662fStruts\u7684\u57fa\u7840\uff0c\u5b83\u5177\u5907\u4e86
Struts\u7684\u57fa\u672c\u7279\u70b9\u3002\u662f\u60a8\u638c\u63e1\u548c\u4e86\u89e3
Struts\u7684\u597d\u5e2e\u624b\u3002
```

13.4.5　运行实例

由于 Struts 要加载许多资源，所以要运行本实例必须重启 Web 服务。

在浏览器地址栏输入：http://127.0.0.1:8080/MyStruts/index.jsp

在表单的文本框内填写一些信息，点击发送按钮，页面跳转到图 13-4。

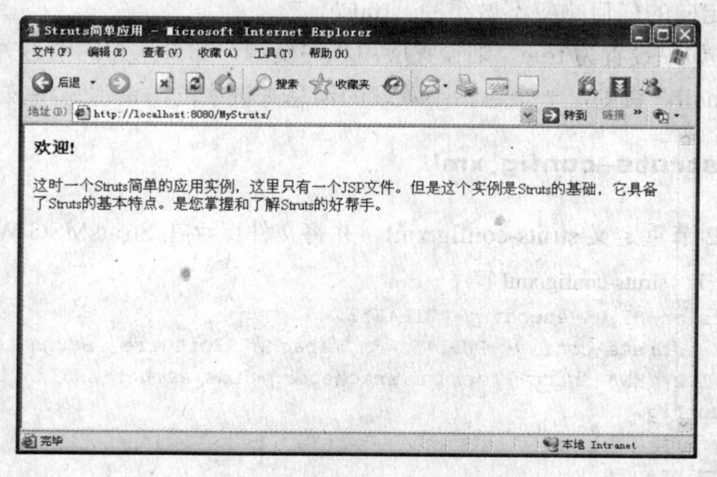

图 13-4　index.jsp 页面显示

13.5　Struts 开发表单提交实例

本实例将演示 Struts 获取页面提交的信息并将其显示出来，这也是初接触 Struts 的基本操作的解决方案。

13.5.1 创建 web.xml 文件

web.xml 文件被配置为使用 Struts 控制器 servlet。当服务器启动时，它会将文件中定义的资源加载。文件保存在 MyStruts/WB-INF 目录下。

web.xml 文件指定了 3 个项目：控制器 servlet、默认的 Welcome 页面和 Struts 标记库。控制器 servlet action 有几个参数，其中最有用的是 config，该参数指定一个控制器行为的配置文件，稍后将分析这个配置文件。

Servlet 控制器支持的初始化参数在下面描述，复制 ActionServlet 类的 Javadocs。方括号描述表示：如果没有为那个初始化参数提供一个值则假设为缺省值。

- application　应用程序资源包基类的 Java 类名。[NONE]
- config　包含配置信息的 XML 资源的上下文相关的路径。[/WEB-INF/action.xml]
- debug　这个 servlet 的调试级别，它控制记录多少信息到日志中。[0]
- digester　在 initMapping() 中利用的 Digester 的调试级别，它写记录到 System.out 而不是 servlet 的日志中。[0]
- forward　使用 ActionForward 实现的 Java 类名。[org.apache.struts.action.ActionForward]
- mapping　使用 ActionMapping 实现的 Java 类名。[org.apache.struts.action.ActionMappingBase]
- nocache　如果设置为 true，则增加 HTTP 头信息到所有响应中，使浏览器对生成或重定向的任何响应不做缓冲。[false]
- null　如果设置为 true，则设置应用程序资源。如果未知的消息关键字被使用，则返回 null。否则，一个包括不欢迎的消息关键字的出错消息将被返回。[true]

13.5.2 创建 struts-config.xml

依照 13.4.2 节重定义 struts-config.xml，并将文件保存在 StrutsMSG/WEB-INF 目录下。

实例 13-7　struts-config.xml 程序

```
<?xml version="1.0" encoding="UTF-8"?>
<!DOCTYPE struts-config PUBLIC "-//Apache Software Foundation//DTD Struts Configuration 1.2//EN" "http://struts.apache.org/dtds/struts-config_1_2.dtd">
<struts-config>
  <form-beans>
      <form-bean
          name="sendMessageForm"
          type="example.struts.SendMessageForm"
      />
  </form-beans>
  <global-forwards>
      <!-- Default forward to "Welcome" action -->
      <!-- Demonstrates using index.jsp to forward -->
      <forward
          name="welcome"
```

```
            path="/sendMessage.jsp"/>
    </global-forwards>
    <action-mappings>
      <action path="/sendMessage"
            type="example.struts.SendMessageAction"
            name="sendMessageForm"
            scope="request"
            input="/sendMessage.jsp"
            >
        <forward name="success" path="/showMessage.jsp"/>
      </action>
    </action-mappings>
    <message-resources parameter="application"/>
</struts-config>
```

struts-config.xml 文件是整个 Struts 框架的控制核心，实例 13-3 书写的文件，主要由 3 部分组成：

第一部分描述了 form-beans。实例文件中定义了要调用的 example.struts.SendMessage Form 类，并取名为 sendMessageForm。

第二部分是一个全局转发。在这里定义了当有用户请求 weclome.do 时，将转发到 sendMessage.jsp 来执行。

第三部分描述了一个局部转发，成功执行后跳传到 showMessage.jsp 页面。这里 name 的定义一定要和 ActionBean 中一样。

13.5.3 编写 sendMessage.jsp

JSP 在 Struts 框架中实现的是显示作用。可以看到，页面中使用了很多的 Struts 标记，而且所有的标记库都必须使用下面的语句引入：

```
<%@ taglib uri="/ tags /struts-bean.tld" prefix="bean" %>
```

其中 taglib 表示引入的是一个标记库，uri 定义了标记库文件名称，这个名称与 web.xml 中定义的标签库对应。Prefix 为标记库取一个名字，也是在 JSP 中使用的别名。

sendMassage.jsp 负责显示一个表单，用于填写信息。

实例 13-8　sendMessage.jsp 程序

```
<%@ page contentType="text/html; charset=UTF-8" %>
<%@ taglib uri="/tags/struts-bean" prefix="bean" %>
<%@ taglib uri="/tags/struts-html" prefix="html" %>
<%@ taglib uri="/tags/struts-logic" prefix="logic" %>

<html:html locale="true">
<head>
<title><bean:message key="sendMessage.title"/></title>
<html:base/>
</head>
<body bgcolor="white">
<logic:notPresent name="org.apache.struts.action.MESSAGE" scope="application">
  <font color="red">
```

```
    ERROR:  Application resources not loaded -- check servlet container
    logs for error messages.
  </font>
</logic:notPresent>
<h3><bean:message key="sendMessage.heading"/></h3>
<p><bean:message key="sendMessage.message"/></p>
<html:errors/>
<html:form action="/sendMessage" focus="name">
  <bean:message key="sendMessage.form.name"/>
  <html:text property="name" size="20" maxlength="50"/>
  <br>
  <bean:message key="sendMessage.form.email"/>
  <html:text property="email" size="20" maxlength="50"/>
  <br>
  <bean:message key="sendMessage.form.message"/>
  <br>
  <html:textarea property="message" cols="50" rows="5"/>
  <br>
  <html:submit><bean:message key="sendMessage.form.submit"/></html:submit>
</html:form>
</body>
</html:html>
```

实例 13-4 有 3 个文本域，其中名称和邮件使用单行文本，内容则使用了多行文本域。每个域都被 Struts 标记替换，

文件中出现了许多 bean:message key=" "语句，这是为了定义页面显示文本信息，以实现多语言版本和本地化。

13.5.4 编写 showMessage.jsp

showMessage.jsp 文件是提交信息之后，用来显示信息的页面，文件保存在 StrutsMSG 目录下。

实例 13-9 showMessage.jsp 程序

```
<%@ page contentType="text/html; charset=UTF-8" %>
<%@ taglib uri="/tags/struts-bean" prefix="bean" %>
<%@ taglib uri="/tags/struts-html" prefix="html" %>
<%@ taglib uri="/tags/struts-logic" prefix="logic" %>
<html:html locale="true">
<head>
<title><bean:message key="showMessage.title"/></title>
<html:base/>
</head>
<body bgcolor="white">
<h3><bean:message key="showMessage.heading"/></h3>
<bean:message key="sendMessage.form.name"/>:
<bean:write name="sendMessageForm" property="name" scope="request"/><br>
<bean:message key="sendMessage.form.email"/>:
<bean:write name="sendMessageForm" property="email" scope="request"/><br>
<bean:message key="sendMessage.form.message"/>:
```

```
    <pre><bean:write  name="sendMessageForm"  property="message"  scope="request"/>
</pre><br>
    </body>
    </html:html>
```

13.5.5 编写 ActionBean 类

FormBean 的产生是为了提供数据给 ActionBean。在 ActionBean 中，可以取得 FormBean 中封装的数据，经相应的逻辑处理后，调用业务方法来完成相应业务要求。

实例 13-10　SendMessageAction.java 程序

```
package example.struts;
import javax.servlet.http.*;
import org.apache.struts.action.*;

/**
 * 继承Action类
 */
public final class SendMessageAction extends Action {

  public ActionForward execute(ActionMapping mapping,
                               ActionForm form,
                               HttpServletRequest request,
                               HttpServletResponse response) {
    //定义Bean取得变量类
    SendMessageForm sendMessageForm = (SendMessageForm)form;
    //获取变量参数
    String name = sendMessageForm.getName();
    String email = sendMessageForm.getEmail();
    String message = sendMessageForm.getMessage();
    System.out.println("=========="+message);
    // 当处理完后，根据"success"标记，跳传到相应的页面
    // (和struts-config.xml文件中相对应的定义)
    return (mapping.findForward("success"));
  }
}
```

execute 方法的目标是收集数据，将数据传递给业务对象并且返回一个 ActionForward 对象；这个方法用来处理业务逻辑。

13.5.6 编写 FormBean 类

每个 FormBean 都必须继承 ActionForm 类，FormBean 是对页面请求的封装，即把 HTTP request 封装在一个对象中。需要说明的是，多个 HTTP request 可以共用一个 FormBean，便于维护和重用。

实例 13-11　SendMessageForm.java 程序

```
package example.struts;
import javax.servlet.http.*;
import org.apache.struts.action.*;
```

```
/**
 * 继承ActionForm类
 */
public final class SendMessageForm extends ActionForm {
  private String name;
  private String email;
  private String message;

  /*
  *方法说明：设置名称
  */
  public void setName(String name) {
    this.name = name;
  }

  /*
  *方法说明：获取名称
  */
  public String getName() {
    return name;
  }

  /*
  *方法说明：设置邮件
  */
  public void setEmail(String email) {
    this.email = email;
  }

  /*
  *方法说明：获取邮件
  */
  public String getEmail() {
    return email;

  }
  /*
  *方法说明：设置信息
  */
  public void setMessage(String message) {
    this.message = message;
  }

  /*
  *方法说明：获取信息
  */
  public String getMessage() {
    return message;
  }
  /*
```

```
    *方法说明：提交数据前校验
    */
    public ActionErrors validate(ActionMapping mapping,
                                 HttpServletRequest request) {
      //实例化一个ActionErrors，用于储存错误
      ActionErrors errors = new ActionErrors();
      if (name == null || name.equals("")) {
        errors.add("name" ,  new ActionMessage("error.name.required"));
      }
      if (email == null || email.equals("")) {
        errors.add("email",  new ActionMessage("error.email.required"));
      }
      if (message == null || message.equals("")) {
        errors.add("message" ,  new ActionMessage("error.message.required"));
      }
      return errors;
    }
}
```

FormBean 中的 setXXX 和 getXXX 方法与页面上表单域字段名对应，应该注意。

13.5.7 国际化

详细的步骤可以参考 13.4 节的实例，具体的代码请查看下载包中相应的文件。

13.5.8 运行实例

至此，所有文件都已编写完成。首先编译两个 Java 文件，由于 Struts 使用了 servlet，所以在编译的时候要将 servlet 的 API 类添加到 classpath 中或者在编译时指定它的位置。当然不要忘了将 struts.jar 的加入到 classpath 路径中。

由于 Struts 要加载许多资源，所以要运行本实例则必须重启 Web 服务。

在浏览器地址栏输入：http://127.0.0.1:8080/ StrutsMSG/sendMessage.jsp

在表单文本框内填写一些信息，点击“发送”按钮，页面跳转到图 13-6。

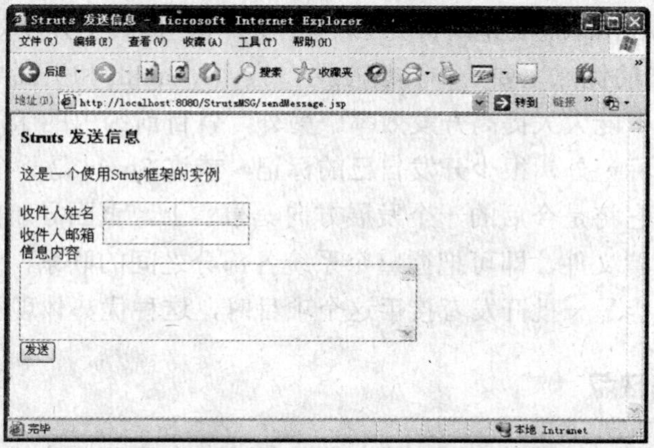

图 13-5　seadMessage.jsp 页面显示

图 13-6 是提交表单后的显示。如果在表单中不填任何内容，提交后将显示一个图 13-7 所示的错误页面。本实例中并没有写任何代码来校验这些字段，错误提交 Struts 自动完成，这也是 Struts 的优点之一。

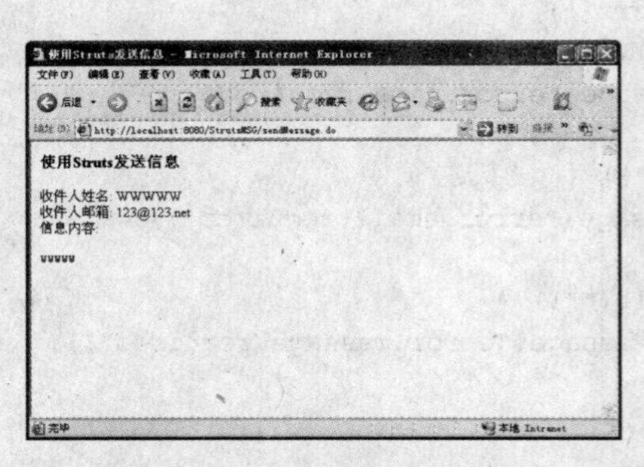

图 13-6　showMessage.do 页面显示

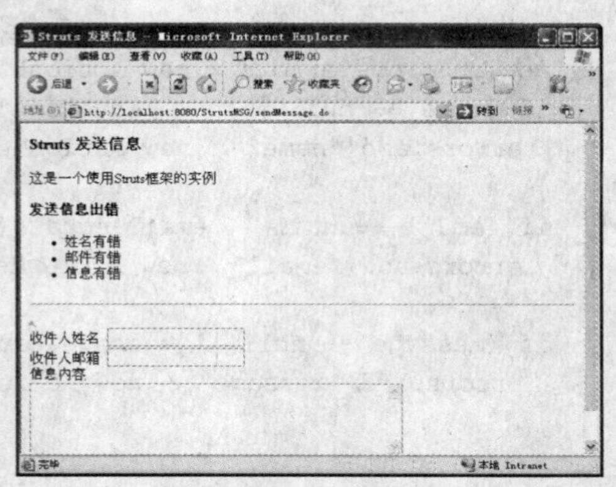

图 13-7　发送信息出错显示

注意：在这个实例中，请注意在地址栏中输入的不是以.do 为后缀的文件地址，而是 JSP 为页面的地址，读者可以想想为什么要这样。

13.6　使用 Struts 的优势和不足

Struts 作为一个比较成熟的 MVC 框架，越来越受到开发商的亲睐并且坐稳了 MVC 框架的头把交椅，因为 Struts 有其独到之处。

13.6.1　Struts 的优点

Struts 是一个 MVC 的框架结构，它的最大优点就是将业务逻辑和商务逻辑与显示分开，从而使得程序员不需要关心页面的显示效果，而美工人员也害怕程序员将其完美的页面更改得一塌糊涂。使用 Struts 就能完全将美工和程序分开，提高了开发效率。

除此之外，Struts 的优点主要集中体现在两个方面：Taglib 和页面导航。Taglib 是 Struts 的标记库，灵活动用，能大大提高开发效率。另外，就目前国内的 JSP 开发者而言，除了使用 JSP 自带的常用标记外，很少开发自己的标记，或许 Struts 是一个很好的起点。

关于页面导航，它将是今后的一个发展方向。事实上，页面导航能够使系统的脉络更加清晰。通过一个配置文件，即可把握整个系统各部分之间的联系，这对后期的维护有着莫大的好处。尤其是当另一批开发者接手这个项目时，这种优势体现得更加明显。

13.6.2　Struts 的缺点

标记库是 Struts 的一大优势，但对于初学者而言，却需要一个持续学习的过程，甚至还会打乱网页编写的习惯。但是，当整个团队习惯了这些标记之后，将使团队的开发效率大大提高。

Struts 将 MVC 的 Controller 一分为三，在获得结构更加清晰的同时，也增加了系统的复杂度。每个部分要很好地装配起来不是一件容易的事，需要熟习的人员来管理。

Struts 是一个正在成长的框架，或许明天就会推出一个新的版本，如何适应变化的 Struts 是使用 Struts 做开发要考虑的问题。

Struts 是一种基于 JSP 和 servlet 技术，只能在 Web 上使用，这就限制了 Struts 的使用范围。当然，现在越来越多的应用都是使用 B/S 方式。

13.7　小结

本章简介了什么是框架以及框架给开发者带来的好处。MVC 是一种比较流行的框架结构，它能很好地将不同的工种方便的组合起来，提高了团队的开发效率。

如今的 Web 开发越来越流行，Struts 是使用 JSP 结合 Servlet 技术实现的 MVC 框架，是一个 Web 方式实现 MVC 框架的实例应用。

实现一个 Struts 应用，主要有几个文件：

- FormBean　用来接收从 JSP 页面发送来的数据。
- ActionBean　用来处理数据和业务逻辑，也可以通过调用其他应用，比如 EJB。
- Web.xml　系统配置文件，Web 应用服务器加载 Struts 时将读取这个配置文件，并初始化应用。
- struts-config.xml　这是 Struts 中最重要的文件，也是 ActionServlet 控制器配置文件。ActionServlet 将读取这个配置文件，实现整个系统的控制。

Struts 同样可以直接连接数据库，并进行业务逻辑操作。但是，现在的开发趋势是在 DAO 层使用更加先进的 Hibernate 框架，这也是本书没有讲述 Struts 连接数据库的原因。

13.8　习题

1．填空题

（1）MVC 的全称是____________________。

（2）Struts 最早是作为________________项目的组成部分问世运作的。

（3）在 Struts 中，承担 MVC 控制角色的是一个 Servlet，叫做________________。

（4）在 Struts 框架中，____________________文件集中了所有页面的导航定义。

（5）Struts 标签库的后缀名是________________。

（6）Struts 的标签库是在____________________文件中声明的。

（7）Struts 的____________用来保存客户提交的数据。

（8）ActionBean 继承自 Struts 中的____________类，并且处理事务逻辑。

（9）Struts 1.2 通过 Struts-conf.xml 文件来配置资源文件，在<message-resources parameter ="application"/> 中声明资源文件的名称，其资源文件名为：________。

（10）struts-config.xml 文件是整个 Struts 框架的控制核心，主要由 3 部分组成，分别是：________、________和____________。

2. 选择题

（1）Struts 采用哪种方式获取客户请求，并实现转发控制？

A. 过滤器(Filter)　B. SystemListener2　C. Servlet　D. JSP

（2）Struts 1.x 是著名的 MVC 框架，那么其 V 层是用什么实现的？

A. 模版　B. JSP　C. HTML　D. JSF

（3）Struts 1.x 中的 HTML 相关标签在什么文件中定义？

A. struts-html.tld　B. struts-thml.tld　C. html-struts.tld　D. struts-tld.html

（4）用于保存提交表单的数据对象是：

A. beans　B. form-bean　C. ejb　D. java class

（5）声明标签库的文件是：

A. struts-conf.xml　B. web.xml　C. index.htm　D. spring.xml

（6）声明全局转发的域是：

A. form-beans　B. global-forwards

C. action-mappings　D. message-resources

3. 思考题

（1）Struts 的配置文件 struts-config.xml 名称是否固定，能否使用其他文件名？

（2）Struts 1.x 通常使用 UFT-8 为 JSP 编码，是否可以采用其他编码方式？

（3）简述 Struts 1.x 的标签库用途。

4. 上机题

在表单提交实例中，如果要在内容上输入中文，会发现中文出现乱码，请解决此问题？（提示：使用 Filter）

附录 A　发布 EJB 到 WebLogic Server

A.1　进入控制中心

保证 WebLogic Server 启动的情况下，在浏览器的地址栏输入 http://127.0.0.1:7001/console。其中将 IP 换为装有 Server 的服务器 IP 地址。输入用户名（system）和密码（安装 WebLogic 是配置的密码）后，即可进入控制中心。

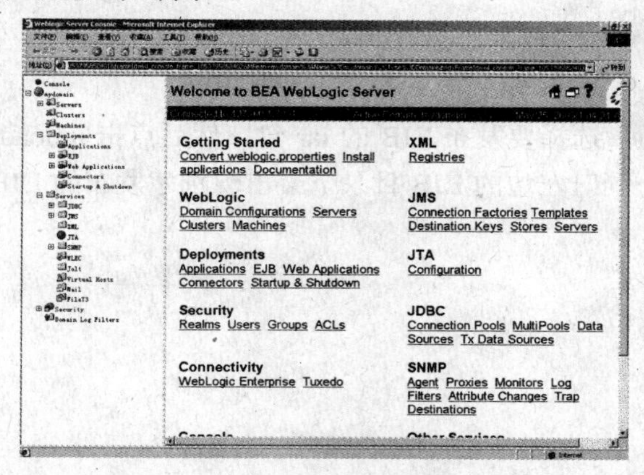

图 A-1　WebLogic Server 控制中心界面

A.2　发布 EJB

在左边目录栏里点击 EJB，如果以前有发布过 EJB，则可以看到它们。

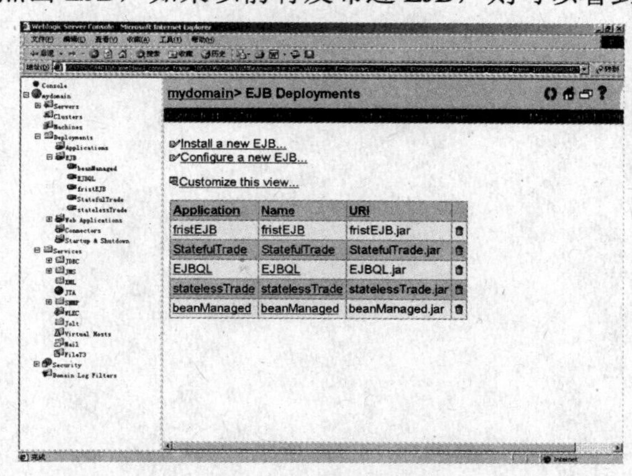

图 A-2　所有 EJB 界面

点击右边窗口里上边的 Install a new EJB，进入发布界面，如图 A-3 所示。

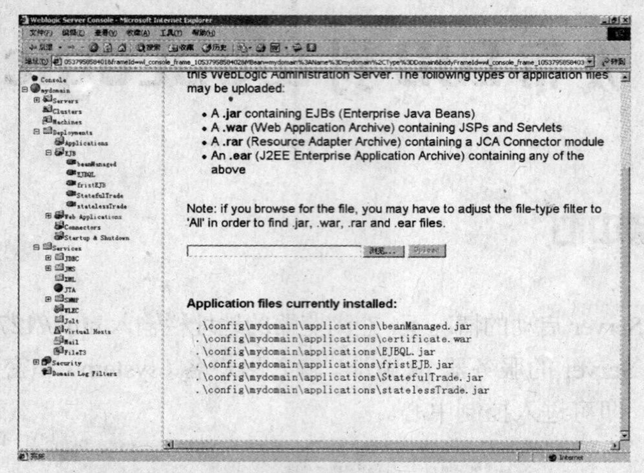

图 A-3　发布新的 EJB

点击“浏览”按钮，选择要发布 EJB 的 jar 包，然后点击 unload 按钮。发布成功后窗口将回到图 A-3 界面，同时左边的 EJB 目录下会出现刚才发布的 EJB，到此就可以使用所发布的 EJB 了。

习 题 答 案

第1章答案

1. 填空题

（1）JDK （2）1.6、1.5 （3）编译器（javac）、解释器（java）、Applet 观察器（appletviewer） （4）java、class （5）Applet 小应用程序查看器 （6）.class

（7）DOS （8）Java 虚拟机 （9）javadoc （10）jdb

2. 选择题

（1）C （2）B （3）A （4）B （5）D （6）B （7）C （8）A

3. 思考题

（1）jdb 是 JDK 提供的一个调试工具，可以实现单步跟踪、设置断点、监视程序的输出情况等功能。

（2）是。因为 Applet 小应用程序只能在浏览器中执行。

（3）这是 Java 的环境配置问题。没有将 java.exe 或者说没有将 Java 的安装目录添加如 PATH 环境中。

（4）① 读者运行的 Test 类并不在.\com 目录下。② Test 类并没有 main 的静态方法。

第2章答案

1. 填空题

（1）面向对象 （2）类 （3）属性、操作 （4）类、方法的定义、方法的实现 （5）能通过继承重新使用现有的代码 （6）this、super

（7）抽象的（abstract）、最终的（final）、公有的（public）

（8）private（私有）、private protected（私有保护）、protected（保护）、public（公有）、friendly（友好） （9）（逗号） （10）/** **/

2. 选择题

（1）A （2）C （3）D （4）A （5）A （6）D （7）B （8）A

3. 思考题

（1）通过关键词 super 来调用父类的方法。

（2）答：必须要做相应的改变。

（3）不能。只有接口的实现类，和抽象的实现类才能够被实例化。

（4）创建方式正确！WhiteCat 是 Cat 的实现类。即对象是 WhiteCat，这种创建充分体现了面向对象的“开一闭”原则。

（5）是正确的。因为 WhiteCat 是 Cat 的子类，属于 Cat 类，所以 WhiteCat 可以被当成 Cat 来使用。这也是面向对象的创建方法。

第 3 章答案

1．填空题

（1）null、0、null、false （2）0、length-1 （3）4*5 （4）Object

（5）关键字、数据对象 （6）数据的安全性 （7）a[6] （8）24 （9）addElement

2．选择题

（1）C （2）B （3）B （4）C （5）B （6）B

3．思考题

（1）答：String[] array = new String[3][3][5];

（2）初始以后将不能修改数字长度。

（3）泛型在声明数据类型是进行了声明，即保持入的对象已经被确定，这样便防止了数据类型的错误。

第 4 章答案

1．填空题

（1）java.awt、java.awt.event、java.awt.image、java.awt.datatransfer、java.awt.peer

（2）keyDown()、keyUp()

（3）processMouseEvent(MouseEvent e)、processMouseMotionEvent(MouseEvent me)

（4）ActionListener、ItemListener、TextListener

（5）流控制（FlowLayout）、栅格控制（GridLayout）、边界控制（BorderLayout）、卡片控制（CardLayout）、栅格包控制

（6）Frame、Window、Plane （7）java.awt.event （8）actionPerformed

（9）BorderLayout （10）BorderLayout

2．选择题

（1）A （2）B （3）C （4）B （5）B

3．思考题

（1）可以 （2）最多能放 5 个构件

第 5 章答案

1．填空题

（1）异常、违例、java.lang.Throwable　　（2）Error 类、Exception 类

(3) 运行异常类 Runtime_Exception、非运行异常 Non_RuntimeException

（4）try、 catch、 finally　　（5）Error 类　　（6）NullPointerException

（7）违例类型　　（8）多

2．选择题

（1）A　（2）C　（3）C　（4）B　（5）B　（6）C

3．思考题

（1）将代码放在 try 中，通过不同的 catch 来捕获不同的违例。

（2）对异常的处理将增强软件系统的强壮性。

第 6 章答案

1．填空题

（1）250、组件、支持类

（2）没有边框、标题栏或菜单栏，而且不能调整其大小

（3）一个带有边框、标题栏、菜单的图形容器　　（4）JDesktopPane、 JInternalFrame

（5）一个可用编辑简单的一行文本的轻量级组件　　（6） 菜单条、改变光标

（7） keyListener　　（8） MouseListener　　（9） Frame　　（10） 隐藏、setDefaultCloseOperation(int)　（11)多文本域　（12)密码域　（13)●、setEchoChar(char c)　（14）setText(String text)　（15）setListData(Object[] listData)　（16）快速让用户认识菜单，通常使用大写字母表示

2．选择题

（1）B　（2）A　（3）B　（4）C　（5）C　（6）A　（7）A

3．思考题

（1）文件对话框只是提供一个选择文件的对话框，不能读取文件，读取文件需要另行处理。

（2）Swing 本质上是 AWT 的升级版，但不能完全取代 AWT。Swing 更加完善性能更加稳定。

第 7 章答案

1．填空题

（1）进程　（2）顺序控制流、 多个线程　（3）五、 启动、 运行、 终止、 挂起、 恢复、 休眠

（4）死锁　（5）先来先服务　（6）synchronized　（7）低　（8）Runnable

（9）小　（10）多　（11）运行　（12）5　（13）新生时期

（14）运行　（15）毫秒　（16）死锁　（17）isAlive()　（18）notify()

2．选择题

（1）A　（2）B　（3）A　（4）C　（5）A　（6）A　（7）B

3．思考题

（1）启动、运行、终止、挂起、恢复、休眠

（2）当然可以，这种继承和实现并不违反 Java 的继承关系，不过这种结构有点画蛇添足之嫌。

（3）进程是指一种自包容的运行程序，有自己的地址空间。多任务操作系统能够同时运行多个进程。“线程”是进程中单一的一个顺序控制流。一个进程能够容纳多个线程。

第 8 章答案

1．填空题

（1）开发分布式企业级应用、 多层次的分布式

（2）客户端层、 Web 层、业务层、企业信息系统层

（3）服务器提供者、 容器提供者、 EJB 提供者、EJB 应用装配者、 EJB 部署者

（4）有状态、 无状态的

（5）请求、 商务过程、 保存客户状态

（6）底层的对象、关系库中的数据、一个记录

2．选择题

（1）A　（2）B　（3）B　（4）C

3．思考题

（1）将采用有状态的 EJB 来处理此应用。

（2）EJB 是为了解决分布式服务而设计的，因此能够在不同的容器间通讯，并协调一体工作。

第 9 章答案

1．填空题

（1）提供支持 URL 访问互联网资源、客户/服务器模式的应用

（2）物理层(PH)、链路层(DL)、网络层(N)、传输层(T)、会议层(S)、表示层(P)、应用层(A)

（3）协议、主机名、端口号、路径名　　（4）client（客户）、 server（服务）
（5）有连接的、 无连接的
（6）GET、POST、HEAD、OPTIONS、 PUT、DELETE、TRACE
（7）IP　　（8）10　　（9）Uniform Resource Locator　　（10）getOutputStream ()
2．选择题
（1）D　（2）C　（3）B　（4）B　（5）D　（6）B
3．思考题
（1）SMTP 即简单邮件传输协议（Simple Mail Transfer Protocol），是用于网络邮件传输的协议。
（2）不是，数据报和 Socket 不同，数据报没有创立连接。

第 10 章答案

1．填空题
（1）文件、 控制台、 网络连接　　（2）顺序、 随机、 二进制、字符、按行、按字
（3）输入流、 输出流
（4）屏幕、键盘、 屏幕上显示信息、 接收客户键盘输入的信息
（5）File、FileDescriptor、FileInputStream、FileOutputStream
（6）文件的目录对象　　（7）从文件中读取输入、输出写到文件流中
（8）Writer　（9）OutputStream　　（10）BufferedWriter　　（11）close
2．选择题
（1）A　（2）A　（3）C　（4）A　（5）D　（6）B　（7）C　（8）D　（9）C
3．思考题
（1）所谓流，是指在通信路径上从信源到目的地的传输的字节序列。两种基本的流是：输入流和输出流。
（2）字节流是以字节为单位操作的流，字符流是以字符为单位操作的流。字符流操作是会根据操作系统的不同会字符进行编码。
（3）I/O 缓冲是将 I/O 流缓存到内存中，这将大大提高 I/O 的输入输出速度。对 Java 应用的效率有极大的帮助！

第 11 章答案

1．填空题
（1）数据库通用接口
（2）JDBC-ODBC 桥驱动、本地 Java 驱动、网络纯 Java 驱动、本地协议纯 Java 驱动
（3）Java 客户端、 ODBC 数据系统

（4）jdbc:<subprotocal>:[node]/[database]
（5）一个或多个语句　（6）通用数据库连接接口　（7）ODBC 驱动
（8）创建数据库连接　（9）DriverManager　（10）getColumnCount()

2．选择题

（1）D　（2）A　（3）A　（4）C　（5）B　（6）C　（7）B　（8）A

3．思考题

（1）使用 ResultSet 类中的方法，使用 absolute(int row) 这个方法是将数据指针移到结果集指定的位置；afterLast() 将数据指针移到结果集尾部，而非最后一条记录；beforeFirst() 将数据指针移到结果集头部，不是第一条记录；first() 将数据指针移到结果集第一条记录上；last() 将数据指针移到结果集最后一条记录上；next() 将数据指针移动到下一条记录；previous() 将数据指针向上移动一步。

（2）支持！在事务处理方面有相应的一套处理方法！

（3）① Statement 用来执行包含有静态 SQL 的字串。② PreparedStatement 允许预执行 SQL 语句，包含于 PreparedStatement 对象中的 SQL 语句可具有一个或多个 IN 参数。③ CallableStatement 提供了对存储过程的访问。

第 12 章答案

1．填空题

（1）Applet　（2）Applet 小应用　（3）下载相应的类、本地 Java 虚拟机
（4）init()　（5）双击、appletviewer a.html　（6）getParameter()
（7）init()、start()、stop()　（8）FlowLayout　（9）init()、start()

2．选择题

（1）A　（2）A　（3）C　（4）D　（5）B　（6）A

3．思考题

（1）不能，由于 Applet 是在 JVM 中运行，JVM 的安全机制将限制一切可能对客户资源访问的操作！因此，客户运行 Applet 非常安全。

（2）可以。但出于安全考虑不推荐使用。

（3）用独立解释器运行的是 Application，用浏览器运行的是 Applet。

```
Application:
public class Javaname{
  public static void main(String args[ ])
  {  ... }
}

Applet:
public class Javaname extends Applet{
   ...
}
```

第 13 章答案

1．填空题

（1）Model-View_Controller（模型-视图-控制器）　（2）Apache Jakarta

（3）ActionServlet　（4）struts-config.xml　（5）.tld　（6）web.xml

（7）FormBean　（8）Action　（9）application.properties

（10）描述 form-beans、 全局转发 global-forwards、 局部转发 ActionBean

2．选择题

（1）C　（2）B　（3）A　（4）B　（5）B　（6）B

3．思考题

（1）可以使用任意的配置文件名。只需要在 web.xml 中将 Struts 的配置文件声明对应。但后缀必须是 xml 文件。

（2）可以。但在国际化上不完美，需要对程序进行二次开发。

（3）标签库是用来替代 V 层中 JSP 的代码。使得 JSP 中不再出现 JSP 的代码。